U0338940

# 绿镜头

## II

### 我走在大江大河

汪永晨 著

生活·读书·新知 三联书店

图书在版编目 (CIP) 数据

绿镜头II，我走在大江大河 / 汪永晨著． -- 北京 ：生活
·读书·新知三联书店，2013.9 （2013.11 重印）
ISBN 978-7-108-04452-5

Ⅰ．①绿… Ⅱ．①汪… Ⅲ．①河流环境－生态环境－
环境保护－世界－普及读物 Ⅳ．① X-49

中国版本图书馆 CIP 数据核字 (2013) 第 038003 号

责任编辑 果　然
装帧设计 罗　洪
责任印制 郝德华
出版发行 生活·讀書·新知 三联书店
　　　　　（北京市东城区美术馆东街22号）
邮　　编 100010
经　　销 新华书店
印　　刷 北京瑞禾彩色印刷有限公司
版　　次 2013年9月北京第1版
　　　　　2013年11月北京第2次印刷
开　　本 635毫米×965毫米 1/12　印张31
字　　数 400千字
定　　价 80.00元

# 目录

# 序

# 物我同舟，天人共济

## ——《绿镜头》之二

牟广丰

2012年6月一个炎热的下午，汪永晨抱着一摞沉重的书稿，敲开了我家的门。这是继八年前第一本《绿镜头》问世之后，她驰骋百万余公里，走遍祖国的高山峡谷，江河湖库所拍摄的珍贵图片和采写的第一手的资料的记录。

我在家足足地看了三天。较上一本而言，汪永晨对我国生态环境问题的认识更加深刻，笔触更加细腻，字里行间对大自然的人文关怀也更加深切。她用现场所拍摄到的图片作诠释，作对比，作证词，让我们感同深受，亲临其境地看到赖以生存的生态环境怎样一步步地走向恶化，江河母亲的乳房怎样一滴滴被挤榨到干瘪和枯竭，当下一些不可持续发展的模式怎样涂炭着我们的家园……

掩卷过后，我不由抚膺长叹：我们追求的是一种什么样的"现代化"？我们为所炫耀的"超常规、跨跃式"发展，到底付出了怎样的代价？而这种付出是否值得？也许这些问题有很多国人早已提出过多次，但又有哪个部门能够冷静地坐下来，认认真真地算一下其中的成本利害，向各级决策当局猛击一掌，提出警世骇俗的忠告呢？我真是担心，我们这一代将如何面对子孙后代！

汪永晨的不懈努力再一次印证了我二十年前的一个观点：要彻底改变当下这种"疯狂"发展的态势，必先在世界观、方法论上拨乱反正，正本清源。这就是要重新界定人与自然的关系，树立新型自然观。再也不能把社会生产力定义为"人类征服自然、改造自然的能力"，这样只能把人类社会和自然界割裂开来、对立起来，将大自然作为被人类征服改造的对象和供人类驱使奴役的奴婢。

于是，人类以主子的身份，君临天地之间，开天辟地，惊天动地，战天斗地、改天换地那种与天斗，其乐无穷；与地斗，其乐无穷；与人斗，其乐无穷的狂妄与愚昧，终将演化成一幕幕自毁家园的悲剧……

按照科学发展、和谐发展的逻辑，社会生产力只能是人类与自然界共生共存，共赢共荣的能力，凡是以牺牲环境、破坏生态为代价的发展都不是可持续发展。

好在社会上越来越多不为利益所谋，不为名分所惑的有识之士，常年奔走呼号、殚精竭虑，他们锲而不舍为保护生态环境所付出的努力，迟早会修成正果。汪永晨就是其中杰出的一个。概括这部写真集，赋小诗一首：

情系江河万里巡，源流探索付辛艰。
山川血脉为通畅，不求名利只求真。

另：今年6月5日世界环境日之际，我正在医院疗伤，病榻之上吟就一首七律附后：

物我同舟竞克难，天人共济度时艰。
资源承载临极限，生态支撑即倒悬。
取卵杀鸡断后路，急功近利纵愚顽。
今朝闻道应从善，转轨更张敬自然。
以上是为序。

2012.6.16 北京

# 永远的木格措

## 1

早就听说在川西高原甘孜藏族自治州境内，贡嘎山深处有一个名为野人海的地方。2003 年 6 月我们走进她，却是因为一封当地藏族兄弟的来信。

## 木格措的明天

野人海是当地人对那里"原汁原味"的形容。它的大名叫木格措，是国家级名胜风景区。那里汇聚了雪山、冰湖、温泉、草甸、沙滩以及冷杉、云杉、36 种高原杜鹃（植物）和各种珍禽异兽。而让我们从北京急匆匆前往那里的原因，是国家环保部门已经通过环评，那里将要建起一座 60 米高的大坝，亿万年来自然生态演替缓慢形成的风光和生物多样性将被大坝拦成高山出平湖。

我们到了那里后还听说：如果在木格措建大坝除了危及到木格措以外，还影响七色海、杜鹃峡、红海、无名峰、药池、方草坪、金沙滩等景点。

木格措是海拔 3850 米到 4000 米的高原冰湖。水位提升后主要淹没的生态环境为原始暗针叶林和高山灌丛草甸。因栖息地的丧失和改变而受到影响的动物也很多。

那天，站在蓝天白云之下迷人的木格措湖边，四川省林科院的专家告诉我们：木格措主要的建群树种为云杉和落叶松，还有大量其他的高山植被。有国家一级保护动物绿尾虹雉、斑尾榛鸡；国家二级保护动物狼、岩羊、斑羚、马麝、

木格措的秋天（范晓摄）

木格措的春天

木格措湖边的杜鹃花

鬣羚、黑熊、白臀鹿、血雉、藏马鸡等，以及名目繁多的两栖类动物和昆虫。当地及周围各县的藏族群众及寺庙僧人经常到神湖木格措和七色海来参加宗教（放生、祈祷等）活动。每年四月初八、十月初八是藏族群众普遍参加的传统的"放生节"。

中国的冰湖很少。木格措冰湖海拔近4000米，接近原始森林的尽头，再高就是常年积雪的雪峰了。像这样的冷水湖里到底有些什么物种，有哪些鱼类，科学家们还没有来得及考察。建60米水坝后，水位将提升45米，虽然扩大了水面，但天然的木格措冰湖将不再存在，冬季不再有3个月冰冻期。木格措将不是原来意义上的自然湖泊。在人工调控的湖水中，冰湖中特有的冷水鱼类的生存会大受影响，甚至可能灭绝。

靠从木格措流下来的湖水维系的另一重要景点七色海，在枯水期会变成荒滩，雨季也只放给少量湖水。而下游的山溪、小河都将干涸。

其实，在我们在走进木格措之前，就看到近十年来，在附近的瓦斯河、雅拉河、大渡河上修建的成串的小水电站已使一些天然热泉和温泉变冷、萎缩或消失。

走进木格措后，我们在深深地被那里的野趣打动的同时，听到的全都是靠在木格措景区牵马、提供便饭和以帐篷谋生的雅拉乡三道桥村的多位藏族村民的深深的担忧。藏民依玛拉姆担心建坝后，独特的景观一旦消失，中外游客就不会来了，采药的地方也少了。

七色海（范晓摄）

和木格措边的老乡聊天

藏民们不相信"靠大坝旅游、水库旅游能发展经济"的说法；担心"当地政府每年上亿元的财政收入并不会体现到我们身上"。只有村支书肯定地说："政府不会做对我们的发展不好的事。要建什么大坝一定是有道理的。有了工程，村里人还有了做工的机会呢。总之这种事不用我们来考虑。"

在木格措湖畔，和当地牧民有着同样担忧的还有一位从康定城里来的女干部："每当我们走进野人海，心中总不免产生敬畏之情。他们是要毁掉我们最美、最精华的地方啊！虽然这些淹掉的地方（他们认为）并不大，但是，你要知道，正是辽阔平缓的高山牧场、草甸，各种各样的杜鹃灌木丛、自然的冰湖、原始森林、金沙滩在这儿浑然天成，才形成了闻名天下的木格措。

如果大坝修了，将要淹没的这一片地方，是最美的。来木格措就是看这些地方。一旦没了，以后投入多大财力也无法恢复了。这样高海拔地

木格措边的牧民

湖边的野花

区的生态太脆弱了。有人说在大坝的背水一面种上草，就是生态工程了。但是那草啊树的未必能种活。在海拔 3700 米以上的地方，植物生长得很慢很艰难了。"

站在被当地藏族同胞称为圣湖的水边，牧民们告诉我们，让他们更为担心的是水坝的安全。不管是当地老人还是孩子都知道，木格措两岸 1955 年曾发生过强烈地震，当时所有的房屋都塌了。

多年来，当地有震感的小地震不断，木格措坝址距离康定城仅 21 公里，一旦发生（或诱发）地震，整湖的水翻泻下来，肯定会给康定城带来灭顶之灾。而康定不仅仅是甘孜藏族自治州州府所在地，更是那首脍炙人口的歌中所唱的"跑马溜溜的山上，一朵溜溜的云哟……"的所在地。

几位头上戴有藏式头饰的老妈妈告诉我们：几年前州政府为了扩大城市用地，曾要把穿城而过的雅拉河和康定河用水泥板盖住。工程才开始，咆哮的山水就把整个康定城淹了一米多深。这个"人定胜天"的疯狂设想至此才让这场大水浇灭。

康定城处于高山之间、高原之上，四周有着成百上千的高原湖泊，每一条流下山来的河，

布楚活佛

当地老人

木格措流出的小溪（鲍晓供）

条条也都水流湍急而澎湃。当地人形容自己整天都是在顶着水坛子生活。在这样的地方也想改造自然，显然是缺乏对自然最起码的认知。

在跑马溜溜的山边，我们访问康定县政协委员、南无寺法师多柱时，老人非常无奈地和我们说，他们已经被县州政府打过招呼"不能议论这件事了，政府有政府的安排"。

2003 年 6 月 25 日，康定城内的金刚寺举办了有周围 18 个寺庙的活佛参加的大法会。金刚寺活佛布楚活佛本在成都参与主持修订大藏经，为此也特意赶回康定。佛事完毕后，听说我们是特意为木格措而来的，布楚活佛颇为感慨地说："庙子毁了能建，湖毁了就太可惜了。这个湖是神湖嘛，保佑平安的。从佛教文化上讲，是很不吉利。如果木格措上可以修水坝，其他的神湖上就都可以修水坝了。"

甘孜州人大副主任、甘孜县大金寺的甲登活佛听说我们是从北京来的，更是把我们请到自己的家里，一边往我们同行的每一个人的碗里倒着酥油茶一边说："神山神湖是不能动的，是我们敬重的圣湖，人们来这里祈祷五谷丰登，这里也是鸟类和动物生存的家园。希望不要在湖上修坝。"

甲登活佛说："你们一路看到，大渡河、折多河上已经修了很多电站开发水能资源，我们从没说不行。可是，这些山上有很多海子，突然改变木格措的水容量，会挤压山上的湖泊，一旦发水就等于打碎了康定人头上巨大的水坛子。西部大开发很好，是为西部人脱贫，但是也要讲原则性。这样的净土在藏区也不多了。这个工程是怎样的，我们也都不知道，但应当选择其他方式开发。"

听到这么多当地人反对修木格措水电站的意见后，我们回到成都，接着走访了四川省政协副主席杨岭多吉，他的家乡也在甘孜地区。出于对自己家乡的了解和热爱，杨岭多吉先生说到："我们那里的原始森林可不像兴安岭那边，这样高的海拔有一亩森林都是非同小可的。拔掉了再培植很难。康定是甘孜州人口最多的城镇，一旦出事就不得了。"

在成都我们还了解到，其实四川省很多科学家，对在康定这样的地方开发水利资源有疑问。他们说："当地已经有很多小水电，华能公司没有必要再搞'木格措水库'。倒是应好好算算水利开发所要付出的生态代价。虽然任何工程对当地的生态都会有影响，但代价不能太大。这一工程所涉及的不仅是一个砍伐大面积原始森林的问题，还有水生生物、湿地生态环境、独有的自然景观、特有物种消失、生态旅游资源贬值等太多的问题。

中国社会科学院研究生院教授平措汪杰先生于 2003 年 5 月 19 日曾就木格措建坝问题写信给温家宝总理，并同时转呈了甘孜藏族群众的来信。平措先生在信中写道："我认为群众的反映和要求是合情合理的。他们希望我这位第一、五、六、七届甘孜州籍的全国人大代表及第五、六、七届全国人大常委、人大民委副主任委员能向有关方面反映，以期引起必要的重视并能得到妥善处理。"

据悉，温家宝总理收到平措汪杰先生的信后，非常重视，即日便批示有关部门重新审核考察。国家有关部门很快组成联合考察组前往甘孜。当地群众传播着这个让他们高兴的消息，对总理的关心非常高兴和感动，表示要充分尊重专家意见，科学决策。

祖籍甘孜的平措汪杰教授说："我是学天文和哲学的。整个地球若不加倍保护，不知道我们的后代将生活在哪里。我们不能把这个丰富多彩的地球变成一片不毛之地，应当从长远的角度看木格措修水库的事，我们不应当再为生物多样性的流失付更多学费了。对木格措这样生物多样性最丰富的地区，我们的研究还很不够，不能在还

木格措边的温泉

神山趣谈

人宗海

开山、修路

修电站前

不认识它许多宝贵价值的时候就把它给毁掉了。过去，不计成本、不计后果、得不偿失的蠢事在西部发展中做了不少，能不能少做一个了。"

## 偶遇人宗海

2003年6月底，带着对木格措的崇敬和担忧之情离开那片神湖后，我们的车在贡嘎山的大山里穿行。晨雾随着太阳的升起，渐渐地把雪山的帷幕拉开，晶莹剔透的白色山峰和高耸入云的绿色杉树仿佛把我们这些城里人带入了另一个仙境。

中午时分，在当地林业局的带领下，我们到了贡嘎山南坡环河上的人宗海。人宗海也是贡嘎山国家级风景名胜区的重要组成部分。而且，还是贡嘎山国家级自然保护区的核心区域之一，是贡嘎山最为秀丽的高山湖泊景观区和保存最好的原始林区之一。

人宗海是国家保护的濒危植物四川红杉、康定木兰等的集中分布地，也是国家保护的濒危动物牛羚、马鹿等的重要栖息地。那里带有碱性矿物质的温泉，是周围很多野生动物重要的饮水之源。可我们的车往那里开得却十分艰难。

那里正在开工，修的还是水电站。大山间奔腾的溪水被我们人类截断了，河道成了乱石的堆积地。大山间的绿色屏障被砍秃了，裸露着土的焦黄。一棵棵树躺倒在地上，无言地仰望着天空……

让我们没有想到的是，已被毁成这样的大山，竟然是人宗海水电站项目在环境影响评价未获专家通过的情况下，强行执行的。而当地参与工程的主要负责人却瞒天过海地对我们说："因

正在修水坝的人宗海

为非典，专家还没有顾得上来审批，没有环评，只是时间问题而已"。

不知道这个时间后面还有多少"猫腻"，而目前的那里，已开始大规模的施工。湖滨已建起大片杂乱不堪的工棚，人宗海出水口附近几个林木葱茏、景色奇特的石岛已被炸掉，挖掘机已开始进行引水涵洞的作业，湖滨的自然景观和森林已遭到严重破坏。

人宗海前端设计的大坝建成后，湖泊水位将提高45米，届时大面积的红杉林将被淹没，而且由于原始生态环境的破坏，珍稀野生动物的繁衍生息也将受到严重威胁。

而更令人担心和忧虑的是，按照设计方案，将在贡嘎山南坡主干河流田湾河上游的巴王海附近修建拦水坝，把田湾河的水经隧道引至人宗海，这样不仅巴王海的自然景观将遭到破坏，巴王海至猿人瀑的河段将成为干谷，而且界碑石经巴王海至子梅这一段贡嘎山南坡仅存的最迷人的自然景观区和原始生态区也在劫难逃，它给贡嘎山自然生态和景观系统带来的影响将是毁灭性的。人宗海、巴王海山间的野生动物，将再也找不到它们的饮水之源——山泉。

四川地质学家范晓得知人宗海的遭遇后，奋笔疾书，科学家们一起为拯救大山而奔走呼吁。

范晓说："贡嘎山海拔7556米，它不仅是蜀山之王，也是青藏高原东部的最高峰和东亚地区的第一高峰。"以贡嘎山为中心的雪山山脉以及东横断山区，是我国西部和长江上游及其重要的生态功能区。

从大渡河河谷至贡嘎山主脊，直线距离不足30公里，而地形高差竟达到6500米以上，是地球陆地表面地形最为崎岖的地区之一。由于特殊的地质地理环境，贡嘎山具有了以下特殊的价值和意义：

贡嘎山保存了极为原始的生态环境系统，发育有十分完整的植物垂直带谱和大面积的原始

巴王海（范晓摄）

贡嘎山

和'畅泄拉沙',其防洪、发电、供水等功能已几近放弃。"

大渡河上的龚嘴电站水库在建成后十年内便让泥沙吃掉了超过40％的库容,仅仅20年,50多米深的水库淤得只剩下20米,库容从3.2亿立方米下降到0.85亿立方米,累计淤积泥沙占库容的2/3,从10年前开始,龚嘴水库只能勉强进行径流发电,完全失去了调节能力。

因此,即使不考虑大规模水电建设的环境、社会的负面效应,在目前西部的自然环境条件下,仅就水电建设最主要的经济功效来看,也需要非常慎重地加以评估。

森林,保存有许多国家保护的珍稀生物物种,是我国西部重要的植物区系交汇区、濒危动物栖息地和生物基因宝库。

贡嘎山是青藏高原东部最大的现代冰川作用中心,有现代冰川74条,是长江上游极其重要的水源涵养地。

贡嘎山是世界上罕见的高山地质地貌景观和自然旅游资源集中地,以神奇壮丽的雪峰、冰川、高山湖泊、温泉群等景观组合为特色。这里海拔超过6000米的高峰有四十多座。

但是,在不适当的水电开发建设中,贡嘎山这座资源与环境的宝库正遭受严重破坏,并面临毁灭的巨大危险。

此外范晓还说:"电站水库的快速淤积在国内已有许多前车之鉴,黄河三门峡水库1960年9月建成蓄水,1966年库内已淤积了34亿立方米的泥沙,达到库容的40％以上,水库末端的泥沙堆积更使河床升高4.5米,直接威胁渭河航运。结果政府部门又耗费大量资金对三门峡水库进行大规模改建,为了减少泥沙淤积,修复生态环境,水库的功能调整为'蓄清排浑'

## 水会白白地
## 流掉吗?

2003年7月14日

晚 11 时，四川甘孜地区丹巴县发生特大泥石流灾害，死伤失踪五十余人。泥石流冲击面积达 20 万平方米以上，堆积物平均厚度为 3 至 5 米。最大的石块有七八米高，估计有几十吨重。如此突然从天而降的灾难，能说和我们人类一个劲地挖大山、断大河没关系吗？

几年前，我们在四川的崇山峻岭中采访时，最为动心的就是大山之间那一条条奔腾咆哮的河流。那简直就是大山的魂魄。而 2003 年的贡嘎山之行，将永远留在我们记忆中的是大山的欲哭无泪，是瓦斯河的无泪呻吟……是一条条河流上的一片片干涸的砾石滩。

应该说，造成这样的局面和水电是清洁廉价的能源，应最大限度地加以开发利用，这种不应让河水白白地流掉的意识还顽固地支配着不少掌权的人，是分不开的。

实际上，由于水电开发造成的对原生生态环境和水环境难以恢复的破坏，使得水电能源已很难被称为是"清洁"的了。水也并不是"白白地"在河里流，它是生态资源存在的一种形式。当我们仅仅从单一的经济利益出发，对河流水能进行"吸干榨尽"式的开发时，当一道道大坝下出现一段段干涸的河床时，它就破坏了维持河流生命和生态系统的合理资源储存，而这就不能不最终导致大自然的报复。

为了木格措，为了贡嘎山，我们回到北京后，又与专家学者们坐在了一起，我们想再听听北京专家们的意见。专家们直言：木格措地处川西强烈地震活动带上，水坝隐患将严重威胁下游

几十万居民的安全。木格措景区所处的强烈地震活动带，在中国区域地震研究中，被称为炉霍—康定地震带或鲜水河地震带，是中国西部，也是全球地震活动频度高、强度大的地震带之一，地震重复性较高。1725 年至 1976 年共记录破坏性地震 32 次，其中 6 级以上地震 15 次，最大震级为 7.6 级。1786 年 6 月 1 日发生了震中距木格措不远的著名的康定大地震，震级为 7.5 级，震中烈度达到 9 度。据史书记载，康定大地震使区内出现山崩，大渡河断流十日，下游水患成灾，建筑物倒塌者占十之八九。木格措水坝的任何隐患无疑都是对下游 27 公里处的康定城的巨大威胁，而大坝、厂房、引水隧道等大型工程的施工也极易加剧和诱发各类山地地质灾害。

专家们说：如今世界各国都在逐渐扭转对修建大坝的认识，一些国家甚至开始拆除一些效益不好、对环境影响大的水坝。我国西部一些水

七色海的冬天

木格措的冬天

坝的规划还是 20 世纪 60 年代前后编制的，其工程设计与可持续发展的要求有相当的距离，遗憾的是却还在一个个地上马。

专家们说：我国保存良好的原始生态景观已经不多，人均拥有风景区的面积也只是世界平均水平的 1/12。如果像木格措和人宗海（在贡嘎山国家级自然保护区核心区和缓冲区内）这样被认定为重点的、明确受到国家的法律保护的地区仍不能免遭破坏，西部生态环境的命运着实令人担忧！

目前国际通行的有关公众参与程序大致分为以下几个步骤：一是，及时有效地公告环境决策的项目、公众参与的机会、索取详细信息的途径、提交问题或建议的途径；二是，预留足够时间以便公众能够准备好有效参与环境决策；三是，应安排公众及早参与决策程序并确定参与方式的多种选择；四是，公众意见和建议应能够通过书面形式或在公开听证会上提出；五是，确保透过公众参与过程得出的结论在决策中得到应有的考虑；六是，确保在作出决定后予以公告，并允许查阅相关文件，了解作出决定的理由；七是，无法获得相关信息或感觉参与受阻，可诉诸法律寻求裁定。

2005 年，在木格措修电站的规划被取消了。今天，鲜艳的高山杜鹃还盛开在万树丛中；今天的人宗海却建起了一座高耸的大坝；今天，贡嘎山的血脉还没有完全被割断，今天的大渡河却已失去了往日咆哮的汹涌。

澜沧江

**2**

澜沧江发源于青海唐古拉山，经西藏进入云南省境内，向南流经迪庆、丽江、大理、保山、临沧、思茅和西双版纳，然后出国到缅甸、泰国、老挝、柬埔寨与越南。我提笔写这篇文章前，在地图上想再细细地看看澜沧江的流向时发现，不管是西藏、云南，还是中国、外国，上面提到的这些地方，我竟然都去过。再想想，我去这些地方时，没有一次是为澜沧江而去，可她竟然在我那么多次的采访生活中，一直流淌在我的身旁，不张扬、不放弃地让我认识了她和她的朋友们，这不是神交又是什么？

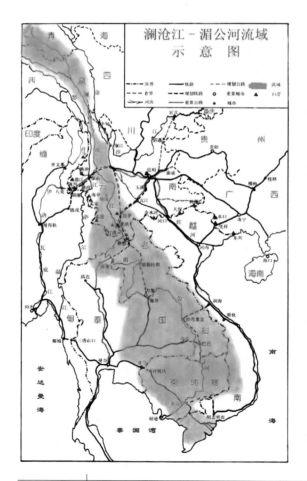

## 西双版纳的雾季

我最早见到澜沧江是1991年在西双版纳，那也是我第一次看到了孔雀河畔的坝子、芭蕉树下的傣楼和穿着筒裙走在江边的傣族姑娘。江边长大的她们，无论是笑颜，还是身材都很好看。可惜那时作为广播记者的我，出门带的是录音机，而很少带照相机。

那次，我还有生以来第一回住进了搭在树上的小木屋。从小木屋的窗户望出去，我看到了江那边缅甸的原始森林，看到了夜里到水边喝水的家在森林里的母象和小象。在西双版纳的植物园里，我还见到了武侠小说里常常提到的"见血封喉"树，它又高又大。

那是1月份，太阳出来的时候，我们汉族人仍然可以穿短打扮。不过要是走进原始森林就不行了。

西双版纳一年分三季——热季、雨季、冷季。不过，每年从11月到次年2月这段时间，当地人也习惯叫雾季。这种雾大都是在夜间一两点钟袅袅升起，要到正午十二点左右才慢慢散去。在浓雾里，你会感到像是在下着牛毛细雨一样。

这些雾都是在没有雨水的时候出现的。因

此，它能给庄稼及树木花卉等植物以滋润和生机。西双版纳有这样的雾季，与它那满山遍野的森林是分不开的。森林越茂密，雾也越大。因为森林每时每刻都从地下吸吮水分。白天，又从太阳光里吸收热量，热量把水蒸气散发到树林的空间里，水蒸气到夜晚遇到冷空气，凝结成极为细小的水粒，这些极小极小的小水粒就是雾。

浓雾聚集在树叶、草叶上，还会变成水珠滴下来，这样就成为大森林里的夜雨。人们说，森林是天然的水库，这可能就是原因所在了。而澜沧江的水，千百年来也正是源源不断地由这些水库丰富着的。就是在那片原始森林里，我第一次懂得了大自然是一个宏观的包容万千的"有机体"，江河里流淌的是她们的血液。

那次，我离开西双版纳自然保护区的时候，西边的天际染着淡淡的红色。在凤尾竹和槟榔树掩映下的傣族竹楼格外宁静。吃饱了回到寨子里的水牛，劳作回家的人们，构成了一幅美妙的田园风景画。

1991年的冬天，住在森林和江边的各族人民，享受着和平、宁静和真正的自然风光。

## 河灯留下了长长的剪影

从大理到丽江，澜沧江像是一条白链穿山绕树，时而静静地流着，时而激动地跳着，唱着欢歌，哼着小曲，就连初去那儿的游人，心情

古城水秀

也随日月山川的变换而变着。走进丽江古城，才真的知道了为什么人们常说"水，是丽江之魂"。在那里"城依水存，水随城在"。

古城之内，几条河水的支流分为无数细流，入墙绕户，穿场走苑，形成主街傍河、小巷临水、跨水筑楼的景象。古城的街道与水景密切结合，街景与水景相得益彰。我第一次去丽江，是那里刚刚被评为世界文化遗产时，当地人很得意地对我说，在这次申报中，水，确实帮了丽江的大忙。

那次留给我很深的印象是整个古城的清洁，堪称一绝。西河上设有活动闸门，利用西河与中河的高差，河中间两个石堆，每隔十天，堆和堆之间用木头栏杆一挡，水漫出来，街道便被水冲洗得干干净净。冲洗后水从旁边水沟流走，所有水系按地势走向流淌。这种独特的卫生设施，即使是对走南闯北的我来说，也觉得实属国内外所罕见。丽江城里有三眼井：第一眼井供人饮用；

丽江古城

记·滇游日记八》）民国年间这里仍基本维持原状。临江扼险，大有"一夫当关，万夫莫开"之势。

我站在霁虹桥时，时光已经进入21世纪。伫立桥头，澜沧江虽还有银花雪浪，但当年徐霞客笔下"浑然逝，渊然寂，其深莫测"10个字描绘的那里的水流态势却有了变化。倒是叮叮当当由18根粗大的铁链为骨骼的桥上走过的马帮，让我遥想着往昔的时光。

2004年2月20日，我住宿在高黎贡山脚下的大塘村。那一晚我久久难以入眠，听着小木屋外的雨声，想着高黎贡山自然保护区主任赵晓东给我们讲的有关大树杜鹃的故事。说来那是英国爱丁堡植物园采集植物的专家乔治·福

第二眼井用于淘米洗菜；第三眼用于洗衣服。这一乡规民约，其实比法律、法规还奏效，老百姓个个遵守。

8月7日是鬼节。那晚在古城，纳西老奶穿着"披星戴月"的衣服。所有的房子里都没有灯光，所有的路都没有光亮，整个古城只有弯弯曲曲的小河里布满了河灯，灯光留着长长的剪影。这些长影穿山过河悠悠地流入的也是澜沧江，不过这时已是1997年了。

澜沧江从西藏进入云南的1000多公里流程中，穿过横断山脉的千里纵谷，两岸山大谷深，悬崖峭壁林立，河道礁石密布，险滩众多，水量随季节变化。张骞出使西域时，在阿富汗曾见过蜀布和筇竹杖，就是从川滇缅印古道上运出去的。古道途中的必经之路有澜沧江上的一个历史悠久的古渡——兰津渡。到了唐代，这里有了竹桥，元代又换成了木桥。500年前，这里改为铁索桥。明崇祯十二年三月二十八日，徐霞客路过此，他所见到的就是，铁索桥东"临流设关，巩石为门，内倚东崖，建武侯祠及税局，桥之西，巩关亦如之，内倚西崖，建楼台并记创桥者"。（《徐霞客游

瑞斯特，他受爱丁堡植物园的委派，于1904年来到了云南，深入高黎贡山。他一共在腾冲生活了28年。共采集了10万多件植物标本，1万多件动物标本，特别是鸟类标本，还有3万多份各种各样的种子标本。英国皇家地理学会的会长曾写信并发表文章称赞：由于乔治·福瑞斯特先生的辛勤工作，才使得欧洲的花园如此灿烂。

福瑞斯特1907年在高黎贡山的西坡大塘采集的时候，发现了一种巨大的树形杜鹃，他采集并制作了大树杜鹃圆盘标本，送回英国爱丁堡植物园，经与杜鹃花权威专家鉴定后，他们共同发表了文章，并把这种杜鹃定名为硕杜鹃，也就是大树杜鹃。大树杜鹃的圆盘标本在博物馆展出后，一直到20世纪80年代，都被认为是世界上

最大的杜鹃树标本。英国人为此自豪了整整60年，因为在这次发现以后，这种大树杜鹃到底生长在什么地方就失传了。人们只知道它生长在中国，但是没有人，或者说是没有专家知道它们具体长在哪儿。

我国研究杜鹃花和山茶花的专家——中国科学院昆明植物所的冯国楣先生，1981年和他的助手在腾冲高黎贡山西坡，腾冲县境内的大塘，终于重新找到了大树杜鹃。随着寻找的继续，新的纪录也产生了。当年，福瑞斯特发现的那棵大树杜鹃，树的直径为87厘米。如今，在高黎贡山上还在盛开着的大树杜鹃，直径达到了305厘米，比在英国爱丁堡植物园里的那个杜鹃树圆盘大了整整218厘米。

大树杜鹃

大山里的早饭

"门"下

"北斗七星"

新发现的最大的大树杜鹃，树高超过了30米。根径是3.05米。树分五杈，每杈的直径都有1米多。每22—24朵小花组成一支花簇，整株大树上足足有几千簇之多。每年2月开花时节，大树杜鹃红花绿叶，十分壮观。

2004年2月21日，爬了4个小时的大山，我们终于见到了第一棵大树杜鹃。和我以往看到的高山杜鹃不同的是，它长在山崖边。要看到它的花儿，一定要仰视。那一朵朵小花正着看，像是带着花边的一件件筒裙，倒着看像是一只只盛着红酒的酒杯。当太阳的光芒穿过树叶和树枝的间隙射入时，树上开着的和树下铺着的花瓣，把森林装扮得简直就是一幅美丽的图画向你迎面扑来。

同行的新华社的摄影记者本以为手中的专业相机能使自己成为拍到大树杜鹃全景的第一人，可是这棵树实在是太大了，能把一杈拍全就不错了。在那里，我看到宛如门神似的一棵大树，像北斗七星似的杜鹃花。如同天上亮晶晶的星星，摇身变成了红红的杜鹃花，一朵朵镶在空中，亮中透红，红中透亮。

那天晚上，我躺在原始森林中支起的帐篷里，透过燃起的篝火，远远地看着长在山间的一棵棵大树杜鹃和上面正盛开着的杜鹃花。不远的地方，帮我们驮行李的山民用山里人才有的嗓门在火旁唱起了大山里的情歌。直到我进入了梦乡，他们的歌声还伴随着大树杜鹃花在风中发出的哼鸣，在大山里回荡。

洞里萨湖

洞里萨湖

湄公河上捕鱼

## 古屋与古树的较量

2004年春节，我在越南和柬埔寨旅行时，与澜沧江的下游湄公河有了亲密接触。举世闻名的吴哥窟，我就是坐船从金边经湄公河进入的洞里萨湖。那天早上，湖面上飘着丝丝缕缕的薄雾，水鸟蜻蜓点水般从我们的船边掠过。太阳把天边染红后，撑起帆打鱼的船家也开始了他们一天的忙碌生活。

洞里萨湖是东南亚最大的淡水湖。作为湄公河的天然蓄水池，位于柬埔寨陆地中心的洞里萨湖千百年来孕育了一代又一代的高棉人。《中国

国家地理》曾介绍说，那里，发生了世界上最罕见的地质现象之一——河水倒流。

近年来，世界上最大的河流之一湄公河在一些地方已经变成细流。流经中国云南、缅甸、泰国、老挝、柬埔寨与越南六国的湄公河，目前处于有记录以来的最低水位。家住湄公河畔的一位名叫 Yang Yara 的船夫这样说道："河流多年来一直在变浅，我的船总是卡在岛上或者泥岸边，这使我的生活更艰难了。"

目前，沿着下游河段出现了一些前所未见的巨大沙洲。科学考察显示，河流水位下降的部分原因在于这两年的低降雨率，以及由于人口增加所带来的用水增长。但是，1996年建成，横跨湄公河上游的漫湾

水电站，更是已经遭到泰国以及其他国家的多次批评，因为它降低了渔业收入，而河水的突然性释放又导致了下游的突发性的洪水。

仅在 20 年前，湄公河还是世界上未曾开发的大河之一，而今，它可能已变成了世界上建坝最多的河流之一，有超过 100 座大坝建于其上，而计划修建的其他大坝、分流灌溉工程与成千的小型水坝还在继续上马。

有一种说法，柬埔寨在梵文中的意思就是"生于水"。可我在柬埔寨却听说：湄公河上的大坝的累积性影响也深入到了柬埔寨。在那里，本来河流每年一次的洪水为其创造了世界上第四大淡水鱼捕获量，并为 1500 万居民提供了工作。柬埔寨每年能捕获 400 万吨淡水鱼，仅仅排在中国、印度与孟加拉国之后，但是自从大坝与灌溉工程在上游开始修建后，洪水年度流量已经下降了至少 12%。生态学家担心，如果计划中的一个个大坝都得以修建的话，这一形势将迅速恶化。同时，越南在湄公河上的一条主要支流——Se San 河上修建的大坝也已给柬埔寨带来了损害。

近年来，越来越多的游客来到柬埔寨，除了欣赏吴哥古迹以外，洞里萨湖也成为很多人向往的地方。正午的阳光洒在湖面上，泛起点点金光。带着鱼腥味的"海风"拂面，水边渔家的小孩子站在自家的船上，向游人投去热情的张望。

湄公河孕育的不仅有柬埔寨人的生生不息，还有古老的吴哥文化。作为一个关注自然的人，我对树有一种天然的情感。种树，不让人乱砍树，在我的人生经历中，是大事。可当我站在柬

洞里萨湖人家

洞里萨湖人家

埔寨吴哥的塔普伦寺，看着那些正被大树绞着的古老的寺庙时，我不知道该同情谁了——是生命力旺盛的大树，还是精美绝伦的古建筑？

塔普伦寺是古真腊吴哥王朝的国王加亚华尔曼七世为他母亲所修建的寺院。当年它是一所拥有高僧、祭司，舞女，具有庙宇和修院双重功用的神殿。19 世纪中叶，法国人发现这群庙山之后，就因几乎所有的古建筑都被树根茎干盘结而放弃整修，保持了原始模样。

我走进塔普伦寺是上午，一束阳光穿过树

塔普伦寺

佛

冠，悄悄地从残破的屋顶伸入塔普伦寺庙内，一会儿停在无头神像上，一会儿照在墙上浮雕神祇中。同行的人形容，隐身树中的山鸟啼咕，多像是昔日僧侣敲打木鱼的残响。

在这神与人交融的气息弥漫着的寺庙中，展现在入境者眼帘的，就是被当地人称为蛇树的卡波克树与座座残破建筑的依偎与纠缠。一棵棵古树那粗壮发亮的气生根，绕过梁柱，探入石缝，盘绕在屋檐上，裹住窗门，深稳紧密地缚住

神庙。这一切，就是从一颗不起眼的小种子开始，发展成由若干气生根组成的"独木成林"的大树。一直有力地向周围物体攀附扩展着。

站在塔普伦寺的古寺与古树前，我感叹着：只有历经数百年神与自然的结合，神力的威慑，自然的轮回，历史的沧桑，才能共同创造出如此仙境。

就在我梦游般地走在这仙境里时，看见大树残石旁坐着两个卖工艺品的小姑娘，没有游人向他们购买时，她们玩着"猜丁壳"。望着玩得那么开心的小姑娘，我突然觉得，大树和古庙是不是也在自定的游戏规则中"猜丁壳"，各自有输也有赢。既然是这样，还用得着我们人类去操心谁是谁非吗？

这里的孩子，是呼吸着陈砖与老树、青苔与泥土的气味，看着草木的生长，在神庙正持续崩塌的神秘宁静中成长的。长大后的他们，一定比我们这些游人更知道应该怎么畏惧神力、崇拜文明、顺应自然。

大树对吴哥人来说，并不只是创造仙境，它还可以提供树油用来点灯。在吴哥，我得知采集树油的过程是在树上挖一个坑，然后用火烧，每次烧的时间不能超过五分钟，把火熄掉两三天之后，树油就会慢慢把树坑填满。为了点灯，吴哥人还把干掉的树叶和烂掉的木头做成一个个火把。当然，这种采集，当地人是带着崇敬之心去做的。

在吴哥，人类从大树上索取的还有用树汁熬成的糖。一棵棕榈树一年可以收集到 400 公升

吴哥的雕塑

做糖

与寺同在

的树汁。1美元可以买到4筒棕榈糖，每筒为10块，据说这种糖很有营养。

## 最后一季罂粟花

2004年11月，我踏上了采访金三角的路程。自从关注怒江以来，我就向往着也能到它的下游萨尔温江去看一看。和澜沧江一样，怒江也是国际河流，它是从西藏流经云南，流进缅甸，流经泰缅边境，再由缅甸而入大海的。从事先准备的资料中我得知，我们此行将要穿越被人们称为金三角的缅甸佤邦地区。在这里不仅能看到萨尔温江，也能看到澜沧江。

从云南思茅到孟连的路上，澜沧江上的糯扎坝水电站正在施工，大山被开得处处伤痕累累，路上横着竖着的到处都是施工的车辆和工具。为我们开车的佤邦有线电视台总经理文斌说，幸好我们是晚上走，要是白天，堵上五六个小时是常事。我问他"很多修大坝的地方当地老百姓希望修，有些人甚至认为那是发展的唯一出路，你也是这么认为吗？"文斌马上说："修大坝，房子和地都淹了，农民怎么生活？"我说可以移民嘛。文斌说，"谁愿意离开自己的家乡。再说了，生态还是顺其自然好，人为改造不如大自然原来的好。"

文斌的这个回答，说实在我没有想到。一个生长在种植罂粟的地方的年轻人，对家乡的感情如此执着，里面都包含着些什么呢？不过，从文斌那张憨厚的脸上看，我相信他是真诚的。可我也知道，真诚有时候有多解。

文斌说："我们佤邦正在戒毒，正在寻找替代种植，今后一段时间，佤邦人的生活会有困难。而水，对我们意味着什么？意味着生命。"

在云南，澜沧江静静地穿过景洪和橄榄坝之后，重又进入密林，河床时宽时窄，最窄处也在 50 米以上。河道划出了美丽的曲线，一会儿向东，一会儿向西，但大方向依然朝南。不久，它就成了中国和缅甸两国的边境界冠。澜沧江在这里更名为湄公河。或者说，澜沧江与湄公河紧紧拥抱，在这里融为一体。

湄公河的意思是"母亲之河"。它接替澜沧江开始了新的历程。澜沧江—湄公河也被称为东方多瑙河，因为它像欧洲的多瑙河一样，连接和贯穿着诸多国家。

湄公河

前几年在云南采访时，我见到过拉着大树的一辆辆卡车在公路上驶过，当地人告诉我，这些木材都是从缅甸运来的。木材商在通过中国海关时，畅行无阻。柚木是缅甸的国宝，一棵柚木在缅甸这样的气候中成材也要 30 年。一旦被缅甸政府发现偷盗柚木，比发现贩运毒品还要麻烦。可是，对中国的私人木材老板来说，靠钱，拉柚木的车在缅甸是一路通行。

那晚，坐在江边听佤族兄弟们说这些时，我的心里有着难以言状的滋味。一百年前罂粟被带到了这里，给这里的人们带来了无尽的灾难——战争、邪恶、贫困。当他们下决心铲除罪恶之源，向往走进新生活的时候，他们的家园，却再次遭到了外面世界的践踏。

此番金三角之行，我没有在大山里和江两岸看到更多的野生动物，看到它们时是在餐馆

湄公河边的孩子

母女

湄公河边的孩子

里。在一家叫好又来的餐馆里，我看到不但桌旁挂着野兽皮，大盘大盘的菜端上桌时又都是什么呢？红辣椒炒竹鼠肉、红烧穿山甲、爆炒金钱豹，价格都在20元人民币左右。

文斌告诉我："当地人也打猎，但那只是为了生存，补充粮食的不足。像这些端上餐桌的，贩卖到其他国家的珍稀动物，都是外面来的人干的。他们的捕猎技术很高，我们抓不到的，他们都能逮到。一头金钱豹饭馆的收购价是3000元，一年大概能收购20多头；一只穿山甲是800元，一只大的山蜥是600元，一只麂子是200元。"这些在全世界都受到保护的珍稀动物，在金三角却成了人类盘中餐、腹中物。

澜沧江流入了湄公河，湄公河流入了大海，这是不以任何人的意志为转移的大自然。"我住长江头，君住长江尾"两句古诗贴切地表达了中国和澜沧江——湄公河中下游各国的天然联系。我很喜欢台湾作家龙应台写的一句话："人本是散落的珠子，随地乱滚，文化就是那根柔弱又强韧的细丝，将珠子串起来成为社会。而公民社会不倚皇权或神权来坚固它的底座，因此文化更是公民社会最重要的黏合剂。"

如果借用这个比喻，澜沧江——湄公河的江水不也正是一根柔弱又强韧的丝吗？它黏合着住在江边各国的各族人民。而各族人民的生生不息，靠得也就是这江水的维系。那么，留住这绵绵不绝的江水，是否也应该是我们的天职呢？

神交澜沧江，就在写完这篇文章的几个小时后，我又将要踏上征程，又将再见到澜沧江……

# 三门峡与渭河

**3**

2006年6月25、26日，我和《中国水危机》作者马军、前《中国改革杂志》副总编刘海英一起从西安出发到了宝鸡峡和渭南的华县及渭南市，边走边写，边走边拍。希望有更多的人和我们一起关注今日受三门峡水库影响的渭河，还有那些家住渭河两岸的人们。

## 渭河，渭河

宝鸡峡水利枢纽及水电站边的老乡告诉我们，一年里，他们家边的渭河有八个月是照片中的模样，坝边上大大的字写着的是：保护水源，人人有责。

在网上搜索宝鸡峡、渭河，我看到这样一些描述：羊肉泡馍有个术语"水围城"；长安城有个美景"八水绕长安"。"水围城"还在，"八水绕长安"却已成传说。风华绝代的司马相如在他的《上林赋》中写道："八川分流，相背而异态"。此八川即泾、渭、灞、浐、滈、沣、滈、涝八条分流。八水与远郊区县的诸河流构成了一个纵横交错的水系网，除增益河山险固之外，在灌溉农田、方便运输及为城市人口提供生活用水等方面都发挥了重要作用，也为形成大都市准备了条件。西安在以渭河为代表的八水冲积而成的千里沃野上历经千年，造就了中华文明曾经的花样年华。

不知从何年何月何日起，"八水绕长安"已成为西安人尘封的记忆。2006年6月，由于近期气温急骤上升和持续干旱，陕西宝鸡峡灌区出现了历史罕见的大面积

宝鸡峡大坝

三门峡 沙

渭河上的桥上桥

桥上再建桥

老乡搭着的桥上桥，下面的桥就要消失了。

床。那里干旱时无水，涝时就酿成大灾。

遇仙桥于1961年建成，1969年加高3.05米，1974年又加高了3.35米。而像这样的"桥上桥"在渭河下游尚有多处。这一特色，耐人寻味。生在黄土高原上的渭河，本来水的含沙量就很高，修了三门峡、宝鸡峡水坝后，水倒是还在流淌，可泥沙却被拦在了上游。无奈的河床只能是越来越高，越来越高。而河上的桥也只有"魔高一尺，道高一丈"了。当我们来到淤积了的遇仙桥时，它已经是第三次加高了。

据陕西省宝鸡峡引渭灌溉管理局林家村管理站负责人王双奇对记者介绍：这个西起宝鸡峡口，东至泾河西岸，全长181公里的水利工程始建

旱情，全灌区170万亩夏播玉米因无水源灌溉，严重受旱。尽管宝鸡峡灌区全力拦截过境水，开动三座水库12台机组，引抽流量51立方米/秒，渠水日灌地5万亩左右，但现有水量也仅能灌溉55万亩农田。如果继续缺水3—5天，玉米幼苗将会死亡。因缺水严重，灌区的玉米幼苗目前仅有10厘米左右高，与往年同比矮10－15厘米左右。

华县渭河上有两座桥上桥，记录着那里"溯流倒灌"后淤积满了的河

于 1958 年，一期工程在 1971 年 7 月 15 日投入运营，库容量只有 200 万立方米。2003 年 7 月，二期工程建设基本结束。大坝全长 208.6 米，高 50 米，库容为 5000 万立方米。每年调节放水三到四次。

王双奇还告诉记者："作为省内最大、全国十大灌区之一的宝鸡峡引渭灌区，如今制约其设施完全发挥作用的是水源问题。按照正常年份，渭河平均径流量应该为 25 亿立方米，而在 1984 年前后，其径流量只有 5 亿到 7 亿立方米。2003 年虽然开始有所好转，达到了 17.9 亿立方米，但近几年的缺水量仍在 6 亿立方米左右。"

2006 年 6 月 25 日，我们站在大坝上看，渭河河道上只能看到干枯的河床、裸露的石头，以及一而再、再而三因泥沙淤积，在已经和就要被掩埋的桥上再次加建的桥。

曾经的渭河水系水源充裕，水流丰沛。作为干流的渭河连接着黄河，内河航运相当发达，自古以来除了用于农业灌溉，主要承担着漕运，是千年古都重要的交通生命线。史载宋代秦岭北麓的斜峪关曾经是造船业中心，年产木船 600 余艘，足见那时的关中平原，水天一色，不是江南，胜似江南。

而今，当年浩浩荡荡的渭河已成为大半年无水的季节河。半个世纪前，渭河在渭源县城东的清浊合流处，一般流量为 6-7 立方米 / 秒，汛期流量有 50-60 立方米 / 秒，现在一般流量却不足 1 立方米 / 秒。渭河在渭源县境内有 7 条一级支流，可是出县境时，水即用光，河即断流。

渭河水源枯竭首先是因为上游径流量的锐减。宝鸡峡林家村是渭河流至关中进入中游的第一站。据林家村水文站记录：20 世纪 50 年代，以前年均径流量为 25.6 亿立方米；从 50 年代到 80 年代，平均年径流量为 22 亿立方米；而 90 年代年平均径流量下降到 13 亿立方米。解放以来其最大年径流量为 1964 年的 78.55 亿立方米，最小的年径流量为 1997 年的 5.63 亿立方米。

今日渭河严重缺水，而渭河的水患同样让人深深地忧虑。

2003 年 8 月 24 日，一场特大洪灾突然降临陕西渭河流域，洪灾一直持续到 10 月 5 日。在洪水肆虐之下，数十人死亡，20 万人被迫撤离家园，大量农田、村庄被淹，直接经济损失超过 10 亿元。

华县环保局的人在回答我问的"洪水为什么持续了那么长时间不走"时说："渭河都成了悬河，河床比我们的地还高，我们现在是住在水洼子里呀！"

渭河边的老乡刚对我们说："从 2003 年到 2005 年，我们这里是三年两大灾。去年春天抗旱，到了秋天眼瞅着玉米就能摘了，洪水下来，一个棒子也没能拿回家。"

当地的老乡中还流传着这样的话：这似乎正在印证 40 多年前水利专家黄万里教授"兴建三门峡大坝必将造成水灾搬家"的一句谶言。

从陇西水文监测站提供的数据人们可以看到，从渭河源头到渭河流出陇西境内的 180 多公里的河道里，每年有 180 多天无水。

40多年转瞬逝去，从建设之初就引发争议的三门峡大坝，在洪灾悲剧的伤痛声中，在各方利益的不同诉求之下，争议已远远超出学术本身。

应该说，三门峡水库自建成以来，贡献是巨大的。可是多年高水位蓄水运行，加之上游水土流失，造成库区泥沙严重淤积，形成悬河。黄河发大水，向渭洛两河及其南山支流倒灌、淤积；渭河发大水泄洪不畅，同样朝支流倒灌、淤积。河床在抬高，河堤在加高，连桥也在不断加高，渭南的华县、华阴、大荔以及西安的临潼等低洼易涝地区，均处在决堤即淹的危险境地。

专家介绍，三门峡运行以来的40多年里，洛河下游淤积泥沙2.7亿立方米；渭河泥沙淤积已延伸到咸阳市区，总量约为13亿立方米，下游河床抬高约5米。

40多个年份里，三门峡库区有24个年份河堤决口75处。令人触目惊心的是2003年特大洪水造成8处决口，导致137.8万亩农田受淹，其中保护区内有30万亩，受灾人口达到了56.25万人，迁移撤离人口为29.22万，经济损失惨重。提起那场洪水，正在重建家园的灾民仍惧怕如初。

三门峡水电站，还有我们人类修建的很多大型水电站的功过是非之争，仍在继续。今日渭河的旱、脏、涝，却也都是家住八百里秦川的人们要面对的现实。这片已经耕种了3000年的土地，如今面临着巨大的挑战。

除了干涸的渭河让人震惊，今天"八水绕

新的泾渭分明

长安"不但成了传说，我们看到的"八水"甚至有的成了垃圾河，有的成了臭水沟。

老乡们说："我们从小就知道的泾渭分明，说的是渭河的黄与泾河的清，今天的渭河却有了自己的分明——黄与黑，它们由黄土高原流入的水与城市的污水交织而成。"

华县渭河里的水是上游西安、宝鸡等城市的生活污水汇集而成的，我们在那里呆了一会儿，眼睛就有睁不开的感觉，嗓子里也怪怪的，空气中的气味更是让我们无法多待。

今日渭河农村灌溉水质是城市水质的重要组成部分。对西安来说，沣河、泾河、渭河、黑河等几条过境河流是西安农村灌溉的重要水源，其中尤以被誉为"关中平原的母亲河"——的渭河农村灌溉面积最广，西安的四五十万亩农田都是靠渭河养育和滋润的。令人惊诧的是，正是这灌溉面积在河流中排第一的渭河，其灌溉水质在各河流中却排了倒数第一。

据2006年5月10日的《中国环境报》报道：渭河进入关中，高耸的宝鸡峡大坝拔地而起，渭水被引入灌溉渠道。可是渭河河道已无水可流；千河、石头河等上游皆有水库，河道同遭断流；从宝鸡峡大坝到渭惠渠首80多公里，渭河已不成其为河。从渭惠渠首往下直至渭河入黄河段，黑河之水引进了西安，沣河、漆水河污水横流，南山小支流或干涸，或被污染，注入渭河的多为城市污水。渭河已丧失了稀释净化污水的能力。

水位下降

干

看到记者采访，不时有附近的村民围过来告诉我们，"现在都是靠天下雨浇地，除非旱得非用渭河水浇地时，才浇上一点点，只要麦子不旱死就行"，"用这样的垃圾水浇麦子，一浇多麦子根就腐烂了，被污水浇死了，嫩菜苗根本不敢用这水浇"，"就连井水都被污染了，浇地盐碱含量特别大"……

渭河生态来水减少、源头污染企业越关越多、西安市的生活污水被源源不断地排放到渭河中……这种种原因都导致了渭河水质的严重污染。据陕西当地记者报道："渭河不但水质全部都是劣五类水质，而且各项污染物也严重超标。更令人震撼的是，一方面，渭河中源源不断的大部分污水，没有经过任何污水处理，就成为我市境内沿岸农村灌溉农田的重要渠道。

"另一方面，渭南市内，政府花1.2亿修的污水处理厂，因没有运转费，风吹日晒已有些时候了。总工程师和我们说这些时，一再地叹气，他不知道这样的日子还要过多久。他说有关部门让他们去收排污费来维护运转。可这位总工说：'我们是做技术的，去收排污费，这不是我们能干的活呀。'"

花了上亿元修的污水处理厂因没钱运转而闲置着，丹麦无偿资助的污水处理仪器因没钱运转也闲置着。

闲置的污水处理厂

总工的

口号

维护河流健康生命
构筑库区人水和谐

不过，我写的"今日渭河"一文在《南方周末》上刊登后，丹麦驻华记者看到了，并就此事联系了他们国家的驻华大使馆。经过问，这个污水处理厂终于开工了。为什么非要过问才开工不可？一过问就能开工，这是为什么？不知谁能解答。

面对挑战，我还拍到下面两张照片：立在渭河边"维护河流健康生命，构筑库区人水和谐"的宣传牌子；宝鸡峡被列为宝鸡市的"爱国主义教育基地"的铜牌。真的希望这些设施和牌子，能实实在在地发挥其作用。

历史上，从蓝田猿人的旧石器时代到以仰韶文化为特征的新石器时代，再到以龙山文化为特征的父系氏族社会，人类的进化过程与渭河息息相关。渭河生命的印迹，早已烙在我们先祖陶器的绘画图案上，展示在甲骨文刻画的轮廓中，浸透在磨制加工石斧骨锄那纯熟的手艺里。可渭河长此以往，不能不让人担心河将不河呢。

## 干涸的渭水之源

如果说，从西安去看渭河是"八百里秦川，

一千里污染"，那么从兰州去看渭河，就是干涸的河床一直铺到了渭河之源。

民国年间诗人杨景熙有诗云："名山矗立万千年，详注水经代代传。导渭探源来大禹，穷奇搜异有前贤……闲眺城边渭水流，长虹一道卧桥头。源探鸟鼠关山月，窟隐蛟龙秦地秋。远岸斜阳光射雁，平沙激石浪惊鸥。一帆风顺达千里，东走西安轻荡舟。"

诗中的"详注水经代代传"，指的是《水经注》中所云"鸟鼠同穴之山，渭水出焉"。

因为甘肃有黄河最大支流渭水之源，源头所在地也就有了渭源县。渭源县的知名度也许不高，但那里渭河上的廊桥—灞陵桥—却留下了诸多名流的笔墨。孙科曾在桥上书有一匾"渭水长虹"，蒋中正书"缩毂秦陇"，可见当年桥之辉煌。

2006年6月到过位于陕西境内宝鸡峡边的渭河，看到这条干得河床里的土都裂着嘴的干河后，我就一直打算着要到渭水之源去看一看。那里的今天会是什么样呢?

2006年8月16日，在寻找渭源的路上，我们先到了陇西，在那儿我们惊喜地是看到了李氏龙宫。那里是李氏家族的发源地，后来李世民出世，让李氏家族光宗耀祖。至今那古朴的小院仍藏在深巷中。当今华人第一大姓家族的祖宅，巷深院旧，却原汁原味。

从陇西那古老的城门楼子一出来，就看到了渭河。河床之宽，不禁让我感慨当年看到的长江源头，那冰川的融水在蓝天白云之下"绘出"的都是涓涓细流。而与陇西县城遥遥相望的渭水之源河床之阔，完全可用一望无际这个词来形容。只是我站在那辽阔的河床里的那一刻，呈现

灞陵桥

陕西城门口

道法自然

孙科题

蒋中正题

渭河的今天

2006年8月17日，濛濛细雨中我登上了甘肃省渭源县的鸟鼠山。早就知道渭河发源于渭源县境内鸟鼠山上的"品字泉"，也看到过有关渭水之源这样的文字记载："三源孕鸟鼠，一水兴八朝"。它以宽广而博大的胸怀，把周、秦、汉、唐等八个王朝推向了历史巅峰。鸟鼠山宛如巨龙，昂首起伏，蜿蜒东去。南侧密林深处，三眼清泉涌出，形成"品字泉"。泉旁建有禹王庙，以纪念这位"三过家门而不入"的治水英雄。千百年来，"鸟鼠同穴"的神奇景观吸引了众多文人墨客访古探胜、吟诗作赋。

渭源县城里的渭河干了，我们期待着尽早见到鸟鼠山上的"品字泉"。我知道就是那倒品字的三眼泉水，孕育出了黄河第

在我眼前的只有空空荡荡的河床，和一步就能迈过的小水沟。

8月16日傍晚，夕阳中，我们抵达渭源县，大家顾不得卸下行装就直奔渭河上的廊桥－灞陵桥。让我们没有想到的是：那高高的拱桥虽可看出当年"东走西安轻荡舟"的舟船之高、江水之深，可现如今拱桥下渭河的水，却连茵茵的芳草也盖不住，更别提水能载舟了。

干渴的渭河

渭源三眼泉之一

这么粗的树全给砍了

渭源

么也看不见。

在那干干的泉眼旁，看到我们这些少有的探访渭河之源的稀客，看泉的老人有些激动："我十几岁时，这里的大树是背靠着背的，鸟鼠同穴的那棵大树几个人都抱不过来"。老人连说带比画着，两个手尽量地向外伸着。"那时的泉水是往上涌的，漫的哪儿哪儿都是。哪像现在，我天天打着手电照，看看泉里是不是有水了"。

老人说，鸟鼠山上那满山的树被砍了三回。解放初期一次，"大跃进"时一次，"文化大革命"时把仅剩的大树也砍了。那株有着鸟鼠同穴奇观的大树，是"扫四旧"时给"扫"了的。老人说，这对三品泉是灭顶之灾。

那天下午，渭源县广播局的同行们带我

一大支流——渭河。一路走，我们一路不停地下车拍照。非常遗憾的是，2006年8月，我们一步步走向渭源的途中，记录下的渭源都是干得几乎一滴水都没有的河床。黄黄的泥土向我们诉说着那里的苍凉……

我们爬上了海拔2000多米，有着"鸟鼠同穴"之神奇的鸟鼠山。走近了，也看到了三眼泉：但第一眼连一滴水也没有，甚至连泉底都是干的；第二眼也没有水，总算还有点湿气；第三眼被人盖上了，黑洞洞的什

北欧全木童话别墅

们去渭河新源骆驼峰，说那里的渭河泉眼在大山深处很难找到，但从骆驼峰流出的渭河里还是有水的。可当我们的车开到骆驼峰脚下时，天上虽然下着雨，而他们指给我们看的，所谓渭河的小溪，也已经干了。

近年来十分关注中国江河问题的马军说，一条河的源头要是枯竭了，那就真是离这条河的死亡不远了。渭河之源也是中华文明之源，渭河之水滋养了中国文化数千年。可在我们这代人的手里，不过一二十年它就干了泉眼，干了河床，干了两岸的大山。

这就是我们今天看到的渭河之源。在那里试图找到答案的我们走进了林业局的办公室，找到了水文站的监测人员，并与我的同行当地的媒体人坐在了一起。没想到他们对渭河之源的干涸并不在乎，且以一句话就做了总结：全球气候变暖。

这两张照片，一张是为迎接上级来视察工作而建的北欧全木童话别墅，另一个是当地老百姓的家。

全球气候变暖，这一解释显然让说这话的人与渭源干涸撇清了关系。不过，河流干涸与气

当地的民房

有水就有绿

小溪干了

候变暖之间关系的不确定性，取代了砍树开荒对大山干扰的确定性，这一结论被说这话的人定义得那么坦然。

与渭河源仅一山之隔还有一条汇入黄河的大河——洮河。洮河发源的山叫贵清山。我们路过那里时，看到满山的灌木丛和绿油油的青草，还有那漫坡的甘肃白牦牛和为绿色的山坡画出白云般颜色的羊群。"哗啦啦"，清澈的河水流过一座座小山村，和鸟鼠山与干了河床的渭河形成了鲜明的对照。

同样处于全球气候变暖的时期，一条河与另一条河的命运竟如此不同。

在渭源县，我们看到了一个为吸引游客刚刚完成的电视片的脚本，题目是《钟灵毓秀渭河源》。片中第一句解说词是："渭河，

家住渭河

一条古老宽广的河流，她源远流长，横贯秦陇"。谈及渭水源头时解说词这样说道："集山水之大成，占峰崖之精髓"。全片只字未提已经干了的泉眼和长了蒿草的河床。电视片的最后一句是："灞陵翘首谱腾飞乐章。渭河源迈着铿锵有力的步伐昂首跨入'省会兰州一小时经济圈'，必将成为享誉陇上的'生态旅游名县'。"

不知游客看了这样的电视片后来到渭源，看见今日灞陵桥、"品字泉"后问及渭源之水在哪儿时，当地人会如何答疑。

渭河只是中国诸多江河中的一条，然而从它的命运中我们看到的却正是今天我们国家无数江河的缩影——树被砍了，水源地遭到破坏，而我们的一些有关部门，一方面视若无睹，一方面高唱凯歌。随着我们人类对树与江河关系的认知的加深，1998年长江下游洪灾之后，我们痛下决心停止了砍伐天然林。可是，这几年跑马圈水中对江河的过度开发，又带来了新一轮的灾害。面对此情此景是不是也到了我们人类该重新反思人与江河关系的时刻了呢？

# 生态游在大渡河

**4**

天然的大渡河峡谷

## 雨中的大渡河

2007 年五一，38 名绿家园的志愿者从成都出发，冒雨走进了大渡河峡谷。虽然在雨中我们没有看到下面这张照片里峡谷中长满绿色的"巨塔"，但雨蒙蒙的峡谷、雨蒙蒙的"塔"还是给了我们这些城里人很多惊喜，很多想象。

2001 年 12 月，国家正式批准：在大渡河金口河至乌斯河段建立国家地质公园。公园内拥有国内外罕见的大峡谷和平顶高山景观。峡谷长 26 公里，两岸峭壁的高差一般为 1000—1500 米，最大谷深达 2600 米，谷宽多在 50 米以内。谷坡直立，形成了许多险峻幽幻的绝壁深涧和一线天奇观。

2004 年，我曾与四川省地质学家范晓一起走进那里。当时范晓告诉我：大渡河大峡谷的景观与世界上一些著名的大峡谷相比毫不逊色。与美国著名的科罗拉多大峡谷和长江三峡比起来，大渡河大峡谷的深度超过科罗拉多大峡谷近1000 米，是三峡的近一倍，其险峻壮观的程度也远超过三峡。大渡河大峡谷地区还具有十分突

细雨蒙蒙中的大峡谷

峡谷中的峡谷

出的生物多样性，是世界上高山温带植物种类最丰富的地区之一，一百年前就曾引起前来探险的英国植物学家威尔逊的极大兴趣。

在大渡河峡谷边，我第一次知道了峡谷其实是一种俗称，在科学上峡谷分为隘谷、嶂谷和峡谷。隘谷：如一线天，两岸都是深而陡直的绝壁，狭窄的谷底间是或奔腾，或舒缓地流淌着的河水；嶂谷：没有河滩，石壁下就是激流；峡谷：两岸不管大小总要有点河滩，是发育较为成熟的自然环境。

大渡河金口河段多为嶂谷，也有不多的隘谷。虽然只有26公里，但两岸的绝壁都为90度。这一河段水之汹涌和绝壁上的绿色，范晓都认为是罕见与独特的。

这条大峡谷中有成昆铁路穿过。湍急的水边，行驶在隧道里的火车钻出来停靠的小站，叫关村沟。当年修这条铁路时，有2000多铁道兵战士不幸永远地与大山为伴，平均每公里就有2

被截流后的峡谷

大渡河峡谷国家地质公园内

位，可想而知这里的山险、石陡、水急。

本来，大渡河大峡谷国家地质公园的建立，应该给川西南地区旅游产业的发展带来前所未有的机遇，它将成为四川旅游发展极其重要的后备基地，可以建成和长江三峡媲美的四川省最好的峡谷高山旅游胜地。而且它离成都仅3小时车程，成昆铁路和金乌公路纵贯峡谷，它的可进入性在世界上著名的大峡谷景区中也是少见的。

然而由于目前的大开发，绿家园这次生态游出发之前曾联系四川省的旅行社，没有一家愿意接待我们到那里去旅游。费了好大的劲才找到一家水平亟待提高的小旅行社。

大渡河是四川西部水能资源最丰富的河流之一，长期以来在其干流和支流上进行了大规模的水电开发，已建成的电站有48座。整个大渡河干支流规划开发的电站达到356座，装机容量为1779万千瓦，其中仅干流就为24级开发。

2007年五一绿家园生态游时，我们十分遗憾地再次得知，在大渡河峡谷国家地质公园还没有来得及正式挂牌时，又一立项也被批准——修

建枕头坝和深溪沟两个大型水电站。它们的装机容量分别是44万千瓦和36万千瓦。

大渡河峡谷国家地质公园沟口，已经在建的瀑布沟电站坝高186米，装机容量是330万千瓦，花费的钱是多少？186个亿。

让地质学家范晓一直着急的是：大渡河流域也是地震、滑坡、崩塌、泥石流等地质灾害的高发地区及水土流失的严重地，流域的河谷地带又是川西山区居民最集中的农耕区。大规模的电站建设在给人们带来能源和其他好处的同时，实际上也在诱发和加剧地质灾害、淹没耕地、造成移民、对自然景观和人文景观旅游资源的破坏等方面带来了许多隐患，并已造成了损害。

2005年大渡河边海螺沟的一场巨大的泥石流，让一条奔腾咆哮的大河几近干涸，至今两岸仍满目疮痍。

大渡河峡谷国家地质公园所在的汉源县，是中国久负盛名的花椒之乡，那里的老百姓一直过着不错的日子。可是2008—2009年，整个县城因修电站被淹，所有的人都成了被搬迁

的移民。

2007 年生态游时，我们走在雨中的汉源县城街上，我随便问了一些街边摆摊的人：对未来的生活有什么憧憬吗？没有人对这个话题感兴趣，他们只说以后看吧，听政府的安排。

## 海螺沟

绿家园生态游经历了大渡河峡谷的风雨后，贡嘎山内的海螺沟以阳光下闪闪发光的、晶莹的雪峰迎接了我们。

5 月 4 日的早晨，我们举起相机，拍到了晨曦中的贡嘎雪山。虽然没有拍到火烧般的雪峰，但我们拍到的似乎更能给人以一种神秘感。进入一号营地、二号营地、三号营地，郁郁葱葱的森林，盛开的高山杜鹃和阳光中的雪峰和飞流直下的大冰瀑布，大自然的景观一个接一个地闯入我们的眼中，让我们目不暇接。

在我的第一本《绿镜头》中，我曾介绍过全世界的冰川仅占全球面积的百分之三，而南

海螺沟

海螺沟的早晨

海螺沟里的绿色

海螺沟冰川上的风尘

极、北极和格陵兰群岛三个地方的冰盖就占了其中的十分之九。剩下的山岳冰川为数就很少了，而能作为旅游资源的冰川景观，更是少之又少。在我们中国，距四川成都只有２８２公里的四川甘孜藏族自治州的贡嘎山海螺沟便是其中的一个。

有这样一个统计数字，全世界以冰川为主要景观的旅游地，目前总共不过２０余处：瑞士冰川公园、美国与加拿大联合组成的沃特顿冰川国际和平公园、阿根廷洛·歌莱西瑞斯冰川公园、新西兰库克山国家公园等。

位于青藏高原东缘的贡嘎山海螺沟冰川，是我国海洋性现代冰川分布最集中，规模最大，且最容易接近的低纬度、低海拔冰川群，也是我国少有的几处正式对外开放的冰川旅游胜地。它所处的海拔只有2700米。在我国，喜马拉雅山也有海拔低于2700米的冰川，但那里人迹罕至。不知是不是因为海拔低，海螺沟的冰川上沾满了风尘，而不是我们想象中的洁白。

贡嘎山在地质构造上处于青藏板块与南亚板块的结合带，属青藏高原的组成部分。在地貌上，它位于四川盆地和青藏高原的过渡带上，属于青藏高原边缘——横断山系的高山峡谷地貌类型。境内山脉、河流近似南北伸延，岭谷高差悬殊，由东坡大渡河谷地至主峰顶，水平距离是29公里，而相对高差是6500米，这是非常罕见的。高差大，就会造成气候的显著变化。

还有，海螺沟冰川所处地区，位于我国东部亚热带温暖湿润的季风区和青藏高原东部高原温带半湿润区的过渡带上，山体两侧气候差异明显。区内从南到北，从低到高，具有完整的热、湿、寒立体气候带谱。

贡嘎山主山脊正位于我国一级自然区划界限的位置上，主脊线以东的海螺沟为东部季风区域。受东南季风的影响，其气候特征为潮湿多雨、冬暖夏凉、云雾多、

站在冰川里

海螺沟大冰瀑

日照少。科学家对此已有了比较精确的统计，这里一年大约有 260 个下雨天，占到了全年的三分之二，此外还有三分之一为阴天，这样算下来，一年的晴天大概就没有几天了。由此看来，我们绿家园五一的这次生态游，能有两天都是艳阳高照，看来真是运气不错。

在贡嘎山主峰四周，成放射状分布着 74 条冰川，其中长度超过 10 公里的冰川有 5 条，海螺沟冰川是 5 条冰川中最长的一条。

据说，每当大型冰雪崩发生的时候，海螺沟大冰瀑蓝光闪耀，冰雪飞舞，隆隆响声震撼天宇，数公里之外都可闻可见。1981 年 6 月，冰川学家在这里观察到一次崩塌量达数百万立方米的特大冰雪崩，成为世界上有记载的最大雪崩。

冰川一直流入森林，海螺沟的这一特点形成了一种壮美的景观，使人们可以在欣赏到冰川之美的同时，还能欣赏到冰川与森林交融的难得景观。

科学家们说，冰川运动有时是受人类活动影响，有时则是一个自然的气候波动。在他们的研究中，希望能把自然的波动和人为的影响区分开来。如果不加以区分，把所有的现象都归结为自然波动当然不行，而完全归结为人类活动也不合理。当然，要想完成这一区分并不容易。

如今的贡嘎山，因人为干扰造成的影响有多大，就此我们并没能采访到相关的专家。不过在进入这片神奇之地时，我们看到了 2005 年 8 月 11 日的一次泥石流所留下的痕迹，用为我们开车的司机师傅的话说"把一条奔腾咆哮的大河

一场泥石流后的海螺沟

泥石流后的大江

弄干了"。下面是当时的一则相关消息：

新华网成都 8 月 12 日电（记者黎大东、肖林）四川旅游胜地海螺沟景区 11 日晚 8 时左右因暴雨引发泥石流，造成公路、桥梁等设施严重毁损，电站被毁，1200 余名游客在景区附近受阻，一些农户受灾。

时隔快两年后，我们还是用镜头捕捉到了灾害造成的影响。地质学家范晓告诉我们：在这场泥石流中，磨西沟内所有小型电站均被冲毁。电站的修建对这场泥石流所产生的影响不可忽视。

## 永远的木格措

山上的标语：注意环境保护，建设绿色水电

从 2003 年到 2010 年，我先后去了七次木格措。不过要说清那里的美和那里明天还能否这么美，不论是写还是拍，我觉得都很难。那里的美太丰富了，用照片很难逐一都描绘出来。那里的未来又太难预测了，有太多的人把眼光盯在了那里。

2007 年，绿家园生态游从泸定到康定，是我沿着大渡河第五次走进康定了。2001年，从成都到康定，那时的大渡河及很多支流的水几乎都是白色的，那是由奔腾的浪花汇集而成的河水。2003 年、2004 年从这条路进入康定，汽车行驶的窗外，有些河段就成了只有砾石铺就的河床。可以说，

我亲眼见证了大渡河及其支流瓦斯沟，从跳着白色浪花的激流，到干涸没有一滴水的过程。

木格措和我很有缘，每一次去不管在山下是阴天还是雪天，走到它跟前时，一定是在蓝天、白云、雪山的辉映中。

康定城处于高山之间、高原之上，四周有成百上千的高原湖泊，每一条流下山来的河水都是湍急澎湃。

在国家领导人的关注及媒体报道的参与下，2005 年州政府的态度终于转变为：木格措发展水电，一是会对下游安全构成威胁；二是相对于开发旅游业，修水电站带来的经济效益落不到百姓手里，因此不是好的选择。

2006 年，我们绿家园的"江河十年行"把木格措选为十年跟踪的一个点。记者们到那里去时，已是 11 月下旬了，二郎山依然是一派秋色，漫山的树叶还在竞相怒放着。过了二郎山，山的秀丽换成了山的伟岸，蜿蜒的大渡河穿行在峡谷间。

在康定，"江河十年行"的记者见到州环保局的干部，听到的第一句话就是："木格措不建水电站了，康定人乐惨了。"

在采访甘孜州旅游局助理调研员高明勇时，他说的一番话让我们觉得

雪山下的木格措（摄于 2006 年 "江河十年行"）

倒很实在。他说："我们政府反对木格措建水电站的原因，一是因为木格措就在康定的上面，如果那里修了水电站，等于我们康定每个人头上都顶着一盆水。另外，修水电站只能富裕开发的人，而旅游却能往老百姓的腰包里装钱。"

2006 年 11 月底，"江河十年行"的一行记者住进了景区路边一个藏民家刚刚修好的二层小楼上。屋子里各种电器一应俱全，藏式家具把房间装扮得富丽堂皇。65 岁的男主人荣东江措坐在火塘边和记者拉起了家常。

水坝停修，让荣东江措和当地村民都长长地松了一口气。开着家庭旅馆的荣东江措说："木格措，我小时候和现在没有什么变化。要说变化，那是我们的生活。"过去，江措家的四代人靠烧炭和挖草药过着仅仅能填饱肚子的日子。他的四个孩子最大的 43 岁，只有两个小的上了小学，另两个一天学都没上，因为没有钱。

荣东江措家目前的生活过得挺好。因退耕还林，国家补给他家里的粮食吃不完；在风景区路边开家庭旅馆，每年收入过万元；四个子女也都已长大成人，自立门户。村民们看到了生态旅游、绿色经济的前景，也都正激励于荣东江措家"榜样的力量"。

在荣东江措家采访时，记者问他和他的老伴有什么愁事，他们想了想说"没有"。不过在没有摄像镜头对着的火塘边，老人还是说了："一些住在河对岸的乡亲希望也能搬到路边发展旅游业。县里有关部门也试图从旅游业中获取更

荣东江措（2007 年摄）

多利益，设想在景区建设政府接待机构。这样一来，百姓的经营权有可能受到限制，甚至还可能要搬迁到别的地方。好在州政府有关领导为此事来视察过，并留下了话——应当首先考虑百姓的利益。"

荣东江措有一个十岁的小孙女叫罗绒卓玛。那天北京电台的记者给了她一块巧克力，小姑娘拿着巧克力就出去了。过了一会儿，她的奶奶进来时嘴里嚼着什么，原来小姑娘刚才出去是把巧克力给了奶奶。在这个运输不是那么方便，平时连白菜都很少吃到的家里，巧克力对一个孩子来说意味着什么呢？记者问她为什么给奶奶吃，而自己不吃时，她笑着回答："是老师说的。"

北京大学世界遗产研究中心主任谢凝高教授，在 2005 年 12 月 31 日召开的中外著名风景园林专家学术报告会的演讲中说过：国家风景区是祖国壮丽河山的象征、国家文明的标志，是国家和人类最珍贵的自然和自然文化遗产，是具有保护性、公益性、展示性和传世性的人类瑰宝。当前，我国的风景名胜区一般都具有自然科学、自然美学和历史文化三重价值。自然科学价值包括地质、地貌、水文、生物、生态等科学价值。根据各种地貌形态的特征，通过区域乃至全球对比研究，可以得出某风景区地质地貌学价值属世界级、国家级或地区级的结论。

生物生态学价值主要是指生物多样性及具有科学保存价值的濒危动植物栖息地。形象美是风景美的主体和基础，可概括为雄、奇、秀、

江措的孙子（2006年摄）

江措的孙子长大了（2010年摄）

2007年五一绿家园生态游，当我再次走进木格措时，被当地的很多老乡认了出来，他们热情地说："又来了，谢谢你们，我们这儿终于不修电站了。"

不过，谢凝高教授还说：我国建设部颁发的《风景名胜区暂行管理条例》已"暂行"20年了，应赶快建立国家遗产保护法。世界其他国家一般建立国家公园后很快就立法，有的是同时立法，有的是先立法后建国家公园。而我们的决策，常常片面地定位于"旅游经济开发区"，把保护性变成开发性，公益性变成公司私有性，展示性变成经营性，甚至变相出让风景资源及其土地。毁景牟利，把传世性的遗产毁于一旦。

2010年，"江河十年行"走到木格措时，这样的事情果然发生了。木格措作为景区被承包出去了，改名为"康定情歌'木格措'风景区"。荣东江措家虽被划在了景区的边缘，但自家的房屋却也没有了自主权。本想靠旅游发家的江措老人急得生病住进了医院，从珠海回来希望开发家庭旅游的儿子已经闲在家一年多了。见到我们，老人的儿媳妇一再地问："这里是我们的家，我们为什么要听开发商的？"

我们要连续十年关注木格措的命运。不知在我们结束"江河十年行"的时候，再问罗绒卓玛今天的木格措和她小时候的是否一样时，她的回答会不会和她爷爷2006年时说的一样：小时候什么样，现在还是什么样。

幽、奥、旷等。以宏观的形象美为基础，相应地展现出中观、微观及各种美学元素，如色彩、线条、动静、音响等有机结合，构成各有特色的自然美学价值。根据中华民族悠久而传统的审美观，对山水自然美的评价，一般包括形象美、色彩美、动态美、静态美等要素。探究风景名胜区的保护与利用，要先从其具有的价值谈起。

# 5

永定河
从源头喷出

永定河是北京的母亲河，和中国其他大河的命运一样，这些年来它干涸的河床越来越多。不久前一些朋友去了位于山西朔州的永定河源头，回来后都说那里美得让人忍不住要跪下来朝拜。过去那儿有三眼泉水喷出水柱达一米多高，这些年只剩一眼泉了，但喷出来的水仍不仅有浪花更有一米多高的水柱。那么为什么永定河的中游、下游就没水了呢？而且今年靠永定河来水的官厅水库差不多降到了历史最低水位。我们几个就职于民间环保组织的人决定从北京出发，溯河而上，去探访永定河的源头。同行的还有凤凰卫视"社会能见度"的编导和中国社会科学院研究经济问题的研究员。

远山的"雾"

过了八达岭，河北怀来的景色让人的视野一下子开阔起来。7月11日，这里的蓝天白云让同行的人一个个连连叫美。可是，往远处看，山边怎么却有一层暗红？停车后拍下的照片告诉我们：山脚下竟是一圈污染带。这圈暗暗的色彩与头顶上的蓝天白云形成了极大的反差。

同行的公众与环境研究中心的主任马军此行主要的任务是为"中国水污染地图上"的怀来、下花园、宣化、大同的污染企业定位。"中国水污染地图"上的污染企业，都是从国家环保部和地方环保局的黑名单上选出来的。

2007年7月11日，我们刚刚给第一个污染企业定了位，就被当地老乡带进了玉米地。原来，长城酿酒集团一个厂排出的污水把人家的地给污染了。污水流过的地里，今年4月种的玉米就没出苗。5月虽然又补种了，可两个月过去了，

山河烟

从鸡鸣山远眺

有的苗连一尺高都不到。而如果站在里面没有进过污水的玉米地里，已经看不到外面的远山。

当地的老乡告诉我们，这个企业曾被中央电视台的"焦点访谈"曝过光。今年新的投资商还问过当地的老百姓，如果一亩地赔650块钱，让污水排进去行不行？全村三十多户人家中，家里年轻人多的10户收了这笔钱，其他二十几户都不同意地里进污水。可是，生产规模又扩大了的这家工厂，今年再次把污水排进了当地农民的

地里。我们去时，村委会正在帮助村民与厂方进行交涉。

当时地里的老乡告诉我们，正常的情况下，一亩地他们的收益是800多元。

离开这些农民，我们开始爬鸡鸣山。全国著名的古驿站鸡鸣驿便是因此山而得名的。今天的鸡鸣山上，还留有当年康熙皇帝御驾到此坐着歇息的石头和即兴而作的诗句。

爬到山顶，让我们兴奋的景色尽收眼底，

鸡鸣山驿城外

360度的大全景，高耸立的岩石，在瓦蓝瓦蓝的天空下，如此的伟岸，如此的清澈。用清澈来形容景物，对我们今天的北京人来说真可谓久违了。

但就在这清澈的天空和360度的大视野中也有遗憾，山下有三个大水泥柱子似的烟筒正向蓝天中排放着滚滚的浓烟。再看远处的宣化，更是整个被笼罩在烟雾缭绕中。

本以为从鸡鸣山上往下看，就能看到洋河与桑干河交汇后形成的永定河，但是今天我们却没有看到桑干河。

太阳把山下的鸡鸣驿照得亮亮的。厚厚的城墙，灰红色的屋顶和绕城而种下的绿绿的青纱帐，体现着先辈人与自然相交相融的思想。

驱车前往鸡鸣驿，夕阳中的古城墙下坐着一群群吃过饭出来纳凉的人们，可以看出他们的日子过得是那么简朴而悠闲。

## 水库旁开荒的老乡

此行我们出发前，从"中国水污染和空气污染地图"上查到，宣化当地环保局发布到网上的污染企业共有27家。

7月11日站在鸡鸣山上远眺时，360度大全景中最不协调的就是几乎笼罩在烟尘中的宣化。而当我们身在宣化时，更加感到呼吸不畅，整个人的感受可由两字道来："难受"。12日一大早，我们先去了"黑名单"上的宣钢，在宣钢外面迎接我们的是一匹奔腾的"骏马"。

厚厚的城墙

远看宣化

宣钢外

可绕着厂房走上一圈，拍到的就是这样的画面了。就在我们拍完照从一大堆废石山上下来，几个穿着很整齐的人朝我们走来。

他们问我们是干什么的。我们说是要去永定河源头，看到这里如此烟雾弥漫，气都喘不顺，想记录下来，给他们市长热线打电话。

这几位拦住我们盘问的初衷我们并不知道，可听说我们要打市长热线，他们便立刻纷纷说开了："你们给好好反映反映吧，这里的污染太严重了，我们整天就在这样的环境中生活。"

我们问："这么多年了你们自己为什么不反映？"

那一刻，从在场的每一个人的脸上，我看到的是同一种表情——无奈。

很快，其中一位说了："我们反映有什么用？大家都这么忍着，污染受害者还不都是咱们老百姓。"

"我们反映没用，谁听我们的呀？"另一个人也跟上了一句。

一直到我们已经上了车，还听到后面有人大声说着："你们给反映反映……"

因为要去找永定河的源头，也因为宣化市内及近郊的空气确实有让人难以承受之感，我们继续向大同方向驶去。

途中我们的车停在了永定河上游的一个重要水库——册田水库一边。来之前我们就知道，

宣钢内

这个水库现在已是重度污染的五类水，但它也是官厅水库的重要水源补给水库。

让我们没有想到的是，那里这几年竟那么干旱。

从册田水库边山坡上那大块小块的火山石看，下面的水库过去可能是一个堰塞湖。我们的猜测得到了老乡的证实。他说那里修水库之前是条河，水很大，河两岸都是大树，过去当地并不缺水。册田水库是1958年兴建的，建水库时把两岸的树全砍了。

这些年来，册田水库周围一年比一年干旱。

这位老乡在村里有20多亩地，种了很多种庄稼，但收成并不好，只好又到水库边的荒滩上开荒。

同行的凤凰卫视的记者一直不明白地问老乡："水库边为什么还旱成这样。"

老乡说他也不知道，雨水越来越少，只有每年春季这里会来些水，但这些水是要补给北京的。

"都给了官厅水库。"坐在一旁的另一位老乡对记者们说。

水库边，大太阳下，同行的几个女士打起了阳伞。看着这位从土里刨食的72岁的农民，

册田水库两岸

册田水库旁的农民

在水库旁开荒

离开册田水库，我们开始去找"中国水污染和空气污染地图"上记录的大同的15家企业，我们要给这些企业定位，希望住在这些企业周边的老百姓能早点站出来为自己的健康呼吁，为改善自己的生存空间尽点自己的能尽之力。

环境保护的信息公开和公众参与，是我们绿家园志愿者目前最主要的倡导。

2007年7月12日，我们的车到大同东郊时，太阳已经西沉。对拍摄夕阳有着特殊喜好的我，那一刻拍到的竟是一座大烟囱里冒出的烟从太阳中穿过的景象。

大同东郊的傍晚，大烟囱里冒出的浓烟，小蹦蹦车屁股后面冒出的黑烟，街边烧烤炉前冒出的白烟，再

凤凰卫视的记者一步一步地跟着老人的锄把子拍着。他要通过这些镜头告诉观众些什么？观众看到后又会怎么想？我在心里这样问着自己。

其实，水生态学家王建在我们绿色记者沙龙上早就说过：北京现在的三盆水——怀柔水库、官厅水库和密云水库，只有密云水库还在艰难地支撑着北京人的用水，怀柔水库早就死库容了。官厅水库的水虽然没有完全死库容，但污染得非常厉害，也很难达到饮水功能。可是，册田水库边的老乡，本身守着水库，而为了给官厅水库送水，为了北京人的用水，却在如此旱的地里开荒。这时已经是7月中旬了，才只有几寸高的玉米苗还能长高到结出玉米棒子吗？

看着土里刨食的这位老乡一口一口地喝着水时，我们这群北京来的人却不知还问他什么好。

混入地上的尘土，把个城市搅得混混沌沌。为了多给几个污染企业定位，我们租了一辆小蹦蹦车请司机带路。在他的引领下，从日落到天完全黑了，从城南到城北，从市中心到近郊，我们定位了5个污染企业后，不得不收工了。这些企业中有水泥厂，有煤矿集团。

我们收工的原因除了天黑，还有车上同行的好几个人开始嗓子疼，慢慢发展到有的人胸部也疼了，有的人眼睛也剧烈地酸痛起来。

我们几个北京人在大同的遭遇不知是普遍现象还是个别现象，是我们太娇气吗？但是那里无论白天还是夜晚，眼前总如在雾中的情形，还有它对人身体的影响，再继续漠视下去必然会出大事，这就是我们的判断。

## 桑干河上的神头泉

桑干河是永定河的上游，位于河北省西北部和山西省北部。相传每年桑葚成熟的时候河水都会干涸，故此得名。它的起源有二：一为管涔山分水岭的雨洪，一为朔州神头村的神头泉。

大多数中国人知道桑干河，是因女作家丁玲那部极为著名的小说《太阳照在桑干河上》，而大多数人可能也就只知其名了。

"车又在河里颠簸着。桑干河流到这里已经是下游了，再流下去十五里，到合庄，就和洋河会合；桑干河从山西流入察南，滋养丰饶了察南，而这下游地带是更为富庶的。"这就是丁玲笔下的桑干河。着笔不多，却能让人记得它的美

与富。不知她老人家的在天之灵，是否还牵挂着那里的山，那里的水，那里的人。

7月13日我们从大同出发，马不停蹄地溯河而上，想尽快地看到那拔地而起，高喷近3米的神头泉水。尽管看过照片，尽管脑子里对那里的生态环境有着很多想象，而就在看到喷涌而出的晶莹剔透的水的一刹那，我脑子里闪出的词还是：不可思议，太不可思议了。

大山脚下，一马平川，小河弯弯，这水怎么就能如此不管不顾地冒出来了呢？

从地质学家范晓那儿我得知，泉一般分两

远看神头泉

平地而起的桑干河源——神头泉

高高喷起的神头泉

种：承压泉（也叫喷泉）和非承压泉。范晓说，承压和非承压与泉的地下构造有关。承压泉一般是泉水发源的区域海拔相对较高，泉水露出地表的地方和水的源区有一个高差，自然会有压力产生。

范晓说承压泉的产生还有一种情况，就是和它所在的地下比较深的断裂结构有关。地下水经过比较深的循环，上升到地表，这种情况也可使水有一定的压力，产生自喷的现象。至于神头

泉属于哪种，我并没能找到对它进行分析与判断的相关资料。

在神头泉附近我们采访了几位老乡，一位老乡告诉我们不远处还有一处泉眼，喷出的水柱也有 1 米多高，而一位 72 岁的老乡更是告诉我们，他小时候那里的喷泉不下十几处之多呢。

这些会喷的泉水，与距神头镇数十公里的管涔山森林植被茂密、面积广袤，具有良好的涵养水土作用当然有关。大量的山泉水通过地下特殊地质结构汇集到此，又从地面喷涌而出，形成了桑干河的发源地。

不久前，民间生态学者王建也是追寻永定河源走到了神头泉。王建说上世纪 80 年代初，他曾陪同人民画报社的一位摄影记者专程来到三泉湾拍摄喷泉的奇景，还请朔州市交通部门调来吊车，把压在泉眼上的巨石吊走，当时如餐盘大小的泉眼喷涌出的泉水达 1 米多高。

今天神头泉所在的这片草滩中，当年喷涌达数米高的泉眼有三处，故名三泉湾。河道里还有很多小泉眼群，草滩里由于积水多而难以涉足，其中水禽无数。

遗憾的是，从历史到今天，管涔山曾发生多次大面积森林砍伐、外运、开荒、种田等活动，严重破坏了植被，造成了水土流失。上世纪 90 年代这里又大开煤窑，其无序开采活动破坏了地下水系，使三泉湾泉水量减少。目前仅存一处泉眼，水量也明显萎缩。草滩日益干旱，小泉眼群多已消失，水禽大为减少。神头泉组流量由 20 世纪 70 年代的 8.6 立方米 / 秒，减少到现在

洋河，洋河

的 5.0 立方米 / 秒左右，除去上游用水，供给下游桑干河等灌区的泉水仅剩 0.27 立方米 / 秒。

在挂有神头泉路牌的地方我们拍到了这样两张照片，一张是天空中扬着长烟，一张是水中满是绿色的富营养物。其实，就在离神头泉不到 5 米远的河里，已是布满污染物了。

上世纪 70—90 年代，三泉湾附近建了 130 万千瓦和 100 万千瓦两座大型发电厂以及一个造纸厂。这些企业大量抽取地下水做循环冷却水和生产用水，造成地下水位下降，而用过的污水则直接排入桑干河。这使得就连山西省朔州市人民政府的网站上，在朔州市水利发展与改革"十一五"规划中也有了这样的注明：神头泉域是桑干河的源头，也是我市排污大户神头电厂的排污区。

照片上的这位老人叫李希贤，今年 72 岁，那天他一定要把我们从桑干河大桥带到位于桑干河边的一个排污口，他要让我们看看如今桑干河里流的是什么水。

老人指着干得裸露着砾石的桑干河与电厂里排出的黑水说："工厂里排水的大管子比我还高呢！"这就是今天桑干河里的水，黑色的水。

路遇我们，李希贤老人很感慨。他说他小时候的桑干河水可大了，清澈的水里有很多鱼。那时的地里浇上水可以管三天，现在一天都不到，地里就又开裂了。得这种癌那种癌的人也越来越多。

我们忍不住脱口而出地又问了李希贤老人那个我们一直在问的老问题："你们不找他们企业去要求赔偿吗？"

老人对着电视镜头一脸无奈地反问我们："有用吗？"然后自言自语地又来了一句："连桑干河都只剩下污水了。"

这两张照片一张拍于排出污水的电厂里，一张拍于桑干河大桥上。

这张照片是我们一行人于桑干河源的神头泉拍摄的。站在桑干河大桥上，看着那干得只剩下一股水的桑干河，我多希望有一天，让我们这群关爱自然的人激动的地方不仅仅是江河的源头，也包括我们生活的江河两岸。

## 大桥的尊严与无奈

真的没想到，我们这次探访永定河源，竟看到那么多大桥下面的河里干得没有一滴水。

我们的车从山西山阴县向河北下花园行驶的途中，停在了洋河上的一座大桥下。望着干涸的河床，我说我要写一篇文章，题目就叫"大桥的无奈"。同行的马军说，应该也写写大桥的尊严。

是啊，大桥也有大桥的尊严。它曾使天堑变通途，它连接的是人与人之间的交往，物与物之间的流通。与它相连的应该还有人与大自然。

可是，今天的江河哪儿还顾得上大桥的尊严，连它们自己都欲哭无泪了。

水是从电厂流出来的

电厂内

电厂流出的水汇入桑干河后

今日桑干河

干河上的桥

为它欢呼，为它歌唱

桥与桥之间

曾经的大桥

让大桥无奈的，还有我们此行看到的河里仅剩那点水的变异。我们不知该称其为何物，是河，是水，还是什么？

探访永定河走到这儿，我想是该说说它的路线与区域了。

永定河从桑干河算起的话，它发源于山西省宁武县管涔山，流经内蒙古、河北，经北京又转入河北，在天津汇于海河至塘沽注入渤海。永定河全长 548 公里，在北京它自门头沟区三家店流入石景山区后，流经五里坨、麻峪、庞村、水屯等地，经衙门口村南流入丰台区。

永定河，古称灅水，隋代称桑干河，金代称卢沟，每年 7 至 8 月为汛期。河水自燕山峡谷急泄，两岸峭壁林立，最大落差为 320 米，最大流量为 5200 立方米 / 秒左右。河水夹带大量泥沙，水质浑浊，年含泥量 3120 万吨，元、明代有浑河、小黄河等别称。由于河迁徙无常，俗称无定河，历史上曾留下多条故道。其中离北京较近的大型故道有三条：第一条古故道由衙门口东流，

洋河、桑干河在这里汇成永定河

沿八宝山北侧转向东北，经海淀，循清河向东与温榆河相汇；第二条西汉前故道自衙门口东流，经田村、紫竹院，由德胜门附近入城内诸"海"，转向东南，经正阳门、鲜鱼口、红桥、龙潭湖流出城外；第三条三国至辽代故道，自卢沟桥一带，经看丹村、南苑到马驹桥。史载这第三条故道历时900余年，一直到清康熙三十七年(1698年)进一步疏浚河道，加固岸堤，才将无定河改名为永定河。

永定河为海河流域七大水系之一，是河北水系中的最大河流，流域面积47016平方公里，其中山区面积45063平方公里，平原面积1953平方公里。永定河流经内蒙古、山西、河北三省及北京、天津两个直辖市，共经过43个县市。

永定河上游有桑干河和洋河两大支流，在河北省怀来县朱官屯汇合，以下的河段称永定河，在延庆县汇入妫水河，经官厅水库流入官厅山峡（官厅水库至三家店区间）。从官厅至朱官屯河长30公里，官厅山峡河长108.7公里，至门头沟三家店流入平原。从三家店以下至天津的入海口，河道全长大约200公里。水利系统将其分为三家店至卢沟桥、卢沟桥至梁各庄、永定河泛区和永定新河四段。

2007年7月14日，我们在华北平原的青纱帐里穿行了很久，才找到了位于怀来县朱官屯村的永定河源。

我们站在这开始叫永定河的河段前时，太阳在灰蒙蒙的云后不肯露面。洋河黄黄的、干干的，连一丁点绿色都没有。桑干河细细地、无声地流着，由这一干一细两条河汇成的永定河继续向远方的北京流去。

官厅水库的水来自于这两条河。20 世纪 50 年代，它们为官厅水库带来的水是多少？加上延庆的妫水河，每年共有 20 多亿立方米注入。60 年代水量下降到每年来水 10 亿多立方米。70 年代，就只有 7—8 立方米了。80 年代、90 年代干脆只有 4—5 亿立方米，21 世纪以来，就更少得不到 1 亿立方米了。

一位叫王宝玉的羊倌从看到我们一行人开始，就被我们问个不停。他也很乐意向我们讲述他眼中的桑干河、洋河，讲述着两条在这里汇集成一条的永定河的昨天与今天。

王宝玉 43 岁。他说自己小时候整天在这河里捞鱼。现在鱼是没有了，但如今种葡萄年收入人均能达到七八千元。他们家除了种葡萄外，还养了 60 多只肥羊，他说是为了给葡萄地里积点肥。另外，现在猪肉涨价，一头羊的价也有 300 多块。

王宝玉说，离永定河不远的地方有一个造纸厂。前些年造纸厂发出的味道可难闻了。那时候，那么脏的水也都浇了葡萄地，种出的葡萄也都卖了。现在终于在治理了，自来水带着味的时候少了。今年早熟的葡萄就要摘了。儿子参加了今年的高考，考了 598 分，报的吉林大学，估计有门。儿子是王宝玉的希望。

现在浇一亩葡萄地要花 200 多块水钱，王宝玉盼着永定河里的水有一天能像他小时候那样，不让庄稼人着急。

就在 2010 年我修订这篇文章时传来消息：

北京已成立了永定河流域的建设领导小组，由副市长陈刚担任组长。有消息透露，永定河整个工程预算为 170 个亿，全部来自市政府固定资产投资，2010 年的投资将达到 14 个亿。下一步，北京将协调永定河生态水岸建设，启动麻峪湿地公园、首钢工业遗址公园、门城滨河公园、永定河文化公园、园博园河段生态修复工程，力争 9 月份完成项目设计方案。

官方表示，永定河生态走廊建成后，将扩大西南五区的城市空间，水岸土地规划调整后，沿岸发展机遇区将增加建设用地 95 平方公里，建筑规模约 1 亿平方米。

民间水生态学者王建对此的担忧是：建那么多假景，就能解决永定河的污染和没水的问题吗？花那么多钱去造假，怎么补回资金的投入？不会又是房地产接着吧。

听到这个消息后，《新京报》评论版约我写篇评论。我写的文章题目是《北京市用 170 亿治理永定河，打造城市水景不光靠钱》文章是这样写的：

北京市要拿出 170 个亿来治理 170 公里长的永定河，干了 30 年的永定河，不过几十万年和几十年一条大江的变化，有气候变化的因素，有人口增加的缘由，但更有认知上的差异，这些差异造成的问题，不是光靠钱就能解决的。

从上世纪 60 年代开始，北京共建了 80 多个水库。官厅水库上游修了 267 座小水库。一条自由流淌的大河，被截成了一个个水池子的同时，大量的河道干涸了。

永定河从这里开始

北京曾有成千上万个坑塘，千千万万的小河沟。如今这些坑塘要不被填了盖上了房子，建成开发区，要不就变成了一个个泼脏水、倒垃圾的地方。小河沟和坑塘，蓄水的功能（毛细血管的作用）消失了。我们人有动脉、静脉，也有毛细血管，如果毛细血管不通的话，我们都知道会有什么后果。所以"小河无水，大河干"，这些"毛细血管"其实给我们提供的生态作用非常重要。

2006年12月我曾到永定河考察，当时北京已四个月没有雨雪。而永定河道上的高尔夫球场却正在从地下100多米深的地方打水浇灌高尔夫球场的草坪。如今北京一共有38个标准高尔夫球场，每个都需要巨量的水资源进行维护。据估算，这些高尔夫球场一年耗水量为2000多万立方米，相当于10个昆明湖的水量！

地下水，在很多国家是被严禁使用的。而北京地下水的管网却修了3700公里。相当于从北京到乌鲁木齐，这个代价有多大让人难以想象。

花巨资还永定河水是一种治理，而家在昆玉河边空军指挥学院的教师李小溪曾大声呼吁：不要把自然流淌的河流的河底硬衬，那样会阻隔河水、雨水和地下水的交流。北京密云农民刘振祥关于华北干旱问题的解决方案中，最重要的一条是"水囤积"，即因地制宜地造出一些湿地、沼泽、池塘，增加区域水体面积，以供旱时灌溉、平时蒸发。

民众的这些治水办法一定是用不了170个亿的。它们就是让河流自由地流淌，就是恢复原有的湿地与坑塘。可是在我们的国家级的发展战略中，这样的民间做法能排上号吗？不唤醒人们对大自然中大河小河的尊重，恢复恐怕只能是一厢情愿。

这篇文章发表后，我想到了我们那趟探访永定河河源。我想，或许一趟关爱江河的人对一条大河的探访，并不能让当地人王宝玉的愿望实现：

儿子考上了大学

永定河里的水有一天能像他小时候那样，不让庄稼人着急了。但是我们可以通过我们的方式，把今天永定河的生态状况及永定河两岸人民眼下的生活记录下来，让更多的北京人和住在北京的人知道，从而检点自己的用水方式。可面对政府170亿的治理的方案，我们又能做些什么？能不能不仅仅是服从、观望，也能施加点我们的影响呢？

昨天的无定河，今天叫永定河了，明天呢？

# 汉江啊！汉江

**6**

## 岁末年初汉江行

认识"绿色汉江"的运大姐好几年了,在她的感召下,我第二次踏上火车,走进了襄樊,来到了汉江江畔。两年来,我经常是被运大姐的电话从睡梦中叫醒的。说心里话,我很害怕接她的电话,倒不是电话来得太早,而是从2004年以来,她给我打电话传递的信息常常是湖北、河南交界的那个叫翟湾的村子里因癌症而离世的已经是110位、120位、130位了……

在刀河里取水样

两个月前,从运大姐打来的电话中我听出了她掩饰不住的高兴。她说白河清了。白河是汉江的一条支流,流淌在千年古城襄樊边,这两年一直被污染得水体呈黑色。

开始我有些不信。两省交界的污染问题那么复杂,河南境内那么多的小造纸厂都关了吗?当然,我知道这几年运大姐带领的"绿色汉江"有两支小分队,小分队的成员由志愿者组成,其中既有襄樊人大及政协委员、政府部门的领导、环保部门的执法者,也有交警大队的队长,监狱的宣传干部,大学教师和媒体从业人员。而运大姐宣讲保护汉江、保护自然的直接听众,更是要用上这个词——成千上万。他们上书过国家总理,也曾递信给两省领导和国家环保局的官员,2005年福特汽车环保奖的教育大奖也归属了他们。他们干得是不错,但我仍然想亲眼去看看汉江及它的支流今天真的是清了的吗?

2005年岁末,我和好朋友马军为我们正在

刀河

做的大文章"江河的故事"设定了第一个选题并开始采访——"为南水北调做贡献的汉江及为此操劳着的运大姐"。

不光是我们没想到，连运大姐也没有想到，我们从襄樊出发，看到的第一条支流刁河竟是那样的画面。

同行的水监测部门的专家吴非告诉我们，这绝对是劣五类的水。运大姐说，这是不远处的小造纸厂又偷排了。不过这水虽然黑，比以前还是好了很多。

听运大姐讲着时，我调动着自己所有的想象力，河水还能有多黑？

在前往刁河的路上，我们先看到的还有运大姐认为也清了不少的襄樊城边上的唐白河。水上除了漂着一些油外，倒也还算是河的颜色，然而江边的风景却让我在心里一个劲地想着：这样的江边，能不在风景前加上"大煞"两个字吗？

住在这里的人们，天天就这样与江河朝夕相处。

离开刁河，我们走下了白河大桥，白河总算没有让运大姐失望，水是我们今天见到的大多数中国江河的颜色。可就在运大姐为我们形容着它的过去时，同行的襄樊电视台的一个小伙子一脚没踩好，雪白的运动鞋陷在了江边的泥里，江边的底泥翻了上来。

要说白河比以前清了，襄樊民间环保组织"绿色汉江"功不可没，但沉在河底的这些污染物要在河里存留多久，却是白河和汉江两岸人民，包括他们的后代在今天和不可预知的明天都要面对的问题。

进入被称为"癌症村"的翟湾前，我们先经过了路边河南省已经被关闭的小造纸厂，厂里盖上了新房。看着这些新房运大姐倒吸了口凉气。

我问："会不会转产了？"

车上同行的人中，没有人回答我的问题。连一路上，一直嘴不停地向我们介绍着这些年干得有多不容易的运大姐，此时也沉默了……

我们的车再回到湖北境内时，也就进了翟湾村。这是个两省交界处的小村庄。从2000年以来，村里先后因患上各种消化系统、泌尿系统的癌症而去世的人已有130多位。村支书家里死了四位。我们进村时，村长已经等在村医务室。见到我们后，他拿出了村民们刚刚写好的申诉书，上面印着全村人留下的一个一个鲜红鲜红

村长向我们展示村里人写的申诉书

老人生前最后一张照片

我们此行，一路上运大姐都在告诉着家住江边的人襄樊的举报电话是多少，都在说着，看到水浑了就打这个电话。

在翟湾村的医务室旁时，几个大小伙子说，他们昨天晚上熬到深夜两点，看河那边的人还敢不敢再往河里排污水。

随后，我们走到两个月前运大姐他们认为江水已经不那么混的江边时，拍到的却还是这样的江水。煮开的水里也依旧泛着这样的

的手印。

不知是天冷，是愁，还是怕，我的话筒里录到的村长念这份申诉书时的声音，是颤抖的，但字却咬得十分清楚。我知道，那是因为每一个字无论是写，还是念，都是翟湾父老乡亲的心声。

运大姐问我们是不是去看看一位患了结肠癌的老人，我们同意了。

这位老人在女儿的招呼下从床上欠起了身。她的女儿告诉我们，自从"绿色汉江"沿江考察，把翟湾村的情况通过媒体报道后，一位广西的老中医免费给老人寄来两大桶中药，老人吃了后精神好些了。

在我的这段采访录音中，女儿的话里一直伴随着老人的呻吟声。在我拍到的这张照片上，女儿和母亲，好人和病人，红色和白色的脸庞，两双迷惘的眼睛……从今往后，我和运大姐一起给人们讲翟湾村的故事里，这些都一定会讲到。

唐白河变清，是"绿色汉江"，也是运大姐心中的梦想。

喝翟湾河水的老人和孩子

泄洪道上建的楼

汉江上的排水口

汉江边水的颜色

漂浮物。

家在翟湾村的3000多人，什么人能喝下这样的水，什么样的体魄能经受得住这样的折磨？

这几年，在"绿色汉江"的努力下，湖北、河南两省都有了正式文件，文件中都说：要综合整治，要加强沟通和合作，各负其责，团结治污……这应该说是希望，"希望能成为现实，但我们也不能只是等着呀"。在这些文件面前，运大姐如是说。

离开翟湾村时已是傍晚，我举起了相机，拍下了这张照片。

我们知道，他们的日子还要一天天地过下去，孩子还要长大。

2006年1月3日，运大姐带我们到了渔梁州，襄樊前几年耗资两个亿在这片本是泄洪区的地方建了一个污水处理厂，可因二期工程的钱没了，这个厂子到我们去时还是只有厂房没有人，大门紧紧地关着。从墙头望去，里面长满了茅草。而渔梁州的泄洪道上，也盖上了高楼。这就意味着，像襄樊这样的城市，到了21世纪初仍没有一个城市污水处理厂。

为了南水北调工程，襄樊边正在建设崔家营水库。水库建成后，成为库区的，襄樊汉江两岸的水质，一直也是"绿色汉江"关注的焦点。可是襄樊仅有的那个空荡荡的污水处理厂，至今仍日复一日，年复一年地听凭樊城的生活污水一刻不停地流入汉江。

年末岁初的汉江行中，我们录下的声音和拍到的照片，将与我们一起度过2006年。

从襄樊古城出发探访汉江源

## 溯汉江于襄樊至安康

2007 年 7 月 24 日一大早，"绿色汉江"的 28 名志愿者从襄樊古城出发，开始了他们第二次的汉江源探访。南水北调工程中，汉江将做出重大贡献。家住汉江边的热爱大自然的人们，希望汉江这条目前被认为是中国最干净的大江健康，并继续养育生活在它身边的人们。

此行，"绿色汉江"的志愿者要向民众了解汉江上游沿岸的生态环境；记录两岸经济社会发展的成就；持续关注上游民众的生存状况；向沿途乡镇、农村和学校宣传环保知识、传播绿色文化、考察了解河流水质变化，采集水样，分析水质……要做的事还真不少。在我看来，最重要的是一车"绿色汉江"的年轻人能去认识一下还是原汁原味的汉江源，这对他们以后保护在襄樊的汉江有直接意义。

汉江发源于陕西省汉中市宁强县，于湖北武汉注入长江。汉江全长 1577 公里，流域面积 16 万平方公里。从发源地到丹江水库，汉江上游长 925 公里，在襄樊市境内流域面积为 17270.62 平方公里，占版图总面积的 87%，占汉江流域面积的 10.87%。

滔滔汉江水

江边要再兴建一个县城

江边的吊脚楼

志愿者们是在蒙蒙细雨中出发的，丹江口水库、武当山，出发不久就一一展现在志愿者们的眼前。虽然这些景致在襄樊人眼中并不陌生，可雨过天晴后，那刚刚经雨洗过的天空，还有大山中那一凹山，一凹树，一凹水及山、树、水间的人家，虽然是在夏天，却撩拨得志愿者们"春心荡漾"。

对于刚刚走完干涸、污染的永定河的我和对水有着特殊关照的马军来说，那滔滔的汉江水更让我们感叹着水与生命的相依相存，感叹着今天能看到这样一大江水实属不易。

不过"绿色汉江"的运大姐告诉我们，汉江也和中国目前很多大江大河一样，正在经历着一会儿大旱，一会儿可能到来洪峰的考验。

运大姐说，其实已经很多年了，甚至就在去冬今春，汉江的水位都很低。2003 年 8 月，我们北京的一些记者和环保志愿者被襄樊宣传部邀请到襄樊时就知道，汉江人为南水北调正在和将要付出的代价和努力有多大。襄樊宣传部请北京的记者去，就是希望北京人将来用上南水北调去的水时，能手下留情。

沿着汉江而上，江边的很多房子至今还保留着吊脚楼的风格。不过这里的吊脚楼和别的地方又不太一样，江边的它们，是由水泥支柱顶着房子站在那儿的。虽然它们没有木楼的古朴，但也别有一番风情。

在我们时而兴奋、时而好奇地边走边看着海水似的汉江时，遗憾也随时随刻地在

江边的水泥厂

汉江边安康的傍晚

时还会有今天这样滔滔的江水吗？车上不知是谁问了这么一句，但是没有人回答。

在被称为秦巴（秦岭与巴山）走廊的一段江边，竖立着一个水泥厂的大烟囱。我和当地人随便聊了几句，他们和我采访过的很多老百姓一样，满脸都是无奈。

一位老人说，污染致使他们的地都没办法种了，烟冒起来时，人都不像人，每天家里都是一层一层的灰。水泥厂的老板不是本地人，老百姓们多次与之交涉要求给予污染补偿，但至今都看不到任何希望。这些老乡甚至对我们想帮他们的举动也没有兴趣，看得出来他们已经无奈到了何等程度。

夕阳西下时分，我们到了安康。太阳的余晖和闪着光的江水，把安康涂抹得让人一下子就想起了"浓妆淡抹"这个词。

当地一群退了休，有着文学爱好的老人，把我们请进了一座经营了上百年的饭庄里。在和老人们的交谈中得知，为了南水北调，他们集体做了一副对联：供水，输水责无旁贷；卖水，买水天经地义；横批：市场经济。

老人们说，安康市是陕西省水力资源最丰富的地区。发源和流经安康市的河流集雨面积在5平方公里以上的就有1037条。还有无数条像毛细血管一样的水沟，构成了千沟万壑。正是它们在秦巴山组成了像植物"叶脉"一样的水系。目前河流的17项指标均符合国家二类水质标准。

如今，让老人们着急的，一是大大小小的484个小水电站，导致守着江水的老百姓喝不上

冒出来。

因为水大，汉江水还是很清的，但江面上免不了也有没被处理过的生活垃圾，一团团，一条条，转着、跳着随水漂移；江边白河县城里，堆积着一块块的大石头。山上的大标语告诉我们，那里要在江边再造一个新县城；江边有一个大型水电站正在加紧施工，用不了多久，这座水泥大坝就会横在汉江上，被它阻隔了的汉江，那

水、用不起电。修了电站，江水不再是原来的江水，电进入了国家电网，贫困县的农民用不起。

建电站的都不是本地人，老人们说："用我们的水发的电挣的钱，都让人家拿走了。"

南水北调在即，老人们不知道政府会给他们什么补偿。我问他们："你们希望得到什么补偿呢？"他们互相看看，从他们的表情我看得出，他们中所有的人可能都没有人想过，自己要什么样的补偿，更别提什么是知情权了。他们反复和我们说的是：汉江水是全国最好的水了。我们这儿十个县市，有八个是贫困地区。

## 职工对企业的"背叛"

2007年7月25日，我们的目标很明确就是五里镇金元化工有限公司。这个企业几经环保部门的通报，直到今年1月还被列在环保部门通报的黑名单中。

本以为那么一个小镇，找这样一家臭名远扬的企业应该不会很难，可是很奇怪，镇里大街上很大的一个加油站的工作人员，在我们向他打听地址后，非常干脆地就把我们指到了和这家企业完全相反的方向。结果是几经周折我们才找到了这家企业。

给污染企业定位，我们一般都很谨慎。可是这家企业大门口的几位职工却众口一词地向我们反映情况。闻讯而来的当地人更是把我们围了起来，争着向我们说：厂里烟囱每天里都冒着黑烟，家住这儿的人天天闻着臭味，周围越来越多

烟囱、农田、污水、河

的人得上了肝病……

一位厂里的保安员自告奋勇地给我们带路，把我们带到了这家工厂的排水口。一股恶臭的黑水就从工厂的院子里流进了院外的沟渠，沟渠里的水绕着农民的田流着，最终这沟黑水从一个大脸盆粗的管子口里流出，流进了村边的月河。而

月河，汇入的正是我们南水北调的重要水源地汉江的上游。

在金元化工厂外，从我拍到的这几张照片中可以清楚地看出，污水与被污染了的江河的关系：远处是冒着黑烟的大烟筒，烟筒下面是厂房，厂房外面是农田，农田与河流之间，就是从大管子里流出的滚滚黑水，而最终黑水流进了月河。

就在我们拍完照后，给我们带路的人让我们快走，说是厂领导已经得到消息，出来找我们了。找我们的人很快就出现在我们面前，他问我们是干什么的。我们说是旅游的。他问旅游的为什么拍大烟囱。我们说，旅游的看到这里的烟囱冒黑烟就不能拍吗？

为了不和这种人发生正面冲突，我们没有和他过多地纠缠，继续赶路了。但同车的人，特别是同行的一些大学生志愿者和几位记者，热烈地讨论了起来。我们媒体和民间环保组织，怎么才能让这种持续污染大气，污染江河，污染周围老百姓健康的企业，受到应有的惩罚？

今天我们大家期待的是找到古汉江源。一路走着，问着，我们得知古汉江源在陕西勉县，江源旁边有一棵很大的桂花树，泉的所在地被人们称为龙泉洞。泉水是从地下涌出的，不管是水丰年还是水旱年，它都长年不变。

在一车人的欢呼雀跃中，司机把我们带进了一条两岸都是悬崖峭壁的峡谷里，我们被告知"走过了"，只好掉头。"牧童遥指杏花村"后，我们顺着一条小路爬上一个不大的坡，坡边那哗

哗的水声继续带着我们往前走，水声越来越大，一户户人家的房子虽然旧旧的，却也挂着隔年的玉米和新收的庄稼。几个村妇在河边洗洗涮涮，笑声不断。

我打开了录音机，把那水声，笑声一并收录到录音机中。我的这种记录，是希望让没有机会到江源来的人，也能被这哗哗的水声和朗朗的笑声带到那特有的情景之中。

一池清泉，在绿树成荫的山间被我们找到

汉江源

了。池中那一波一波的水纹告诉我们，泉水就是这样从地下如"虎跑"般涌出的。它清凉，它甘甜，它让见到她的每一个人都要一捧一捧地把它捧起，把它送到嘴里。很快，它就浸润到了我们每一个人的心田。

大山、大树与这汪清泉，为什么是古汉江源而不是今天的汉江源？我们是带着这样的疑问，恋恋不舍地离开那古江源的。天色已晚，听说的那棵桂花树虽说离得不远，但我们还是把它作为了念想儿，希望有一天再来看古泉，再来闹明白古树和古泉是沾亲，是带故，还是另有渊源。

晚上我们夜宿宁强县，在和环保局副局长萧清德一席谈得知：选择今天的汉江源为源，是因为那里比古汉江源流程长、流域宽。

采访中，我们还得知，为了保护汉江，宁强县这些年花大力气保护着山，保护着水。很多企业在别处是创收大户，在宁强却因为要保护水源而得不到准入。至于汉江这些年加大了保护力度后的变化，萧局长举了一个例子：去年冬天一头野猪跑到了县环保局的院子。怎么办？立刻询问林业局，林业局又汇报给了县政府，县政府和县公安局商量后，责成县武装部，因为野猪会伤人，还是用枪解决了吧，这才算是了结了这桩麻烦事。

为保护江源的水付出很大代价的宁强人，盼望着南水北调中的生态补偿，可我们聊了半天后才知道，连当地环保局的领导也不知道在宁强生态补偿，会补偿什么，怎么补偿。我们追问：

"全国人都知道马上就要南水北调了，你们不知道怎么补偿吗？"萧副局长说："听说是开始调研了。"

尽管古汉江源让人遐想，令人流连，我们还是选择明天去宁强的当今公认的汉江源。听说去那里不像今天只是上一个小坡，而是要爬上大山。

## 汉江源发源于白色的砾石滩

今天，爬了3个小时的大山，我们终于见到了经科学考证确定的汉江源。它位于汉源镇的崇山峻岭之中。

因为正修路，我们走进大山时，想在已经修的盘山土路上坐一段车的打算泡汤了。

走进大山，我们经过了大山里的农田和住

孕育汉江的大山

江源的养蜂箱

一家在汉江源

大山里的房子是破旧的，山里人当然向往富裕。可是被要求退耕还田三年了，他们还没拿到一分钱的退耕款。问他们是否知道钱在哪儿被扣下了，他们说可能是乡里。

2007年7月26日上午9点多钟，走进大山后的我们，不管是从哪一家门口、田头走过，都会听到这样的一句话："来屋里吃饭吧。"老乡们说话时，脸上的那份淳朴，对我们这些城里人来说，实在是久违了。

在走近汉江源的路上，让我们很惊讶的是，这几天我们在汉江边看到的汉江里的挖沙，也挖到了江源。挖沙的人告诉我们这是为了旅游修路。为了这条路，本为清澈的山溪里，一台有着大"爪子"的挖土机，正在把江源河道里的沙石从它们的"肌体"中铲出、运走。如果把江河比喻成大自然的血脉的话，那河里的沙，就是江河的肌肉。我们人类这种无知的行为，是在让大自

在大山里的人家。边走，一行人边为大山里的庄稼庆幸，它们呼吸着的是清新的空气，它们被甘甜的山水所滋养。农家小院里古老的蜂箱虽然旧了些，但蜂蜜是从没有受到污染伤害的花中采蜜的。大山里的动物与植物，不管它们是人种还是天养，全都是原汁原味。

汉江从这里流出

江源的瀑布

然骨肉分家。

三个小时爬上，爬下的行程中，我们在森林、野花中穿行，溪水为我们奏乐，峡谷和峭壁阻隔着我们的视线，挑战着我们的意志。

当 GPS 指到海拔 1263 米的时候，向导站在一堆白色的砾石上向我们宣布：这就是汉江源。

这就是汉江源？

它不像长江源头，没有冰川。它也不像渭河，没有泉眼。汉江的源头有的只是一片白色的石滩。向导说，因为干旱，石缝里没水了，如果水大，这堆白色的石头中会有溪流穿过。

又是干旱，这和地球气候变化有关吗？这几天从汉江走过，我们知道它正在经历着洪水的考验。江源至今可以说还看不到什么人为的干扰。群山环绕，绿树成荫，野花芬芳。蜜蜂、蜻蜓和小鸟在这片山野中嬉戏。瀑布在山涧里溅起后，形成了深浅不一的潭水，是它们哺育着最初的汉江。

## 南水北调在汉江

在陕西汉中，襄樊"绿色汉江"的志愿者

怎么保护汉江水质

们拉起了旗子，在广场上宣传"拥护南水北调，保护汉江水质"。晨练的人纷纷围过来。"同饮一江水"把两地的人联系在了一起。

在广场上，同行的几个记者采访了汉中环保局的一位领导，问他南水北调对汉中会有什么影响。他说不会太大，汉中自古以来就不缺水，调走一些不会影响当地人的生活。要说影响，这位环保官员说因为要保护汉江的水质，有些企业在汉江是被严格限制的。今年"两会"期间，汉中代表曾向中央提出18个亿的生态补偿。不过这位环保官员马上又告诉我们，这他也是听说，

因为生态补偿对当地人来说还是一个很新鲜的事，大家谈的不多。

连环保局的人都说生态补偿是件新鲜事，那老百姓知道吗？我打开录音机，采访了当时在广场上的10个人。这10个人都知道南水北调要调汉江的水，10个人中，有8个不知道什么是生态补偿。我接着问"调走了你们家乡的水，是不是应该给点补偿呢？"这8个人都说这是领导决定的事，和他们没有关系，他们也管不了。

我采访的这10个人中有干部，有退休工人，有教师，也有老板。10个人中另外两个人

江中奇石

在话筒前有点激动。他们认为：北京这座城市水都不够用了，为什么还在不断地增加人口？有多少水，就应该有多大的城市规模。这么大老远地调水，成本有多大，算算吧。这两位看上去像是退休干部的老人还认为，要调水就应该把水调到甘肃这种严重缺水的地方。

因为要赶路，我们没能和老人深谈。汉中是历史名城，这两位老人看上去十分儒雅。汉江在古人眼中是神圣的，是"圣水"。千百年来，汉江以它秀美的山川，清净的水质养育着秦巴山民，为秦巴山民繁衍生息和社会发展做出了贡献。

不知是否能得到科学家的普遍认同，在我们此次探访汉江源中却听到了如下说法：黄河水是碱性水，长江水是酸性水，而三千里汉江奔流着最宜五谷生长和人体健康的中性水。汉水柔嫩美丽，不仅在其形，更在于质。依山傍水的山里人家，守着肥好的秀水，清晨鸡犬之声相闻，唤来江上渔歌唱答；入夜举首见江月，俯首观鲈鱼。在汉水航运昌盛的年代，商贾往来，会馆林立，尤其那些依江而建的吊脚楼，不知曾留住多少人的脚步。

汉江子民们千百年来养成了一种待客风俗，就是由孩子或妇女，提一只小瓦罐，走下汉江石台阶，挽起裤脚一级一级下去，或走上专为担水设置的跳板，提一罐江水回家，为客人泡一壶紫阳茶。三五好友围坐在小院葡萄树下的小桌周围，那清冽甘甜的江水，清香扑鼻，"咂，咂"的喝茶声，组成一首令人心醉的乐曲。

这江水哺育了大巴山区数百万勤劳、朴实、善良的百姓。他们对国家的忠诚表现在我们民族历史进程的每一个阶段中。土地革命时期、解放战争时期，他们送儿女上战场；大炼钢铁时，他们背上干粮，伐薪烧炭，把一片片青山都砍光了；阳安线、襄渝线"三线建设"中，为修"幸福路、富裕路"，他们积极投入到军事化民兵队伍中，不分昼夜地在铁路工地上干，而所得的回报也不过一天十个工分几毛钱；石泉、安康大型水电站上马，淹没万亩粮田，举家迁移，再大的困难他们也无怨。今天，南水北调工程要从他们家门口调走那么多的水，为保证"清水走廊，永世长流"，他们要继续

我们在汉江源

做出巨大贡献。可在问他们要什么补偿时，他们中的大多数人说的还是：这是好事，是在为国家做贡献。

秦岭，汉江，守着这么好的山，这么好的水，有着那么丰厚的文化底蕴和质朴的汉江人，却大都不知道什么是生态补偿机制。如果说绿色汉江此次的探访江源行，除了要认识江源，要了解江源，要加强沿江人与人之间的交流以外，保护汉江需要公众参与，公众参与需要知情权，知情才能让所有利益相关群体的利益得到保证，这也是志愿者们希望通过自己的行走，自己所能做的努力最终实现的愿望。

今日三峡

**7**

四川宜宾
2001.10.26.19
营业10

重庆渝北
2001.10.27.19.
业8

2007 年 9 月 25 日，新华网有消息说，中国高级官员和专家学者当日在武汉召开的研讨会上表示：三峡工程生态环境安全存在诸多新老隐患，如不及时预防治理，恐酿大祸。国务院三峡工程建设委员会办公室主任汪啸风透露，温家宝总理在当年国务院 182 次常务会上，讨论解决三峡工程一些重大问题时，认为首要的问题是生态环境问题。

## 逆水而上

一直以来，三峡的问题总让人难以涉及。刚刚结束的党的十七大中，生态文明被提及后，各大媒体都在解读什么是生态文明。凤凰卫视以"江河水"为名，将要制作长达几年的电视节目。其中最先要推出的就是长江，最先搭起的摄制场地是在三峡。在他们的拍摄中，长江不仅仅是母亲河，也是我们中华民族的象征。他们将要诉说的长江的兴衰，不仅仅是一条大江的兴衰，也是一个民族的灾难与希望。

2007 年 10 月 23 日傍晚，我和作家徐刚，学者王康、章琦还有长江水利委员会官员翁立达先生一起走上了长江号游轮。我们从宜昌出发逆水而上，要用三天的时间在长江上谈谈我们心目中的长江。徐刚在中国第一个写出了《伐木者醒来》；王康是住在嘉陵江边的思想家；而今天和章琦一见面，他就给了我一张由中国发展研究院出的《发展论坛报》，上面他的署名文章是《环保，又一场保家卫国的战争》。

我第一次见到长江是 1970 年夏天，在南京长江边的雁子矶。那时，滚滚的长江水给我留下深刻印象仍然是一望无际。

第二次对长江留下印象是 1993 年我到长江源区的可可西里采访。那次行程中，青藏高原上特有的野生动物，除了雪豹以外，野牦牛、藏羚羊、白唇鹿，一只只、一群群我都看到了。那是我有生以来第一次领略到什么是野生动物的乐园。

也就是那次先是看到野生动物那么自由自在地在它们的家园奔跑嬉戏后，接着又看到一头刚刚被我们人类猎杀的野牦牛尸骨还在流着血，头被割了下来，两个牛角依然朝着天，像是发出对天发问：人类为什么要杀我？作为一个广播记者，那一刻我在心里告诉自己，从今以后，我要用我的话筒把大自然的美告诉我的听众朋友，也要把我们人类给大自然造成的悲剧说给我的听众朋友们听。

1997 年冬天，为了寻找在《诗经》里就被形容成的长江女神白鳍豚，我在长江上度过了七天。那次考察，专家们的记录是看到了 13 头白鳍豚。从那以后，我和关注白鳍豚的朋友们一起经历了为人类饲养的最后一头白鳍豚淇淇送行；我们得知了 2006 年冬天，6 个世界顶级的鲸豚类专家在长江上搜寻了 38 天，使用了当今最先进的设备。考察结束后，向媒体公布的是：一头也没有找到。

当然，最让我刻骨铭心的是，1998 年，我随中国第一支女子长江源考察队，用了四十天的时间，走进了长江源，看到了我们中华民族的母亲河——长江，是怎么从姜古迪如冰川一滴一滴地滴就而成的。那次，我开始知道全球气候变化对江源的影响。

2003 年，我的一位朋友到虎跳峡采访。当地老乡告诉他已有来自三个国家的老外坐在虎跳峡江边大哭了。缘由是，他们看到那里因要修电站所做的前期勘探，已经为虎跳峡两岸的大山留下了一道又一道深深的伤痕。这三个来自美国和欧洲的老外说，他们国家是人造假景供人游玩，而我们这儿是真的。他们还说，他们现在有的富裕我们很快就会赶上，而我们中国现在还有的大自然，他们却永远也不会有了。

多年来对长江的关注，常常让我想起诗人艾青曾说过的一句话：为什么我的眼里常含泪水，因为我对这土地爱得深沉。

长江，是我深深爱着的江河。可是，在 2007 年 9 月 25 日新华网上的消息中还有下面的内容：国土资源部专家、三峡库区地灾防治工作指挥部指挥长黄学斌在这一高层会上指出，时常发生的地质灾害严重威胁着库区民众的生命安全，滑坡入江后会造成涌浪灾害，浪高最高可达数十米，波及数十公里范围。还有报告显示，水库蓄水后当地微震明显增加，共有各类崩塌、滑坡体 4719 处，其中 627 处受水库蓄水影响，863 处在移民迁建区。岸边松散堆积物塌岸和局部滑移也会危及部分居民点的安全。

看到新华社的这条消息后，我给《南方都市报》写了一篇题为《江河，大地的血脉正面临危机》的文章。因为：

我知道，除了地质灾害，近年来，据不完全统计，2004 年三峡库区支流库湾累计发生"水华"6 起，2005 年累计发生 19 起，2006 年仅 2—3 月份就累计发生 10 余起，支流库湾"水华"呈现加重、扩大的趋势。"水华"主要发生在湖泊类的静态水体，在河流中出现实为罕见。

我知道，长江里的四大家鱼——草鱼、青鱼、鳙鱼、白鲢都具有半洄游性。现在已有 8 个四大家鱼的产卵场被淹掉了。2004 年四大家鱼的鱼苗锐减了 80%。三年之后，2007 年第四期《中国国家地理》透露四大家鱼锐减的数字上升到了 97%。

我知道，去冬今春，长江支流岷江都江堰灌区出现了冬干春旱。总降水量普遍较常年同期减少 4—7 成，都江堰渠首引水流量创 10 年来新低。2006 年 11 月 6 日有报道：水位下降，洲滩裸露，鄱阳湖出现了中华人民共和国成立以来历史同期最低水位。2006 年东洞庭湖渔政部门提供数据，由于大片水域干涸，已有 2100 户 7600 名渔民的座船搁浅受困，2/3 的渔民已无业可作。2007 年 1 月 3 日，中国第一大河流长江湖北沙市段水位是 - 0.77 米，低于有水文记录以来的历史同期平均值，创下 140 多年来的最低纪录。这些不能不说和全球气候变化有关，但这些江段也正是近年来我们人类大做"文章"的地方。

就在我上船之前，看到《长沙晚报》2007年 10 月 22 日的消息：昨日上午 8 时，湘江长沙段水位降至 25.89 米，比 10 月 10 日下降 1.13

米，接近历史最枯水位。有关部门提醒，航运船舶要根据水位变化减载运行，防止搁浅。进入 10 月以来，湘江流域降雨量不多，同时，资水、沅水、澧水流域及洞庭湖区降雨量减少，城陵矶水位连续下降，导致湘江流域长沙段进入枯水期。

除水害、兴水利，历来是中华民族治国安邦的大事。新中国成立 50 多年来，中国的水利水电事业取得了举世瞩目的成就。但是我们终于也承认：在这些建设中，因为我们对大自然缺乏了解，缺乏尊重，缺乏科学态度和科学手段，不但致使大江河灾难频发，我们人类自身的生命及健康也正在经受着严峻的威胁。

## 给长江体检

2007 年 10 月 24 日早晨，我推开船舱的门，见三峡两岸已是崖壁。只是大江锁在雾中，让天和本是青色的峡谷都蒙上了灰色。水到是清的，可这清水又让人想起那句老话：水至清则无鱼。

2005 年三峡大坝蓄水后我曾来过一次，那次的江清让我看到了以往长江和黄河赛着黄后的另一种颜色。那次同船的专家告诉我，这并不一定是好事。泥沙是江水的营养品，它对长江水生生物的丰富起着不可忽视的作用。今天，翁立达先生告诉我们，现在长江的清，一是上游本来下暴雨的那些地方这些年没能让足够的雨冲下泥沙来；另外，上游修的一个个大大小小的水坝已经把沙子拦了一道又一道了，水怎能不清？

2007 年的长江

晨雾中的三峡

今天在长江号上，凤凰卫视录了两场谈话。一是我和徐刚、王康侃我们心目中的长江；另一场是水利部长江水利委员会原环境保护局局长翁立达和中国发展研究院执行院长章琦先生谈今日长江的问题。

"长江清，中国兴"。说出如此断言的是中国发展研究院执行院长章琦先生。凤凰卫视拍摄大型纪录片《江河水》的长江号上，章先生

翁立达、章琦和徐刚谈长江的危机

徐刚、王康和作者谈心目中的长江

说，他生在江苏的江阴，小时候在长江里玩，抓鱼摸虾。后来到了上海，但每年都要回江阴老家看看。有一次他回去发现了一件不可思议的事，老家的亲戚、朋友竟在被污染的江里钓鱼。他问这么脏的水钓出的鱼能吃吗？家乡的人竟然说：不干不净吃了没病。章琦说亲眼目睹了苏南模式的发展，也亲眼见证了这种发展完全忽略了保护，只是向长江索取。结果是钱包鼓了，大厦多了，可几乎没有一条河不是脏的了。河、湖里的脏水直接进了长江。

很多企业建在江边，有钢铁厂也有化工厂。章琦曾问当地人，这些工厂建在江边，不是把长江污染了吗？一些地方官员却告诉他：建在江边，

江边的工厂

江边的企业

升的趋势。从 1999 年的 206 亿到 2004 年的 288 亿，实际上在 2005、2006 年已经接近 300 亿了，300 亿是个什么概念呢？就是差不多每天都有 8000 多万吨的污水进入长江。翁先生说，如果打一个比方，因为黄河这几年的水量大概也就是 300 多亿，所以可以说是一条黄河的污水排入了长江。

章琦说，2007 年无锡的街头出现了这样的标语：马路脏了水洗，车脏了水洗，湖脏了什么洗？

对长江的问题，中央政府非常关注，可为什么这 20 多年来花了很多钱，问题却越来越严重呢？章琦认为问题出在这几方面：

一是，关注长江的管理部门是"9 龙"管水，很多部委都参与。结果是不但浪费了大量的资源，还管得谁都不满意。应该成立长江协调委员会，由中央直接领导。

二是，要依法治国，要专项立法。2007 年"两会"期间，30 位人大代表对此递交了提案。

三是，腐败不解决，保护长江就是空谈。不就是有腐败的高官把治理滇池的钱给了情妇吗？现在我们提生态文明，一定要为长江立法。

翁立达先生刚刚带队完成了《长江保护与发展报告 2007》。这个报告 2007 年 9 月 25 日在长江论坛上发表。而这次论坛上对三峡问题的表述，让国内外的新闻界又是忙活了一阵子。因为它坦承了三峡的一些问题。

《长江保护与发展报告 2007》总共 403 页，包括了长江近年来的变化和问题。

好运输，好用水，污水处理成本低，经济发展速度快，开发区还没有建好就已经住满了。2007 年春天，章琦发现当地的刀鱼卖到了 8000 到 1 万块钱一斤。

章琦先生说到这时，水利部长江委长江技术经济学会秘书长翁立达先生说他们在研究中做出过一个图表。这个图表比较清楚地看出来，长江流域的排污量在过去的这几年当中一直呈上

企业在工厂

翁立达先生曾是长江委员会的高官，在长江上工作了42年。现在是长江技术经济学会秘书长。这份报告中，电站梯级开发对生态环境的影响这一节是他写的。

长江上主要的经济鱼类——四大家鱼的产卵很大程度上取决于水温和涨水等环境因素，在4月底至5月初的繁殖期，如果水温不到18℃，即使涨水也不产卵，如达到合适水温，遇河流水位陡涨，可刺激家鱼产卵，产卵规模与涨水幅度正相关。鱼卵在随水漂流过程中发育、孵化，漂流距离可达300—400千米，但流速须大于0.2米/秒。否则鱼卵和鱼苗会下沉而不能正常发育，像这样产漂流性鱼卵的鱼类，在长江干流有20多种。当河道转变呈水库后，因河滩淹没，产卵场减少，流速减缓，鱼卵将难以漂流孵化。

我从1997年就开始关注长江里特有的哺乳动物白鳍豚，知道白鳍豚濒危的一个重要原因是食物的匮乏。在翁立达他们主持编写的报告里我也找到了相关的内容：三峡工程修建后，为了保护长江上游珍稀和特有鱼类，减免工程对生物多样性的影响，国家设立了长江合江——雷波段珍稀鱼类国家级自然保护区，金沙江一期工程，即向家坝、溪洛渡水电站工程实施后，将使长江上游河道与水文情势等发生一系列的变化，保护区内与渔业生态环境密切相关的各水文要素发生巨大改变，主要是水流流速减慢、洪峰削弱、库区泥沙增加、水体污染自净能力减弱，坝下河道冲刷加剧，水温降低等等，对长江合江——雷波段珍稀鱼类国家级自然保护区生态环境造成严重影

响。这些变化直接导致许多珍稀鱼类产卵场被破坏，合适的栖息生境大规模缩小，从而对长江合江——雷波段珍稀鱼类国家级自然保护区的生态环境带来严重的不利影响。

我问翁先生，自然保护区评定的标准是什么？这些标准要根据我们人类的开发而改来改去吗？鱼能按照我们人类的指挥棒移民吗？

翁先生回答在他写的这部分报告中说：随着长江干流葛洲坝和三峡水电站及沿江堤、闸工程的建设，生活在长江的河海间洄游的鱼类，如鲟鱼、鲥鱼等珍稀鱼类已大为减少。国家一级保护动物中华鲟的原产卵地在上游合江至屏山，长约800千米，原有16处产卵场，葛洲坝电站建成后，虽然在葛洲坝下游形成了人工产卵场，但符合中华鲟产卵的三个条件，即9-13米水深、稳流与卵石的产卵场面积大大缩小，仅为原有的1%—2%。国家一级保护动物白鲟产卵场原分布于金沙江下游和重庆以上的长江干流，产卵季节为3—5月，习惯在河滩砾石间产卵。国家二

江上冒着黑烟没人管的船（不知这里有没有空气指标的监测）

级保护动物胭脂鱼的产卵场在长江上游岷江和嘉陵江等支流，卵具微粘性，散布在石块缝隙中发育，幼鱼可随江漂流到中下游及通江湖泊。若在这些河段建设水库，河滩将被淹没，原有的产卵场会被破坏，将直接影响这些珍稀鱼类栖息地和洄游通道。

2007年在长江号上采访翁立达先生的两年后，2009年春天我接到翁先生的电话，他告诉我他们当年为了保护长江里的鱼，在修了三峡大坝后特意建的小南海自然保护区里也要修大坝了。为了修这座大坝，有关部门正在策划重新划定自然保护区的范围。

长江的鱼，今后还有没有它们生儿育女的地方，这一决定权掌握在少数政策制定者的手中。

2007年站在穿行于长江三峡的船上，翁立达和章琦在接受凤凰卫视记者的采访中，都谈到了为长江立法。章琦先生2004年完成"长江万里行"后，主编出版图书名字就是《长江清中国兴》。

在长江上写"绿家园江河信息"今日三峡时，我非常大的遗憾是，已经整整两天了，大江不是雾锁，就是天灰得让我们只能在心里想象着江源会是蓝天白云的。

## 江边的大山

我和船上一位在三峡上工作了十几年的服务员聊天，她对今天三峡的评价是："没得看了，大山成了山坡，峡谷没得味道了"。她说的另外一个现象却是我从没想过的："现在来旅游的人的档次低了。喜欢自然的人少了，他们都去云南

江边的山

江边的滑坡

那边了。"

昨天我们花了近四个小时才通过三峡大坝船闸。天是灰蒙蒙的天，坝是灰蒙蒙的水泥。

我问翁先生，前几年我听一个政协委员说他们到三峡考察，当地人告诉他们现在江上每天上午的大雾都散不去。翁先生说，在做工程环评时，这个问题是考虑到的。但现在江上大雾的时间之长和地域范围之广，确实和预先想到的有所不同。这对航运是有影响，但是现在江上有很多滚装船，就是车可以开到船上的那种船，运输能力很强。

我说，我看到过这样的报道，说原来江上的一些小船根本就排不上如今过船闸的队。大家形容是：现在的长江是高速路，牛车、马车怎么能上高速路呢？

翁先生告诉我一个数字，说明现在三峡的航运的货运量不但已经完成了当年设想的运营额，而且在三峡建设还没有全部完成的情况下，就已经接近了设计的标准。

我问翁先生，现在江水之清是不是预先想到并也有准备呢？

翁先生说，现在的水清是因为清水下泄。三峡开始发电后，当初参与论证的专家组很多都解散了，但泥沙专家组仍然在工作。现在清水下泄的程度的确是过去准备不足的。清水下泄对长江的影响：一是河床的变化，这对目前发生的一些滑坡和崩岸现象不能说没有影响；再就是对生物多样性的影响。

为什么会这样呢？翁先生说：江里的沙石少了，一是上游的一些暴雨区和产沙区不一致了；当然也有现在上游修了一座座大大小小的坝，把沙石都拦了几道的原因；此外，和水土保持工程也有一定的联系。

关于泥沙对江河的影响，在翁立达先生参与主持编写的《长江保护与发展报告2007》中有这样一段："河流系统的河岸稳定、河口演变、营养物的输送、水体净化和生态维持都与水沙输移有密切关系，但是梯级水库形成后，将使坝下河道的输沙量和水体含沙量减少。将使下游河段发生冲刷，河床下降，沿岸地下水位下降。同时

今日白帝城

今天的江上人家

还要继续淹至的位置

清水下泄对河床和河岸会产生侵蚀，可能影响两岸堤防安全。"

对于我很关心的气候问题，翁先生首先对2006年重庆大旱、2007年重庆大水，一些官员甚至是科学工作者出来说与三峡无关的说法表示有不同意见。翁先生说：才一年、两年、三年的运转怎么就能下结论？要说明真正的原因，科学的态度需要时间的证明。

不过，翁先生还是非常肯定地说：这么一条大江，水库形成后，三峡的一些段面水位上升了70—80米，近坝处甚至高出100米，怎么能不对气候产生影响呢？这是科学常识。在环评论证当中这也是在考虑内的。我们现在需要的数据，是在排除了全球气候异常的变化后，局部的影响到底有多大，而这也需要时间。

《长江保护与发展报告2007》中有这样一段：水库的形成对局部气候、水文循环将产生不同程度的影响，水库的形成将使水的蒸发和渗漏损失增加，而使下泄径流量有所减小。如，阿斯旺水库每年蒸发和渗漏损失水量达210亿立方米，达到水库总库容的10%以上。丹江口水库建成后，90年代以来汉江流域上游来水量减少了10%以上。

关于这两年洞庭湖和鄱阳湖出现的历史水位最低，还有洞庭湖今年老鼠大闹岳阳的现象，翁先生说这和三峡电站的修建有关，来水少了吗。但这对洞庭湖来说也是有利有弊。洞庭湖是长江的"口袋"，而有着不可替代的作用——蓄洪、湿地基因库。本来每年随水而来的泥沙的挑战，会使洞庭湖越来越小。现在泥沙来得少了，湖底泥沙的淤积少了，这对洞庭湖来说是好事。而枯水期提前和水位下降严重，又是今天的大患。

"水库的建设对库区生态影响巨大"，这是《长江保护与发展报告 2007》中明确的表白。这里有一个小插曲，前面我已有提及，这份报告我注意到"保护"在前，"发展"在后。翁先生告诉我：有人曾要他们把发展放在保护的前面。对此翁先生的回答是：写这份报告是在我们以经济发展为硬道理发展了 20 多年以后。这样的"高速"发展出现了那么多问题，保护已刻不容缓，再这样发展下去要出大问题。

就是在这样的坚持下，这份报告"保护"在前，"发展"在后的题目总算成为定局。

2007 年 5 月 16 日，翁先生在央视的《新闻会客厅》接受主持人李小萌采访时，李小萌曾问道："都说长江的水量、体量都很大，它的自洁自净的能力也很强，在它能够自洁的范围内，这个污水它能承受的是多少呢？"

翁立达说："很多人对长江的一个误解就在这里，因为长江水量将近一万亿，水量很大。但我们必须要看到，长江干流江面很宽，可是我们排入的污水一般只能是沿着岸边走，不可能全段面地混合。岸边水域，特别是我们讲的干流城市江段的岸边水域，排污口排出来的污水要沿着边走，我们城市的取水也是从岸边取，所以岸边水的污染对我们人民的生产、生活有着非常大的影

射

响，所以长江不是没有水，而是水质性的缺水，也就是水质不安全，水质污染太严重。我们可以想象，每天都有将近一亿吨的污水排入长江，所以长江污染的水体的量比例一直在上升。"

"近年来，由于长江干流、支流的沿岸企业不断向江水中排放大量含有磷、钾等有机物的工业污水，再加上农业化肥残留和城市生活废水的

排放，长江水体的局部富营养化程度日益严重，水华、水葫芦等藻类和水生植物的暴发事件时有发生，长江水质恶化，鱼类的生存受到了威胁。"

在《长江保护与发展报告2007》中有一个数字显示，污染比较严重的河段有650公里长，而长江的总长度是6300公里，李小萌问翁先生："这是一比十的概念，是不是没有想象中那么严重？"

翁立达纠正她说："我们讲650公里的概念，是长江干流21个城市江段的近岸水域污染带的长度，不是整个长江的污染，21个城市江段是个什么概念？它的总长度是790公里。换句话说，790公里的城市江段有650公里是污染的，这个比例就相当惊人。"

李小萌说："把它放到整个长江长度上来看，觉得它比例占得没有那么大？"

江上漂过垃圾

翁立达说："对，可以这么说，因为长江干流就是一万亿吨水量，有的江面都很宽，像武汉中游都是1.1、1.2公里，很宽。从总体来讲，我们如果把刚才说的，污染物进入水体，全部混匀，跟一万亿的量比起来那是不多。但还有一个数据：上世纪80年代，我们调查显示，污染严重的河段是460公里；1992年、1993年是560公里，这次是650公里，又增加了90公里。

2007年7月24日，进入主汛期的长江上游连日暴雨，大量水上漂浮垃圾涌入三峡库区，对库区水环境造成污染，为航运、旅游带来影响。为保证长江航运和库区水环境安全，三峡库区重庆市、湖北省沿江各区县加大清漂力度，每天打捞水上垃圾百余吨，以确保三峡大坝电厂运行安全和库区水质清洁。

就在我们在船上录像的时候，远处有座像小山似的东西漂过来，仔细看原来是垃圾。船上的我们对此大惊小怪。翁先生却说："这算什么，水库刚蓄水时在三峡里行船，船的两边都是垃圾，船是在垃圾里穿行。"

翁先生说："现在已经好多了，但问题依然严重。只有正视问题才是解决问题的态度。"

和翁立达这样的官员聊天，我的问题可以提得直截了当。我们谈到上游的虎跳峡时，用他的话说：虎跳峡高坝方案已经被否定了，很多高官都说了话，如果破坏太可惜。但是并不是不修，而是上移。我说，上移金沙江上游生态会更脆弱。

翁先生说，当前在长江上游的水电开发中，

出现了"五大电力公司"跑马圈水的局面，出现了开发主体多元化的状态，这给将来的长江流域水利水电工程的统一运行、调度管理带来了潜在的危机与挑战。现在要避免出现无序开发和过度开发，控制开发程度。

长江上游是我国少数民族集中的地区，居住着藏、彝、纳西、傈僳、苗、瑶等民族。由于不少居住在山区，他们直接受到水电开发中水库淹没的影响。由于水电工程建设常涉及为数众多的移民安置，移民已成为水电工程建设中一个重要的限制因素。此外，长江上游区因地处我国第一和第二阶梯，地势陡峻，山高谷深，土层浅薄，地质活动强烈，泥石流、滑坡、山崩等地质灾害严重，生态与环境比较脆弱。

我问翁先生，报告中说的那些敏感区"禁止进行水电工程建设和其他大型工程建设"，管用吗？

翁先生笑了："这些数据都是我们和中科院一起做出来的。国务院总理已经批示各部委研阅。我们现在正在筹备一个水电工程师和生态环保专家之间的对话会。这两方面的人坐在一起的机会太少了。"

翁先生的这一打算让我有了新的期待。

2007年10月25日傍晚的日落，用船员们的话说，是很久以来都没出现过的夕阳。

凤凰卫视正在制作的大型节目《江河水》中，所有参与的专家们呼吁最强烈的是：流域管理体制不管采用哪一种组织形式，只要是体现流域综合统一管理原则的，都要求制定综合性的

岸边的大山原来需仰视，现在却是平视了

《长江法》。

专家们认为，综合性的《长江法》既是新一轮经济政治体制改革的成果体现者，又是推进综合性流域管理新体制建设的强有力手段和基本法律保障。

我们中国1997年8月颁布实施的《防洪法》第一次以法律的形式确定了流域管理的原则。但是，《防洪法》只是从防洪这一特定的专门职能上确立了流域管理和流域机构的地位和作用，没有也不可能从整体上确立长江流域管理和流域机构在整个水资源管理体系中的特殊地位和作用，没有也不可能系统地规范长江流域管理的各项内容。

1984年颁布并于1996年修正的《水污染防治法》虽然明确提出了"按流域"进行"统一规划"的概念，但是并没有进一步规定水行政主管部门（包括流域管理机构）在本流域或者本地区水保护方面的职责和职权，在实践上容易造成环境保护部门与水行政主管部门（包括流域管理机构）在水污染防治上的重叠交叉和矛盾冲突。

船在江上

2002年10月修订的《水法》在法律的层面上全面确立了水资源的流域管理体制，全面奠定了流域管理机构的法律地位和职责职能。但《水法》并未系统规定流域管理的基本原则、基本制度和运行机制。由于流域机构作为水利部的派出机构，并非一级政府，流域管理机构如何做到"有为而不越位、不缺位"，如何找到流域管理和行政区域管理相结合的切入点和结合点，是具体执法工作的难点和重点，都需要结合长江流域的实际予以明确的界定。

在《长江保护与发展报告2007》中我看到了：制定《长江法》有望弥补法律关于流域管理的规定的既存空白；制定《长江法》有望使长江流域水法规体系建设跟上流域社会经济发展的需要。

翁立达先生对我说：通过制定《长江法》，要着力解决长江流域管理中存在的三大问题。首先，地方性法规往往为了本地方利益而与流域整体利益发生冲突。最为典型的是长江的水污染问题。在美国的流域管理模式中，流域机构的立法权威都高于各州。

其次，长江流域管理机构作为水利部派出机构，在协调中央部门、地方政府方面难度较大。

第三，长江横贯中国，原来流域纠纷主要是防洪纠纷，现在随着经济的发展，经济对于水资源的依赖性越来越明显，用水纠纷越来越多。在未经综合规划和协调的情况下，上游动辄兴修一个水利工程，下游则往往受到极大影响和制约，由此引起不同行政区域间的矛盾，而流域管理机构缺乏必要的协调或管理手段。同时，对于在长江流域如何建立"流域管理与区域管理相结合的管理体制"，以及"南水北调的水价、水权以及水市场的建立"等亟需解决的特殊性问题，都是作为一般法的《水法》不能也不应该解决的问题，而只能以"一个流域一部法律"的形式解决，只能靠制定特别的《长江法》来解决。

可以说，2007年在三峡的船上与翁立达先生的一席谈，让我对长江的未来还是充满着希望。

# 8

## 和凤凰卫视
## 走《江河水》
## （四川、云南）

都江堰宝瓶口

## 走近都江堰

从 2008 年 4 月 10 日开始的凤凰卫视《江河水》西南行，要走四条大江：岷江、大渡河、雅砻江和金沙江。

近年来，我一直在为没有鸟叫的春天呼吁，而今天要呼吁的是"没有河流的故乡"。

《江河水》西南行，是希望以记者的视角，把今天中国西南大江大河的生态风情、经济发展和百姓民生展现给观众。通过对当地官员、专家学者和百姓的采访，发现其问题所在，并寻找解决问题的办法。

此行的第一站是都江堰。这是我的第八次都江堰之行。今天的都江堰下着蒙蒙细雨，远

处的群山在一层薄雾中时隐时现。我问都江堰遗产办主任王甫，都江堰有蓝天白云的时候吗？他笑了。显然，对这位为保卫世界遗产的原始和完整立下过汗马功劳的人来说，都江堰是完美的。

本世纪初都江堰引起了国际关注。2003 年 6 月，都江堰工程最精华的部分"鱼嘴"，继上游修建了紫坪铺大坝后还要再修建一个杨柳湖水电站。在短短的两个月的时间里，就有国内、国际 180 多家媒体对此事给予了关注。

最终，在 8 月 29 日召开的四川省政府第 16 次常务会议上，杨柳湖水电站建设项目被一致否定。在处理保护与发展的关系上，四川省政府选择了保护。

记得当我得知这一消息后曾写文章说：想起今年 6 月 26 日傍晚，我站在岷江边，望着不远处的都江堰鱼嘴，心里暗暗地在使劲：回到北京后，我一定要让更多的人知道，保护世界遗产是每个中国人的责任。后来有人这样形容：叫停杨柳湖水电站，代表中国民间环保组织迈向了一个新的台阶。在"保卫都江堰"的背后：公众力量影响了工程的决策。

在 2003 年 9 月正式实施的《中华人民共和国环境影响评价法》中，有重要的一条：环境保护公众参与。杨柳湖水电站的叫停，不能不说是中国环境保护公众参与并影响公共决策的范例。

关注都江堰，对我来说已经有很多年了，那是从几年前紫坪铺要修水电站开始的。记得

我们当时因为没能阻挡住在我们老祖宗留下的、全世界唯一一处已使用了两千多年的无坝水利工程上修坝感到遗憾无比。都江堰之所以能成为世界文化遗产，是因为它有着不可估量的文物、社会、经济等价值，其中蕴涵了水文明、水政治、水文化等丰富的内容，是中国人民聪明、智慧、灵性的象征。都江堰甚至是比长城还要伟大的工程，它是我们整个民族的骄傲，也是全人类的宝贵财富。保留这座现在仍在发挥良好作用的水利工程，对于世界上保持河流多样性有着极其重要的意义。在那场最终以修坝而告终的工程建设方案讨论中，一位老科学家伤感地说，在都江堰上修坝，等于让这一活的文物退休。当时唯一庆幸的是，鱼嘴被保留了下来，有关部门承诺，不会再在鱼嘴上修建任何工程。可是历史的脚步没有像古老的都江堰似的一走就是 2258 年，刚刚过了两年，换了个名，杨柳湖水库水利工程又在都江堰的鱼嘴拉开了序幕。

2003 年 6 月，站在岷江边，都江堰世界遗产办公室高级顾问邓崇祝告诉我："都江堰四六分水的治水方法让人叹为观止，它的精准，它的测算，即使拿到现在也是无可挑剔的。它是一个人类与自然天人合一的典范。堰和坝，一横一纵，一堵一导，代表的是截然不同的治水哲学。坝，意味着对水的强硬抗衡，对水流方向的强力阻遏，是人与自然的迎面撞击。而堰，则意味着对水的因势利导，在达到人的引水目的的同时，并不违背水的自然本性。据水利专

都江堰鱼嘴

家判断，中国水库的平均寿命只有 50 年，美国条件较好的水库平均寿命也不过 300 年。可都江堰已存在了 2258 年。都江堰的长寿得益于它以水治水、因势利导、兼利天下的理念。事实上，我们现在用一切溢美言词来褒奖都江堰都是苍白的，因为近 2260 年的历史已经告诉今天的人们，它的存在是不可替代的，那是一种经历史长久检阅和证明后的哲学。杨柳湖水库水利工程的建设将使都江堰遭到灭顶之灾，也将使它从世界文化遗产名录里出局。这还关系到我国在世界上的诚信与尊严，因为那里是世界文化遗产。记得当时国家环保总局监督管理司副司长牟广丰、中国人民大学教授周孝正在接受中央电视台、《人民政协报》等媒体采访

时一致认为：中国现在有 29 处世界自然和文化遗产，在全世界排第三位。此外，还有 119 处国家级风景名胜区，500 个省市级风景名胜区，这些都是祖国壮丽河山的缩影，是国土景观的精华，是中华民族文明形象的标志与骄傲。这些宝贵的文化遗产是公益性的、世界性的，珍惜和保护她们是我们每个人的责任。

从 2003 年到今天，当年让专家们忧虑的西部"跑马圈水运动"还在继续。生态专家们说，截断大江大河修水坝，是比乱砍乱伐森林更可怕的灾难。

公元前 111 年秋天，伟大的史学家司马迁利用出使西南夷的机会，对岷江、都江堰及离堆进行了考察。后来，他在《史记·河渠书》中第一次详记了李冰修筑的都江堰。在书中，司马迁感叹万分："甚哉，水之利也。"从此，水利这个专用词才降生人间。

这些年，媒体对江河，特别是江河的开发能不能做到可持续的发展，开始给予了关注。这样的关注甚至还被一些人称为"媒体就是反坝的"。

其实，媒体从关注的开始就不仅仅是简单的反对，而是和以往相比，媒体对一个项目好坏的看法从以往的只是一个声音发展到了多种声音。也正因为这样，有人对中国的民主化进程有可能在环境保护上有所作为寄予了希望。

我们民间环保组织绿家园志愿者从 2006 年发起了"江河十年行"媒体考察活动，目的是要连续十年关注和记录中国西南的江河。我们还选择了十户人家，希望在这十年中记录这十户人家与江河之间的命运。

陈明家是我们选择的紫坪铺查关村的一户移民。我们第一年到他家去时，刚刚开张的餐馆让一家人充满了希望。第二年再去时，他家就拉上了铁卷帘门，陈明也到阿坝给人家做饭打工去了。

2008 年 4 月 11 日，我们再次见到了陈明，可当我问他现在靠什么为生时，他伸出满是泥的脚告诉我，到山上拣石头。他说的石头实际上是矿石。我问他怎么卖这些矿石。陈明说，晚上有人来拉。

采访陈明时，左邻右舍的人都围了过来。其中一个四十多岁的男子告诉我们，他家的 3 亩多地因修大坝被围了起来，每亩地赔了 6800 块钱。现在家里四口人只有半亩地种了点玉米。实在没办法了，他们就爬进围墙去种玉米，可玉米刚长出来就被人家给推了。他们也试着到水库边去钓鱼，可常常被抓到。当时围上来的还有一位 50 多岁的妇女。她说，本来这里是风调雨顺，修了坝后整天是大雾，不但影响了庄稼，孩子出门上学都不放心，交通事故比以前多多了。

今天在紫坪铺电站办公楼，我们找不到一位肯接受我们采访的工程师，倒是碰到了一位移民办的人。我趁机问他，查关村的移民用补偿款开的餐馆、小卖铺因为没有生意都关张了，移民办能有什么办法帮助这些移民们吗？得到的回答是：他们自己把生意弄垮了，难道还要

上游修了百果岗电站后的百沙龙河

怨我们。

　　陈明和他的邻居们祖祖辈辈都是普普通通的农民，本来靠着自己的双手过着虽不富裕却还踏实的生活。修水坝让他们搬迁时，他们认为这是国家需要，要顾全大局，本想要求一亩地赔5万或6万的，因有人在现有的赔偿标准上签了字，大伙儿也就都签了。有的人甚至怕不签的话，连这点儿钱也拿不到。可是他们没有想到，现在却要靠偷偷摸摸地钓鱼、偷偷摸摸地拣矿石去卖维持生活。

　　这些农民没有听说过移民也应占有水利开发的股份这一说法，他们只是希望移民后的生活不应比过去更差。

　　离开陈明他们所住的查关村时，天还在下着小雨。和陈明分手时我告诉他，今年10月我们的"江河十年行"还会来，希望那时他家的饭

紫坪铺大坝

馆能再开起来。他挥着手和我们说:"来了到屋头喝茶。"

## 李冰父子会如何看待紫坪铺

4月12日早上,凤凰卫视《江河水》摄制组从成都请来两位专家,一位是成都市水务局高级工程师陈渭忠,一位是成都市环保局高级工

程师张国运。他们两位对紫坪铺电站基本持认同的态度。

陈渭忠先生对紫坪铺最大的赞扬就是:随着人类的发展,都江堰已经不能满足成都用水的需要,紫坪铺的蓄水和调水功能就是在成都冬天缺水的时候,通过这个水库平时的蓄水发挥作用。

另外,陈渭忠认为发电也是紫坪铺电站的

从开饭馆到卖烟卷的陈明

一大贡献。我问他，蓄水灌溉和发电用水以谁为先？陈先生说，应该以灌溉用水为先，只是现在因部门利益，分配上还存在问题。

陈渭忠说，杨柳湖水电站是紫坪铺的反调节水库，现在不能建了，对紫坪铺的发电有着很大的影响。他不明白，当初没有批鱼嘴电站的设计方案，那建紫坪铺电站时就应该修改原来的方案，为什么明明没有批，还要按需要反调节水坝的设计施工呢？以至于现在四个发电机组因不能充分发挥作用造成浪费。其实，这也是我们民间

环保组织一直在问的，这个钱如果是花自己的，还会有人这样设计吗？

关于2003年被否定的杨柳湖水电站，2008年4月10号，我们从世界遗产办还听到了另一种说法：现在控制紫坪铺水库用水调水的都是紫坪铺水电管理部门。而作为都江堰管理局来说，他们自认为也应对这个水库的用水掌握一定的权力。

当年坚持要修建杨柳湖水电站的目的，除了有反调节作用以外，应该说也有部门利益分配

之争的原因。

对紫坪铺水坝旁边因前期勘探和就地取石给大山造成的累累伤痕，陈渭忠表示了遗憾。他说，这些植被的恢复应该在工程结束后就有所重视的。可电站都用上了，破坏的植被却没人再去恢复。

关于地震和滑坡，陈渭忠认为这是所有电站都免不了要出现的问题。紫坪铺解决的算是不错的。

张国运高级工程师是当年审批紫坪铺电站环评报告时，第一个提出在水电开发时一定要让江河保留有生态有水的工程师，紫坪铺电站对此给予了重视，他很是欣慰。对紫坪铺目前两岸为防止滑坡钉上了大水泥钉子，他认为是最好的治理滑坡的办法。不过对目前上游的污染，他也是忧心忡忡。

我们的车离开都江堰时，摄像师架起了架子，把立在都江堰大街上李冰父子的雕像拍了下来。在他们拍时，我的脑子里突然闪出了这样一个念头：假如李冰父子地下有知，他们会怎么看待紫坪铺电站呢？

成都的锦江，也叫府南河，经过这几年的治理，让成都人走在河边就能看到三五成群的白鹭。四川大学的学生们，这些年在上学期间就开展了不少环保活动。

四川大学的一位学生在和我们一起探讨大学生能为环保做些什么的时候说，他觉得提高孩子们的环保意识很重要，所以他们社团是以到小学去开展环境教育为主要活动项目的。

李冰父子的雕像

成都锦江上的白鹭

峡谷里的GDP

今天，我听到的大学生们提出的问题主要是这样几个：自己的一些环保举动被周围的同学认为有毛病；发展和环保之间的矛盾怎么解决。

我问在坐的大学生们谁能回答这两个问题。一个女同学说：坚持，不管别人怎么说。一个同学说：反思，自己也被别人批评过洗一条牛仔裤用了 8 盆水，后来想想是过分了，于是不光自己节水还引导同学们一起从自身做起。

今天，录制节目时，我又继续了近来一直在做的调查，请认为自己家乡的河小时候和现在一样的同学举手，结果一个都没有。接下来再问，家乡的河小时候和现在不一样的，干了、脏了、没有了的举手，结果 20 多人举了一大半。好几个学生还细细地说起了小时候怎么在河里玩耍，怎么在河里抓鱼。现在有的河虽然开始了治理，但要回到小时候的样子，他们都说难了。

节目录到最后时，请每个同学说一句话。一位学生说的一句话虽简单，我却深深地记住了。他说："环境保护，我们在路上。"

为了赶时间，4 月 12 日下午的采访我们兵分两路。另一路人马去了四川大熊猫繁育研究中心。他们拍到了大熊猫，也听到了有关熊猫的故事。

回来后记者告诉我们：大熊猫吃竹子时是左一口右一口，这是为什么呢？科学家们的解释是，它们的味觉系统十分发达，左边咬了一口后，刺激右边的味觉系统也要迫不及待地尝到滋味。因此左一口、右一口轮番交替就成了大熊猫

张望

吃饭的习惯。

大熊猫的另一特色也很让人好奇，就是一只熊猫妈妈可以同时喂 8 个孩子，而其中只有两个是它自己的。也就是说，熊猫妈妈对自己的孩子和别的孩子几乎一视同仁。

或许这是人工饲养的熊猫的习性。我曾经

歇着

采访过大熊猫专家吕植，我听她说过，在野外，熊猫妈妈对自己的孩子看得可紧了。一只叫娇娇的大熊猫，本来和吕植已经很熟悉了，甚至可以去摸它。可是当娇娇生下自己的孩子后，连吕植的靠近也会让娇娇大发其火。对待自己的孩子，野外的大熊猫和饲养的大熊猫还有哪些区别呢？这可能还需要我们的科学家们认真地研究。

离开成都，我们走进了四川省宝兴县。宝兴的蜂桶寨是大熊猫的模式标本产地，2001年我到那里采访时，正赶上全国第三次大熊猫普查。那次普查的结果显示，在野外，宝兴是发现大熊猫最多的地方。

## 大熊猫模式标本产地邓池沟里的故事

4月13日，我们要去的地方七年前我就到过，那是我国特有的大熊猫模式标本的产地，那里的地名叫邓池沟，在四川宝兴县。

没有来之前就听说这条沟里也修了水电站，不过我也看到过报道，说当地为了保护大熊猫的栖息地，对正在修建的电站进行了调整。

可是今天当我们走到立着蜂桶寨邓池沟牌子的地方时，还看到因发电所修的导流管高高地从山上一直伸到了沟口的江里。走进这条峡谷后，另一处电站更是把沟里的大山用水泥砌了起来，许多乱石堆在本应是激流的河床上。

我今天进的是邓池沟，另一支摄影队去的是夹金山。那座在中国革命史上非常有名的大山脚下流淌着我2001年去时仍跳着浪花的江水，而今天去的记者数了，六个水电站已经把一条大河弄得一段一段地见不着水。

今天很有意思的一个采访是，我们在当年把第一张大熊猫的皮带出中国的法国传教士戴维建的天主教堂里，认识了一位农妇。

在我们的镜头前，她给我们讲着去年自己在山上见到一只大熊猫后及时报告了保护区；还有一次村里几个人正聚在一起看电视，不知是谁喊了一声："快看窗外。"当时在屋子里的人都把头转向窗户那边，发现一只大熊猫竟然也站在窗外和他们一起看电视，而且看的样子是那么专注。

因为聊得高兴，已经差不多下午两点了，还没吃饭的我们问这位村妇，能到你家吃饭吗？我们得到了热情的邀请。在他们家的灶房里，我们第一眼看到的就是挂在灶台上的那一大串一大串的腊肉。不知是谁笑着说："你们家的日子过得不错嘛。"那位农妇却说："光能吃肉有什么用，现在家里的花销都要钱。"

这家有两个女儿，大女儿上到初中就辍学了。小女儿赶上了好日子，先是考上了大专，现在又升为本科，学的是外语。

对这家的采访很有意思的还有，男主人对我们说："沟里修了电站，对我们的生活没什么影响。"可他的妻子却说："怎么没有影响，河里都干了，没有水了，玉米都长不起来了。"

我们又问，修了水电站，对大熊猫有影响吗，男主人又是说："没有什么影响吧。"女主人却又给了不同的回答："怎么没有影响，河里没水了，大熊猫喝什么？"

在第三次大熊猫普查时，宝兴排第三。第一应是四川的卧龙，第二是四川的王朗。

科学考证认为，过了更新世中期之后，到更新世晚期，大熊猫最初的分布地变少了，体形逐渐变小了，跟现代种的大小差不多。大约在旧石器时代（从 200 万—300 万年至 10 万年前）末期，人类发展了，大片竹林被毁，大熊猫的食物减少，依靠竹林生活的大熊猫逐渐暴露，加上天敌的横加侵害，使它们的分布范围越来越小。

## 峡谷的悲哀

4 月 14 日，我们离开蜂桶寨，来到峨眉山脚下，又从那里出发走进了大渡河峡谷。

这是我第三次走进大渡河峡谷。令人遗憾的是，从峨眉山出来向金口河走了没有多一会

邓池沟口

邓池沟口的电站

拍干河

儿，江边一个个冒着烟的、冒着火的企业就出现在我们眼前。

这样的企业在这样的山坳中如此生产，不免让人想起这样一句话：天高皇帝远。

2004年，我第一次到乐山县金口河区时得知，在地质学家范晓和他的同事们的努力下，2001年12月由国家正式批准：在大渡河金口河至乌斯河段建立了国家地质公园。公园内具有国内外罕见的大峡谷和平顶高山景观。大峡谷长26公里，两岸峭壁的高度落差一般为1000米—1500米，最大谷深达2600米。谷宽多在50米以下。谷坡直立，形成许多险峻幽幻的绝壁深涧一线天奇观。

在前面的《生态游在大渡河》一文中，我

曾写到四川省地矿局区域地质调查队总工程师范晓认为：大渡河大峡谷的景观与世界上一些著名的大峡谷相比毫不逊色，与长江三峡和美国著名的科罗拉多大峡谷相比，大渡河大峡谷的深度比科罗拉多大峡谷超出了近一千米，是三峡的近一倍。其险峻壮观程度远超过三峡。大渡河大峡谷地区还具有十分突出的生物多样性，是世界上高山温带植物最丰富的地区之一，一百年前就曾引起前来探险的英国植物学家威尔逊的极大兴趣。

　　大渡河金口河段多为嶂谷，也有不多的隘谷。虽然只有 26 公里，但两岸的绝壁都为 90 度，还有河水之汹涌和绝壁上的绿色，这些都是范晓认为的罕见与独特。尽管我们在那儿时，天是灰灰的天，水是黄黄的水，我们几个来自北京的人还是举着、端着照相机一边一个劲地拍着，一边不停地赞叹着大自然的鬼斧神工。

　　可是，大渡河金口国家地质公园还没有来得及正式挂牌，就又立项并批准在国家地质公园里修建枕头坝和深溪沟两个大型水电站了，它们的装机容量分别是 44 万千瓦和 36 万千瓦。

　　这样的峡谷，这样的开发与发展，我们应该如何评价？如果不是大渡河，是我们自己家乡的河流成了这样，我们又会如何看待、如何面对呢？

大渡河金口河大峡谷

国家地质公园里

## 山中的大江大河

　　4 月 15 日 "绿家园每日江河信息" 上有消

峡谷里

息说：去年5月，太湖暴发蓝藻水华危机，无锡市民饮用水源受到威胁。今年4月14日，来渝出席水利部定点扶贫工作会的太湖流域管理局副局长林泽新接受记者采访时称，今年蓝藻肯定将再次袭击太湖。这天的消息还包括巢湖污染、滇池污染、三峡出现消落带。

这些消息不能不说明，我们的生活正面临着人为制造的自然灾难。

## 大渡河殇

4月16日早上，我和周宇由四川省石棉县有关部门的人带着，去了离石棉县城十几公里的安顺场。那里有着历史的巧合：石达开在那里走完了他人生的最后一程；中国工农红军的十七位勇士在这里强渡大渡河。如今，这里还放着当年红军强渡大渡河时用过的船。

　　尽管来之前无论是从网上，还是听专家介绍，我已经有了很多准备，知道大渡河及其支流在建和将建356座水电站。可是真的走在大渡河边时，我还是为眼前看到的大渡河而震惊。昨天从大渡河金口河走出来，看到那里除了电站以外，还有冶炼厂、煤厂和挖沙工地。在今天我们走的大渡河干流，情况依然如此。

　　从照片中可以看到，这个热火朝天的挖沙场面就出现在当年红军强渡大渡河的遗址和石达开纪念馆所在地。

　　如果把江河比作大地的血脉，那么沙石就是江河的肌肉。它不仅为水生态提供着存在的空间，也是稳定河床的基石。现在在我国很多大江大河包括湖泊中已经明令禁止挖沙，大渡河上却到处还是挖沙的工地。

　　陪同我们来的当地官员说，大渡河产砾石，不挖会涨出来，所以要人工挖。因为没有采访到这方面的专家，我们姑且不在此过多评价大渡河的挖沙，但是在这么重要的纪念地，一边是纪念馆，是雕塑，是挂牌的地方；另一边却把大渡河弄得完全失去了它本来的模样，少水、流断，激流成了白茫茫一片。当年的强渡为何种状态？不要说我们的后人，就是今天的我们也很难把十七勇士、把强渡和眼前的大渡河联系在一起。

　　水少，是因为全球气候变化，还是因为什么？

　　今天从石棉到汉源，我们的车沿着大渡河

红军渡船

红军强渡大渡河遗址

红军渡在这里立碑

边走，在两个多小时的时间里，我用 GPS 给江边的冶炼厂、煤厂和大型挖沙工地等对大河有着明显视觉污染和生态影响的地方定位，从拍照到定位、到纪录，我几乎是一刻不停地定了 30 多处。

2006 年入冬以来，四川大部分地区气温偏高。全省 130 个农业县市区中，有 74 个降水偏少。其中，2 月份四川盆地大部分降水不足 5 毫米，偏少 5—9 成，主要集中在南充、遂宁、广安、达州、资阳、德阳、广元、巴中等地，而上述地区均为去年旱灾的重旱区。进入 3 月，降水偏少的情况依旧，旱情进一步加剧。

2007 年 4 月 4 日，四川发生严重的冬干春旱，全省出现饮水困难的人数上升至 590 万人，10 余万人依靠送水才能维持基本生活需求。

企业在河边

因大坝的建设已在水中的农田

最近，媒体上又有消息，旱涝可能同时在四川发生，希望引起人们关注。

四川，特别是四川盆地，是天府之国，是我们国家重要的产粮区，为什么连这样的地方也缺水了？

水利部部长汪恕诚在上一届长江论坛上指出："长江论坛的主题是保护和发展，这是中国政府发展的信号，不能100%开发长江了，要给生态留出余地。"本届论坛上，汪部长强调，长江的健康标准应是可持续发展。他的观点是：开发60%，留下40%，保留原来的生态状况和生物多样性。

汪恕诚还以水能的开发利用举例说：如不节制对长江水能开发，长江会成为一个个静止的水库群，最终造成生态被破坏、洄游生物灭亡。所以必须找到长江可持续发展与开发利

将要被淹没的汉源县

用之间的平衡点，这个平衡点就是人与自然的和谐。

在长江论坛上，专家们呼吁：长江正面临着水资源、水灾害、水环境、水生态四大水问题的困扰。这四大问题主要表现为水资源利用不科学、防洪减灾形势依然严峻、水质呈整体恶化趋势等。

走在大渡河边，我不能不为今天这样直观的景色、客观的生态着急。即使现在因为全球气候变化和水资源短缺，大渡河再也不可能像当年红军过这里时要强渡。

下面这张照片是即将因水电开发而被淹没的县城汉源，那里也是中国的花椒之乡。

## 臭草紫茎泽兰

4月18日，我们要去青衣江看看那一个峡谷里的三个电站的计划受阻，只有沿着安宁河，从西昌到了德昌。和雅砻江相比，安宁河有幸生

在平原，没有落差，也就没被如今时运正旺的水电开发放在眼里。不过安宁河两岸的污染企业我们一路上却没少见到。记得去年"江河十年行"的路上，有一处蓝得出奇的水吸引我们停下车看个仔细。同行的水利水电专家刘树坤告诉我们，那蓝色是附近一个尾矿排水的污染物。把一条河染成了那么艳丽的色彩，没有相当的"能量"是做不到的。

路上，我们买了一斤樱桃，这是当地的特产，吃后我们均感觉名不虚传。

不过今天我们主要采访的并不是樱桃的种植，而是要追寻被当地人称为臭草的紫茎泽兰的来龙去脉。

这种被称为外来入侵物种的植物，如今不但长满了当地的大山，也长满了农民耕种的田间地头。虽然开着淡雅的小白花，可还是被当地叫做臭草。

当《江河水》摄制组的车驶进德昌的角半沟时，我问同车的农业与科学技术院指导站副站长毛万敏，山脚下这条河的水为什么这么小。得到的回答是，现在是枯水季节。不过后来在我们采访51岁的护林员王华忠时，他告诉我们，现在角半沟的水，最多只有他小时候的三分之一。

"前些年水更少，现在已经慢慢多起来了。"为此农民王华忠很是赞赏退耕还林的做法。他说，过去一亩山坡地也就挣个三五百块。现在种樱桃，结好了，一棵树能结100多斤，就按8块钱一斤算，他家有200多棵樱桃树，一年下来有

紫茎泽兰

只剩三分之一水流的河

不少收入。

王华忠上个世纪80年代初参加过对越自卫反击战。今天腿上还留有一块弹片。现在他每天站在进山的路口，给进山的车发通行证，进去的车记录在案后，如发生山火之类的事就能找到肇事者。这一工作让王华忠每月可以得到800元的工资。当然，他家最大的收入来源还是樱桃。因为退耕还林，国家每亩地每年给补助260元。除了上面我们为他家樱桃算的账，他家已经长了几十年的核桃树一棵也有上千元的进项。

看得出这家人过得不错。我们问他，紫茎泽兰影响你们家地里的农林作物吗？他说要是勤拔着点，地里的庄稼长得好，紫茎泽兰就长不起了。

从王华忠家走出来，我们又走到路边的一块农田里，看得出，紫茎泽兰长满了这块地的田埂。正在耕地的老人家说，县里曾经动员民众四次大规模地上山下地试图斩尽紫茎泽兰，但最后不得不认输，因为它蔓延得太快了。

2007年到2008年冬江南的大雪，这里也没能逃脱。樱桃、核桃等果木冻得不轻，让当地农民损失挺大。

生态系统是经过成百上千年的长期进化而形成的。其中生存的动物和植物不仅适应了当地的自然地理、气候条件，而且更重要的是物种之间形成了很复杂的相互作用的关系，也正是这些关系使得这个生态系统成为一个稳定的和能够自我维持的体系。因此，一个生态系统中的物种组成和比例绝不是随意的。

紫茎泽兰被认为是外来物种入侵。那外来物种又是什么呢？对一个生态系统而言，其中原来并没有这个物种的存在，它是借助人类活动越过不能自然逾越的空间障碍而进来的。在自然情况下，自然或地理条件构成了物种迁移的障碍，依靠物种的自然扩散能力进入一个新的生态系统是相当困难的。但是现在人类有意或无意的活动却使物种的迁移越来越频繁。

如果这些外来物种在新的生态系统中立住脚，能够自行繁殖和扩散，而且对当地的生态系统和景观造成了明显的改变，它们就变成了外来入侵物种。因此"外来"这个概念不是以国界，而是以生态系统来定义的。中科院动物所的解焱博士曾说，当初为进行植被恢复目的而引进的物种，现在已成为令人极为头疼的外来入侵物种。

外来入侵物种的最主要危害是，它采用各种方式杀死或排挤当地的土著植物物种。有些外来入侵物种就像"绿色坟墓"一样，可以覆盖其他植被。被覆盖的植被由于得不到足够的阳光和空气窒息而死，生长良好的森林就变成了被单一物种垄断的平地。

植物种类和数量的减少，就减少了当地动物的食物来源和栖息地，许多动物物种在当地会相应减少甚至消失。这种格局将降低生物多样性。由于多样性的降低，控制天敌物种的减少，又会大大削弱生态系统抵御病虫害爆发的能力。因此外来物种组成的生态系统所具有的生态功能和作用要远远低于天然生态系统。

我在美国曾经参加过一个民间环保组织的活动，就是到城市郊外去采草籽。他们告诉我，现在他们那儿用来美化城市的花花草草有不少就是从野外采集，然后种在城市里的。这些本地物种不仅适应当地的环境，也不用花钱买。对于城里的大人小孩，在野外采草籽，其快乐也让他们一到周末就盼望着走进大自然。

在我国，现在引进外来物种美化环境之风盛行。解焱说，连天安门广场的草坪用草也是来自美国俄勒冈的。

## 两条大江在这里汇合

4月19日我们采访到了当地农林研究院的院长康平。这是一位很健谈的人，他把我们带到了山上的一片果园，芒果、石榴、葡萄都已经挂果了。看着这些果树，这位林业专家又指向了远处黄黄的、秃秃的大山，他说那是攀枝花本来的模样。而眼前的郁郁葱葱的果树，是他们近年来从广东等地引进的水果，这些果树现在已经在攀枝花扎了根。

攀枝花属于热河谷地带。当初因攀钢而建城，取了当地盛开的攀枝花做了城市的名字。据说这是中国唯一一个以花命名的城市。因降雨集中在一年中的几个月里，尽管金沙江、雅砻江就在攀枝花城里汇合，这里有着全世界最丰富的水

人的作为：黄与绿

金沙江、雅砻江在这里合并

能资源，但因山上的植被不多、水土流失严重，以至于大山的颜色还是黄黄的。

攀枝花建城的时候这里是一片荒山，二滩电站建好后，正赶上重庆分出了四川，全国电力又处于过剩期，有学者给攀枝花支招发展高耗能企业，所以这几年绿家园"江河十年行"走到这里时，看到的都是整个城市笼罩在烟雾之中。攀枝花一度还成了全国十大污染城市中的一个。

这两年攀枝花已经摘掉了污染城市的帽子，开始往省环保模范城市的目标大踏步迈进。

康平还把我们带到一片植物园，他告诉我们，怎么把外地的能适应这里环境的树、花、草、果引进来，使这里更适合人的生存，在与自然相处中，让人们的生活更富裕，就是他们这些人要干的事。对于人与自然的相处，攀枝花人正在摸索着自己应走的路。

在攀枝花这个金沙江与雅砻江汇合的城市，

雅砻江、安宁河在这里汇合

攀枝花远景

我问了几个当地人，他们都说现在的水比过去小了不少，原因是什么，没有人说得清。甚至江边这些流出来的黄水是从什么企业流出来的，也无人能说清。是住在这里的人不在乎这些污染的水对江水、对他们的身体有什么影响，还是他们曾试图搞清楚过，但太难了呢？

傍晚的两江之水没有喧哗、没有喝彩地流在了一起，它们还会沿着自己要经过的大山、城市和人群继续向下游流去。然而下游有人认为水不能白白地流走，要利用它，要向大江索取。

大江真的听人的话吗？如果给它们发言权，它们会怎么说？或者总有一天它们会用自己的方式来表达。

## 金沙江峡谷等待"新装"

4月20日，我们又上了路，只见车窗外一条弯弯曲曲的河里，几乎都是只剩下了砾石的河床。

正在车上的人个个在感叹连四川这样的地方也快成了"有河皆干"时，马路上一支打着旗子的自行车俱乐部的健儿们从我们车旁骑过。

我问他们："你们小时候，这里的河和现在一样吗？"回答我的几乎又是众口一词："不一样，那时候这条河水要大很多，有很多地方都是激流。现在上面有一个小水电站，就把水截成了这样。"我说："不是有退耕还林的措施吗？"他们说，就是因为退耕还林，这条小河

骑在大山

干旱的金沙江河谷

里才有水了，曾经有段时间河里连这点水都没有。没有水的河叫什么河，看来以后要发明一个新叫法。

在金沙江峡谷里，当地一位负责林业的干部向我们介绍了这些年他们在退耕还林方面做的事。他还指指大江的对面，以示他们这边因为重视，两岸已开始泛出绿色，而江对岸却还是黄的。

我们问他："你们这些投入是争取到了国家的项目吗？"他说是的。一条大峡谷的两岸，

墙上的裂缝

火鸡蛋　　　　　　　村里 84 岁的老人

有项目就能"染"上绿色，没有项目就依然黄土一片。

　　站在这样的大山里，我觉得这些年一直在呼吁的生态补偿机制太重要了。上游的生态直接影响着下游的环境。而单靠这里的人自己去恢复植被，显然任务太艰巨了。应对全球气候变化，这不是当地人能承受得了的，只等着国家也不太现实。怎么办？长江上、中、下游的人要一起努力。

　　就在《江河水》走西南的路上，四川攀枝花的阿喇乡发生了滑坡。当我们向这两天一直陪着我们采访的宣传部长提出想到那里去看看后，得到了他的同意和帮助。车在一路颠簸后，带着我们来到了这片常常发生滑坡的小山村。

　　和当地人聊了一会儿后我们得知，这里滑坡之频繁，使得家家户户的房子上都有裂缝。虽然还没到屋倒人伤的地步，但隔几年就要攒钱修房成了这里农民的沉重负担。不光房子，这里的庄稼地有时也会突然塌陷。

　　这些地质现象应该怎么解释，当地没有人能从科学的角度给我们讲。但是村里的领导告诉我们，现在政府已经帮助一些有能力的人家搬到了地质相对稳定的山上。

　　夕阳中，这个小山村的梯田因为干旱还在等着水库的水才能插秧。

　　吃过晚饭的老人和媳妇在院门口看着我们这些举着话筒、拿着摄像机的人既好奇，又热情。他们向我们讲，滑坡对他们来说已经习惯了，并请我们看他们养的火鸡下的蛋，比一般鸡下的蛋要大。

　　春天，在这个村子里，能看到的除了大山里开着的野花以外，还有屋檐下这些刚刚孵化出的雏鸟等待着飞向蓝天。

## 坝子上的"神光"

　　4 月 21 日，一出攀枝花走进大山，车窗外

祖祖辈辈居住在这里的山里人家

满眼看到的又是被我们的现代文明和"发展就是硬道理"改变了的大山。

所幸的是，今天的大山里我们还能看到祖辈们留下的田地和村庄。

不知道被我们这代人认为的现代化，让我们的后代还能在大山里生活多久？

我们的车进入云南省仁里县后，路边的一个水文站引的我们停了车。一路上看到峡谷里的大江小河大多裸露着砾石，这和全球气候变化、和江河上的开发到底都有什么关系，我想看看从气象数据方面，能不能说明点什么。

因为是星期日，水文站里静静的，是一只大狗迎接了我们。

在四川，后来的采访一直有当地宣传部门

的陪同，到了水文站，虽然我亮出了自己的记者身份，但现在假记者的层出不穷和记者这个职业本身，显然还是让很多人不能不警惕，不能不生畏。

电话中和领导沟通了一通后，水文站的人高兴地答应了我们的采访要求。

高振华，一个看上去就很朴实的小伙子，在这个水文站工作5年多了，他每天两次监测各种仪器上显示出的数据。数据是没有生命的，但也正是这些没有生命的数据，却关系着人们的生命与安全。

小高说，每年汛期他都要住在水边的观察站。那个时候，即使是睡觉他一定也是竖着耳朵、睁着眼睛的。

我们中央人民广播电台《午间半小时》节目二十年前曾经采访过一个黄河边上的水文工。二十年过去了，当年采访时问的一个问题我还一直记着：

问："你现在最想干的事是什么？"

答："到火车站。"

问："去干什么？"

答："看人。"

小高说他很喜欢自己现在做的事。他家在农村，当年上学是为了能走出去。现在看来，这份工作对他来说责任比兴趣一定是更大。

关于这些年从采集到的数据能否看出水量减少说明了什么，是因为全球气候变化还是上游的水电开发？高振华说，在他们仁里水文站上面不远的地方有一个小电站，对水量有影响，但

与全球气候变化相比哪个影响更大，对他一个水文站的站长来说，回答是有难度的。他只采集数据，然后上报。不过他说自己的家乡离水文站不远，家乡河的变化比这里大，小时候可以喝河水，可以在河里游泳，现在都不行了，水少得根本无法游，而且脏得也不能喝了，他说这都是人弄的。

那天，小高给我们讲了一件事情。一天傍晚，他一个人到水边的观测小屋值班。天越来越黑，走在小路上的他突然看到前方有一个大大的黑影。他正紧张地琢磨着那是人还是什么东西的时候，黑物张开翅膀，飞了起来。原来那是一只猫头鹰。像人那么高的猫头鹰黑夜中站在你眼前，写到这儿时，我突然想问问读者，你要是遇到了会怎么样？会被吓着吗？

小高和我们说的还有一件我们城里人难以想象的事，也发生在他去观测小屋的路上。树上

水文监测者的生活

小高

天光

水边的山石

的山野梨熟的时候，一路走，要一路捂着头，不然会时不时有熟透了的梨掉下来砸在头上，砸上的话还是挺疼的。

这就是小高，他说他原来很喜欢看凤凰卫视，可是现在看不到了，他还想再弄一个"锅"接着看。

告别小高，我们又走进了大山。

在云南，当地人把大山中的一片平地叫坝子。就在我们转着山，看着一大片坝子时，天上的一簇光射在了坝子的水田旁。我们赶快停下车，把这束天外来的"神光"记录在了数码相机的储存卡上，又把它存在了电脑中，放进了文章里。城里人这些年看惯的是灰蒙蒙的天，灰蒙蒙的地，这样的天色已是很难一见了。

恋恋不舍地看着山、水、田、光，想象着生活在这片坝子上的人的生活。如果用围墙心态来形容，他们或许羡慕我们城里人的生活，我们中的很多人也或许会把回归桃花源作为时尚吧？

其实这些年越走进自然，我越觉得生物多样性虽是科学家的语言，然而如果借用一下，我们人类的生活为什么就不能也以推崇多样为幸福、为快乐，不用统一的标准去衡量什么是幸福，什么是快乐呢？

有人生活在大山里，他要走出去寻找新的生活，或是留下来在大山中享受自己的文化与传统，都是他自己的选择。有人生活在大山外面，要进去，要体验，也是一种选择。关键是这一切要由他自己选择，而不是一部分人替另一部分人选择。这种选择越自主、越自由，这个社会就越

河边的水田

进步，可以这样说吗？

　　遗憾的是，当今社会，老有一些人在替别人选择，而且是打着为别人好的旗号为人家选择，谁要是对他们的强制有所指责，被扣上的帽子就有：阻止社会进步了，限制经济发展了，伪环保了……诸如此类。

　　关于什么是自然，什么是发展，坐在会议室里讨论、争论是一种方式，走进自然、观察社

会是另一种方式。凤凰卫视《江河水》摄制组选择了走进自然、记录自然、将自然展现给受众的方式，应该说也是一种发言权的使用。

　　如果说，这些在水边、在河里的田，是山民们在顺应自然地生活。那么下面这些照片又是什么呢？

　　我们要发电，要能源，这没有错。可是河于自然、于人类就是能源吗？还有河边的这些冒

不远处就是金安桥电站

着烟的企业，他们的生产除了获取了GDP，获取了财富，还有别的什么吗？还有对人类健康的伤害，对大自然健康的摧残！

4月21日天快黑了的时候，我们走到了金沙江中游的金安桥电站。峡谷中挖出的一个个洞告诉我们，电站不远了。

2004年9月13日，《南方周末》记者刘鉴强，曾到虎跳峡下游的金安桥水电站施工现场采访，发现这里已经是一派忙碌景象。

刘鉴强在后来的报道中说：虎跳峡因生态独特而入选世界自然遗产。"三江并流"世界自然遗产中的"三江"是指怒江、澜沧江、金沙江在滇西北地区平行并流的一部分区域。2003年7月，"三江并流"因为满足全部四项标准而顺利入选《世界自然遗产名录》，这在全世界极为罕见。

虎跳峡地区对"三江并流"顺利入选世界

自然遗产起到了关键性的作用，无疑应该得到高度重视和妥善保护。我国也向世界承诺，将不遗余力保护这一地区独特的生态环境。但不到半年，"申遗报告墨迹未干，以'开发'为名的破坏已迫在眉睫"。

对此，环保总局官员坚决反对。记者采访国家环保总局环评司负责人时，听说要在虎跳峡修大坝，这位官员极为震惊："那是世界著名的自然景观啊，那里怎么能够建电站？"这位官员说，像这样的大型工程，在动工前，必须向国家环保总局递交环境影响报告书。"如果直接在虎跳峡建大坝，环保总局不可能同意。"

刘鉴强后来在《南方周末》上写的文章中还有这样一段："谁来维护移民利益？因为金安桥水电站开工，当地居民已经提前受到大坝的影响。"

如果按照虎跳峡电站高坝方案，当地大约要移民10万人，按照低坝方案移民人数也将有7.2万人。一旦移民，搬迁到金沙江北岸中甸地

一半自然一半人为——虎跳峡峡谷

区的问题非常严重。因为中甸和小中甸都属于高海拔高寒地区，只能种植青稞和土豆，对金沙江河谷习惯种植水稻、玉米等高产作物的人来说，无疑难以适应。

如今，金安桥大坝即将竣工。一座水泥墙已经竖立在大山的峡谷中。

虎跳峡是世界上最壮丽的自然景观之一。刘鉴强当年采访时，危在旦夕的虎跳峡已经成了很多人的伤怀之地。

## 农民的一次机遇

4月22日，早上从丽江出发，走近长江第一湾时，我吓了一跳。站在同样的位置，2001年10月我在这儿拍的照片是一片大水。当时我就感叹，第一湾在这儿这么一转，水面就宽成了这样。可是今天，已经快5月了，还是枯水期，怎么沙滩都裸露着了？

长江第一湾位于中甸县南部沙松碧村与丽江石鼓镇之间，海拔1850米，距中甸县城130公里，有公路直达。中甸县现改为香格里拉县。

万里长江从"世界屋脊"青藏高原奔腾而下，经巴塘县城境内进入云南，与澜沧江、怒江一起在横断山脉的高山深谷中穿行。到了中甸县的沙松碧村，突然来了个180多度的急转弯，转向东北，形成了罕见的"V"字形大弯。有人云："江流到此成逆转，奔入中原壮大观"。人们称这天下奇观为"长江第一湾"。

2001 年的长江第一湾

2008 年 4 月的长江第一湾

第一湾的村庄

从青藏高原奔腾南下的金沙江、澜沧江、怒江三大河流，在南北走向的云岭、怒山、高黎贡山三大山脉的夹峙之下，在滇西北境内形成了"三江并流"的举世奇观。

金沙江，指长江上游从青海省玉树县巴塘河口至四川省宜宾市岷江口一段，全长 2308 公里。相传过去沿江一带的居民曾取沙淘金，所以叫金沙江。金沙江流出青海，经西藏从德钦县进入云南，继续南流于横断山区。

万里长江第一湾位于丽江城西北 45 公里的石鼓镇。发源于丽江老君山的冲江河也在这里东注金沙江。江湾处有明嘉靖七年丽江土知府刻制的鼓形汉白玉石碑碣，"石鼓"因此得名。丽江纳西语称这里为"剌巴"，意为虎啸处或虎族之花。《元史·地理志》等史书中写作"罗婆"，是元代茶罕章管民官及丽江路宣抚司的最早驻地，也是古代南方丝绸之路及丽江茶马古道上的要津以及南下大理、北进藏区的战略要地。

丽江的长江第一湾山萦水绕，景色如画，这里江流开阔平缓，江边柳林如带，四周有层峦叠嶂的云岭山脉绵延环抱，层层梯田盘绕山坡，与平畴沃野、丽江村落瓦舍相映相连，享有"小江南"的美誉。

石鼓碑碣正北面金沙江西岸，是著名的"石门关"险隘，相传隋朝大将史万岁征云南时曾开此关，元明两代均在此设立"石门关巡检司"，为兵家必争之地。有谚云："石门对石鼓，金银万万庾，若有人识得，买下丽江府。"生动揭示了石鼓对丽江的战略要义。

1936年4月，中国工农红军（二、六军团）在贺龙、肖克、任弼时等同志率领下，经过丽江，在丽江石鼓至巨甸约100里长的江段渡过金沙江北上抗日，留下了"贺龙搐石鼓，江中红旗舞"的传说，江边柳林一带，是当年红军的宿营地。1977年，云南省政府拨出专款，丽江人民在石鼓及巨甸等各主要渡口修建了红军渡江纪念碑。1980年，丽江县人民政府又在石鼓建成"红军长征文物陈列室"及纪念牌楼一座，室内陈列有红军过丽江的文物。

长江第一湾不仅是丽江的重要风景名胜区，而且还是进入丽江老君山景区和三江并流景区的咽喉重地。

中国的媒体和民间环保人士从2004年开始关注长江第一湾的另一个重要原因是，离长江第一湾近在咫尺的虎跳峡和金沙江上游、中游要建一库八级水电站。那样的话，虎跳峡电站的回水就要把长江第一湾淹在水中。

2005年我在长江第一湾采访时，当地农民对我说，修了电站我们就要搬到花果山去住了。我当时不知道他们说的花果山是什么意思。一位叫杨学勤的农民告诉我，纳西人勤劳勇敢，能种的地早就都种了。修电站要让他们搬出去，他们不肯，就要他们就地上移。上移到哪儿？山上，那是猴子住的地方，不是花果山是什么？

记得那次在石鼓采访给我的感觉是，那里的农民个个儒雅得像是教授。他们伸出的手既能握锄把子、打铁，也能操起扬琴、二胡，弹起古筝、琵琶，那悠扬的古曲如今常常就在我耳

古道遗音

长江第一湾农民家的窗户

边旋绕。

丽江石鼓一带人文荟萃，而且还有许多优美的传说，"打勒阿撒咪"就是其中最有代表性的一个。相传一位叫阿撒咪的丽江纳西姑娘骑骡远嫁，因回头眷望而被狂风卷贴到江对岸的石崖上，直到今日，她还在那里深情地回望着丽江美丽的家园。金沙江和怒江、澜沧江三姐妹告别巴颜喀拉母亲一同南下，又在这里冲破玉龙、哈巴两兄弟的阻拦直奔东海的优美传说，更是流传广远，深为人们喜爱。

今天，家住长江第一湾的人，生活中不仅有优美的传说，也有现实的追求。2005年春节我们绿家园生态游的一行人到杨学勤家小坐时，院子里的兰花很是让我们长见识。他告诉我们：哪个是大雪素，哪个是小雪素，单株就是8000块；这盆10万，那盆5万……

玩兰花的人说，提起云南的兰花，自然会想到大雪素和小雪素。这两种兰花在云南甚至在西南、在全国都享有盛名。它们都有白色素雅的花朵、芳香郁烈的香气，更重要的是它们在元旦、春节期间开花。

大雪素又称元旦兰、大素心。原产于云南西部，但野生种几被采光，现多栽于滇西、昆明街道上，存苗甚少。叶片绿色有光泽，边缘具细齿，环形弯曲，叶态优美。花葶直立，高25厘米—30厘米，有花2—5朵。花直径约8厘米，

大雪素

白色。萼片与花瓣上有绿色细脉纹，唇瓣洁白，长而反卷。花期2—3月。

杨学勤说自己养兰花是为了交友。兰花，让杨学勤有了很多忘年交。他说："我心里知道怎么养兰花。我从来也不参加什么兰花协会。对我来说养兰花是一种情趣。长江第一湾家家都养兰。遇到亲朋好友结婚什么的，人们就会送上一盆兰花。"

老杨家的兰花养在一个像一间房子一样的铁笼子里，他说是防盗，因为太名贵了。院子里每天下午要有个管子像喷雾一样喷水，为的是有一定的湿度，兰花笼子上还有一层纱网，为的是挡紫外线。看得出，为了兰花，老杨的生活里多了多少内容啊！

说到自己的生活，老杨的这样一番话很是让我感慨。他说："你们靠纸（货币）生活，我们农民靠资源生活，因为我们有自己的土地。随着物价上涨，我认为是农民的机遇来了。什么是机遇？外出打工的人要冷静考虑一下，你不需要别人给你生活，你可以用自己的方式创造价值。人的一生中能赶上这样一个时刻，就是机遇。守着大山是一种生活，家里有电脑是一种生活，自己认为好，就是好。"

这就是长江第一湾农民的思想。看来他不仅外表儒雅，长江的水、大山的风，让他对自己的家乡、对自己的生活，都有着独到的感悟。

前几年在丽江采访时，我得知纳西族守孝人家大门上挽联的颜色是不一样的。家里老人

杨学勤在长江第一湾

去世了，第一年贴白色的挽联，第二年贴绿色的挽联，第三年就要贴红色的挽联了。我拍到过一些挽联，上面写着对亲人的思念。那哀惋，那情愫，都可从挽联中深深地体会到。

我们和老杨告别前，他还给我们讲了这样一个故事：一次发大水，一个穷人和一个富人上了同一棵树。富人带着金银财宝，穷人带着干粮。几天后，因洪水还没能下树的富人问穷人要干粮吃。穷人说，你不是有金银财宝吗？

这是一个古老的故事，杨学勤却用它形容来了机遇的今天。

长江流至沙松碧一带，水势宽衍，江水青幽，两岸青柳成行。这里是看长江第一湾落日的极好处所，登临沙松碧村后面的小山，长江第一湾尽收眼底。

真的不希望这大自然神奇的一湾，这养育了儒雅之士的风土，有一天因修建水电大坝而被淹入水中。

## 洱海，像眼睛一样保护

"像保护眼睛一样保护"，这个形容多是用

于突出其保护的重要。这句话似乎离今天的生活已经很远了，不过，在今天大理的洱海，这句话却是政府挂在嘴上和海子边写在牌子上的口号。

2007 年，我们"江河十年行"采访当地的官员时，他们说的这句话很是让我们兴奋。因为这些年看到的江河湖海，"有水皆污，有河皆干"是连环保官员也用的形容。那天我们不但听到洱海边的官员说，要像爱护自己眼睛一样爱护洱海，也亲眼见到了，同是云南，同是城市边的海子，洱海和滇池的不同。用一湖清澈的水来形容今天的洱海，毫不过分。

我们的车往洱源开时，车窗外的白鹭吸引着我们的镜头追逐了半天。同行的司机口里念念有词地说着："两个黄鹂鸣翠柳，一行白鹭上青天。"我的脑海里却蹦出了：能在这样的田地里干活的农民，在今日中国还多吗？

洱源当时正是收获大蒜的季节，路上、车上、田里、院子里都是青皮萝卜紫皮蒜的独头紫皮蒜。

我们随便走进了一户农家。地上的独头大蒜和雕刻的门窗，让我们感受着这里农家的日子。

洱海田中

洱海农家

像保护眼睛一样保护洱海

打水草

和这家的女主人聊天时，她并没有说领导和海子边竖着的牌子上说的写的那些话。在她眼里，现在的海子还是没有过去干净了。我们问她，政府对你们有什么要求吗？她能说出的就是垃圾不能随便乱丢了，要集中装在垃圾袋里运走。

洱海边的采访，对我来说，问的不如看的。因为正赶上了白族的三月节，孩子们都放假了，不过村里并没有什么民俗活动。一个从县城回老家来玩的小姑娘大大方方地对我们说，这里比城里空气好。

2007年12月我们"江河十年行"时，随行的水利水电专家刘树坤正是洱海治理方案的设计者。云南滇池的污染，已经到了人人都在叫怎么办的地步时，云南第二大高原湖泊洱海，却被认为是从污染到治理的一个典范。

洱海属澜沧江－湄公河水系，流域面积2565平方公里，湖面面积251平方公里。洱海的来水主要为降水和融雪，入湖河流大小共117条。

在大理有这样一句口号"洱海清，大理兴"。《江河十年行》中，刘树坤在接受我们对他的采访时，对洱海能做到今天这样保持着较为自然的现状，强调有几条当地独特的做法：

对农村污染物采用生物槽，就是通过卵石、碎石槽，形成生物膜，这些生物膜可以对生活污水中的有机物质进行分解；

海边的生意

洱海日出

在沿岸培育湖边生物带，拦截和净化湖边进入湖泊的污染物；

对游船排水进行垃圾回收，取消渔船油力系统，禁止网箱养鱼；

对洱源的一些湿地进行管理，增加湿地的净化能力，推广河长制度，每人分管几百米，不让污染物进入洱海。

刘树坤说，就是这样的"包产到户"责任分明，使口号有了成为现实的可能。目前，城市污水有污水处理厂，而农村的面源污染，很大程度上是生活垃圾的污染。

刘树坤认为还有一条也很重要，就是大理政府成功地控制了下游西洱河电站的建设，这样才使洱海一直保持着比较高的水位。当然，能做到今天这样，并不容易。

我曾问刘树坤，作为水利水电专家，为什么对治理湖泊污染这样投入？他说：现在国际上比较认可的水利发展分为五个阶段：

第一阶段是防洪；

第二阶段是供水；

第三阶段就是污染治理；

第四阶段是景观设计；

第五阶段是保护河流里的生物多样性。

"在洱海的治理中，最难的是什么？"我问刘树坤。他说是生产的管理。像西洱海不建电站、取消网箱养鱼，就是不只为眼前利益，而为的是可持续发展。还有，建立湖边生物带需要占地，占地就会有移民，这些都不是简单的问题，需要真的下决心。

当河流、湖泊的污染已经成了越来越严重的问题摆在我们面前时，很多地方都提出了保护的口号。在洱海，有的却不仅仅是口号，而是怎么去做的行动。

如今的大理，开展爱护洱海的宣传教育，是从小学生做起的，是调动每一个人的热情，提高每一个人对保护自己身边湖泊的责任感。

有关滇池的治理，刘树坤也有着他自己的观点：要挖掘和发扬本地的水文化，通过这些实现人水和谐。把保护滇池纳入滇池流域社会可持续发展的框架。治理过程中，要增加亲水设施，改善人居环境，为居民提供良好的休闲娱乐空间。

滇池能学洱海吗？

本来我们很想在洱源的湖上划船拍摄。可是一张船票要 148 块钱，这钱最终编导没花。

我们没有采访村里的管理者这么贵的票钱有多少是用在湖水的治理上，而是问了农民："你们能从这船票中得到分成吗？"回答是："没有。"

因为是三月节，趁假期来划船的人很多，大多为旅游团。显然这片水给游人带来了快乐。水利水电专家刘树坤所说的水利发展的五个阶段中，第四阶段是景观设计，第五阶段是保护河流里的生物多样性。洱海能算已经在景观设计的发展阶段了吗？

## 澜沧江边的朱刘昌一家

大理到保山的高速路上有一个去往怒江和澜沧江的出口，现在正在修路，我们绕路到了保山市瓦窑镇，从这里见到了澜沧江。

我们到那儿时，正是赶集的日子。各色品种的枇杷把集市染得金灿灿的。

凤凰卫视《江河水》的采访车一停在那儿，就有人上来说："我一直在看你们的节目。《江河水》挺好看的。"一个老人甚至上来向我们反映情况。

当地老人："小的时候叫清清瓦窑河，鱼特别多，我们还可以捉鱼，天热还可以下去洗个澡，现在不行，现在水搞得衣服都不敢洗了。"

记者："浇田呢？"

当地老人："矿山下来的污水让田都种不成了。"

记者："守着这样的大河，你们怎么办呢？"

当地老人："怎么办？我们要注意环保，不能光是发展、发展，环保没有了，我们子孙后代怎么办？"

记者："您这一代已经吃到苦头了？"

当地老人："吃到苦头了。"

记者："江里有水灌溉田和没有水灌溉田差别很大吗？"

当地老人："差别很大，以前水质好种出来的庄稼很好的，现在有的地方种的庄稼根本不行。"

记者："怎么不行？"

当地老人："减产，粮食作物的质量变了。"

记者："我看这儿满街都是卖枇杷的。"

当地老人："这儿盛产枇杷。"

记者："是原来就有，还是现在有的？"

当地老人："历史上就有，现在又开发了一些新的品种，小的就是原来的老品种。很好，你们看一看。"

记者："您今年多大年纪？"

瓦窑镇的集市

枯水

当地老人："72。"

记者："身体还可以？"

当地老人："可以。"

记者："不像当地人。"

当地老人："就是当地人。"

记者："家里几个人？"

当地老人："7个。从（20世纪）80年代（开始）矿山开矿的水统统都下来了，把这个水污染了，矿产的开发我可以大胆地说是掠夺性的开发，本来这个矿山是我国很好的资源，因为小

老板开发浪费相当多。矿老板说得好，我们来开发，开发完了以后还你们一片青山绿水，青山在哪里呀？绿水在哪里呀？"

记者："您是干什么的？"

当地老人："我就是农民。"

记者："您叫什么？"

当地老人："杨宗盛。"

离开这位老人，我们走到了老人说的过去是清清的瓦窑河，现在已不再清的澜沧江和瓦窑河汇集的河口。在我看来，现在那里大江大河

2006 年时的朱刘昌家

"我们的日子怎么过？"

2006 年，在朱刘昌家

2008 年空了的二楼

的干也是很大的问题。而这和上游修的一个水电站是不是也有关系呢？老人说，不远处就有一个小电站。

我们"江河十年行"的第一年确定了十户将要用十年里跟踪的、住在江边的人家。瓦窑镇我们也选择了一家，男主人叫朱刘昌。澜沧江上小湾电站的回水将要淹没他们家。

2006 年我们去他家时，左邻右舍都跑来表示对移民的担忧。2007 年"江河十年行"时，大保高速路到瓦窑的路口因修路封了，所以我们没能去成这户人家。今天走到这儿，我终于又到了这户让我们一直牵挂着的人家。没有想到的一是 2006 年朱刘昌的女儿刘玉花肚子里的孩子已经一岁多了，再一个是朱刘昌怎么一下子竟苍老了那么多。

我上到他家的二楼，上次在那儿拍的照片我至今记得，可是今天看到的却和 2006 年时不一样了。

下楼后，朱刘昌家已经又坐了几个农民。

这么粗的果树都给砍了

农村就是这样，谁家来了人，很快同村的人就全知道了。

抽着大烟筒子的男人，连说带比画的妇女，一个个对着我说开了。

男村民："我们农民靠山吃山，靠地吃地。我们不是不搬，我们响应党中央的号召。可这栋房子一共才给5万块。"

记者："修这个房子花了多少钱？"

男村民："不止10万呀。"

记者："现在给你们5万就不给了。那地给你们多少钱？"

女村民："地8000，田是24000。"

女村民："老房子多大说那边也补多大。他们说这边是三分六，但是那边量下来根本就没有三分六。缩水了，每家都是。"

男村民："到那边水井都要自己打。"

记者："不给钱？"

男村民："不给钱，厕所、猪圈、灶都要自己打，水要自己引。"

记者："你们去跟村里说了吗？"

女村民："说了有什么用，他们就强制我们搬。"

刘玉花："现在物价上涨，我们这边的房子一平米给300块，那边新房子要700块。5月10号要去交钱。我们家还要交5万块。哪儿有这5万块呀，借也借不着，贷也贷不着！他们说要交

刘玉花和她的儿子

钱才给盖房子，不交就不盖。8 月就要我们搬。5 月 10 号一定要交。他们说有 8 万的房子，也有 6 万的房子，你不交齐，他们要么盖一半就不给盖了，要么就把本来应该 8 万的房子盖成 6 万的就让你去住了。"

女村民："这么粗大的果树才赔 50 块钱。"

记者："什么树啊？"

女村民："芒果树。还有枇杷，也是这么粗，也是给 50 块。"

女村民："芭蕉在树上挂着，给你 10 块钱。"

记者："一棵树一年有多少收入？"

男村民："年年都有 2000。"

男村民："到那边要种咖啡。"

记者："咖啡以前种过吗？"

女村民："不会种，从来没有种过。"

记者："去了就必须种咖啡？现在种的东西就不能种了？"

女村民："那儿没有水，就是种点果树。"

记者："原来一亩地有多少收成？"

男村民："1500 斤玉米。"

记者："那时候能折合多少钱？"

男村民："一年玉米可以收入五六千。现在赔的钱差不多就是一年的收入。"

记者："你们听说过别的地方是怎么赔的吗？"

男村民："三峡电站怎么赔的我们不

朱刘昌一家

和朱刘昌再见时

知道，根据云南和小关电站（那边说），要全部量。我们这儿，到房檐下就不量了，水泥地板也不赔。"

我们就这样聊着时，刘玉花给我端来一碗面，上面是满满的一层腊肉。我问她："2006年我们来时，你家楼上挂着那么多腊肉，堆了那么一大堆粮食，现在楼上怎么空了。"她说："一天到晚说搬家搬家的，猪不敢养了。那边要盖新房子，粮食卖了也凑不出那5万块钱。"

刘玉花是把家里剩的不多的腊肉都给我煮在面里了。虽然我平时不吃肉，今天却吃了好多块，是含着眼泪吃的。

朱刘昌家在这里已经住了四代人了。玉花说，我们本来生活过得好好的，也不是那么困难，不需要扶贫。我们只要我们现在过的日子。

离开朱刘昌家时，玉花抱着孩子向我挥着手说："再见，再见……"朱刘昌老人静静地目送着我……我在他家的几个小时里，2006年曾那么健谈的老人一句话也没有说。

# 9

和凤凰卫视
走《江河水》
（青海）

玉树结古寺前 1265 年写有六字箴言的玛尼石

## 为了所有的生灵

2008 年 7 月 11 日清晨,离开了北京的酷热,我与凤凰卫视《江河水》栏目组的同行们走进蓝天白云下的青海三江源。在雪中翻越巴颜喀拉山时,换上了冬装的我们还是被冻得上牙打下牙。

凤凰卫视《江河水》这次是要走长江、黄河、澜沧江的源头。走前我为此行设计的方案是除了走大江大河的源头外,还要去看看江河边的

原始森林、正在繁育后代的黑颈鹤。至于真正的长江源头姜古迪如冰川我们是不是能进去,还要靠运气,因为如果冻土都化了,车不能开进去就悬。1998 年我走进姜古迪如冰川,可是用了整整一个月。此次,我们既没有这个时间,也没有靠双腿走进去的准备。

今天的第一站是玉树的结古寺。这是一座藏传佛教中萨迦教的寺庙,松赞干布在这里留下过痕迹。藏传文化今天又让我学到的东西是,当节目编导问僧人们为什么都光着脚时,他们说,6、7 月份要光一个半月的脚,为的是不要在小

通天河支流也成了这样

全球气候变化及挖沙在江源

为所有生灵祈祷

生命刚刚出生时踩伤它们，哪怕是一花一草，也都是有生命的。

和去年8月我来结古寺，站在山上往下拍大山中的河流时相比，山下通天河的支流水又少了许多。我问寺中的喇嘛水为什么少了这么多？听到他们的解释：一是全球气候变化，雪线上升，雨水少了；再有就是河上面修了一个水坝，水被蓄在上面了。

和这些年我见人就问一样，今天我也问了玉树人，你们小时候的通天河与现在一样吗？得到的回答和我通常听到的也一样：小时候，通天河清澈见底，现在水浑了，水少了。我忍不住接着问，像这里人为干扰并不严重的地方，为什么江河也有这么明显的变化？

当地人告诉我，全球气候变化无疑对未来是有影响的，但现在明显的气候变暖，让他们的冬天比原来好过了，这倒也不是坏事。

今天去有25亿块玛尼石的玛尼堆时，玉树宗教局局长看我们对转经有兴趣，便向我们解释：这些转经的人，绝对不会是为他们自己在祈祷，一定是在为所有的生灵祈祷，包括一花一草。这是我在短短的时间里，第二次听到藏族人提到一朵花、一棵草。这是他们对一切生命的理解。

守护玛尼石的人

水边的玛尼石

不退色的玛尼石

不为自己祈祷，为所有的生灵祈祷，自己也包括在其中了，这就是青海玉树藏族人的思维方式。

看完堆成堆的玛尼石，我们被带到了通天河边的勒巴沟。据说，勒巴沟里至今仍保留着文成公主当年进藏时，随从在河边的石头上刻的六字箴言。

我们怀着对文成公主当年留下的玛尼石的好奇走进了这条神秘的沟。入口处，一个手捧鲜花的藏族妇女站在那儿看着我们。我不知道那捧花她是为谁采的，只感到了花的抢眼。

一条湍急的小溪，见证着当年雕刻者对大自然的虔诚，对信仰的忠诚。我想也应包含着守护者的真诚。

看着河边扔在地上的这些有上千年历史的石头，我问陪我们来的玉树宣传部的人："这些石头没有人捡走拿回家吗？"

"绝对没有。这些石头属于这里，它们是保佑这里的山山水水、花花草草的，为什么要拿走？怎么可以拿走？"

这个道理对当地人来说很简单，这是属于这片大山、这条小溪的石头，为什么要拿走？对我们外面来的人来说，可能就没有这么简单了。

就连我这样一个号称关爱自然的人，本来也已经捡了一块虽然不是玛尼石的白色的小石头准备带走留做纪念的。听了这段话后，我捏在手里的石头掉在了地上。随后我

它们保佑着大山

孩子在这里游戏、采花

文成公主庙前

去拉萨

请摄像师把我的这一举动拍了下来，希望我的举动可以警示更多的人。

离开这堆有千年历史的玛尼石的勒巴沟后，我们的车继续在大山里穿行了一会儿，随后我们走进了一户人家。这里的水是弯弯的，孩子是悠悠的，藏家的奶茶是烫烫的，那只藏獒竟然对我那么友好。而这一切，会和藏族同胞在文成公主庙前挂的那些哈达有关系吗？

## 走在崖壁上的石羊

7月13日一大早，一群磕长头的信徒就开始在214国道上一步一磕地前行了。为了不打扰他们，我们开始只是远远地举着相机。他们走得离我们越来越近后，我小心翼翼地问他们："你们是哪儿的人，要去哪里？"一个身材胖胖的年轻人停下来和我们聊开了，他并不介意回答我们的问题。

这位汉子说自己是个出家人，同行的都是一个家族的。其中年龄最小的只有14岁，是从学校请假出来的。他们打算用5个月的时间磕到拉萨。

"能磕到吗？"

"当然。不管遇到什么，也一定会磕到拉萨，铁定的。"

"你们路上吃住就到沿路的人家里吗？"这是我以前听说的。

"不，那是过去，现在有条件了。我们

最小的孩子只有 14 岁

破坏草场的黑毛虫

一共是 10 个人，开了一辆小拖拉机，两个表姐负责做饭，晚上搭帐篷睡觉。"

他们身上穿着的是皮的长围裙，鞋头上也包着皮子，磕头时着地的手套底部也是用皮子包着的。

从玉树出发后他们已经磕了五天。第一天 1 公里，第二天，2 公里，第三天 3 公里，第四天 4.5 公里，今天他们预计磕 5 公里。今天早上我们也是从玉树出发的，遇到他们时，我们的车开了才半个多小时。

我们的车继续向前开了，望着他们渐远的身影，我把他们那坚毅的目光留在了心里。

告别磕长头的人没多久，我们的车被一群干部模样的人挥手拦住。下车后才知道，他们是看到了我们车上写的"江河水"几个大字把我们叫住的。他们是由玉树各县的水务局局长组成的执法检查队。

接下来的采访中，我们除了从他们那儿证实了目前挖沙活动对江河破坏的严重，也在他们的指引下认识了一种目前对草场构成严重危害的黑毛虫。

我向这些水务局的领导问的另一个问题是：全球气候变化对三江源区的高寒草甸到底有什么影响？

其中的一位生态专家说，全球气候变化目前对江源的影响并不太大。而且这里是高寒地区，变暖的趋势倒使这里的冬天不再那么让人难熬了。

另外几个水务官员们说，雪少了是这些年三江源区的现实，草场退化更是让他们头疼的事。州里已经做了极大的投入希望恢复草甸。但他们越来越清楚，在这样的高寒且生态脆弱的地区，植被的恢复几乎不太可能。目前要做的只是防止继续恶化。近年来，他们靠人力种植

三江源区

的草，头一年长势还行，可哪种草也没能活过第二年。

雪线上升对这里的生态有着极大的影响，在玉树，从僧人到宣传部的干部，都把这一事实挂在嘴上。而让这些正在执法检查的水务官员更着急的，不是全球的环境恶化，是怎么治理河中的挖沙，是怎么防止草场退化。

2006 年我在渭河源头采访时，一条大江渭河已经干得像个小水沟。我采访当地的官员，问他为什么早成这样。那位官员想都没想就告诉我：全球气候变暖。可我再采访当地一位守护着渭河源"品字泉"的老人时，他告诉我：山里几个人都抱不过来的大树，全给砍了。

我们的车再次开在大山间的小路上时，大自然的美让我们从心底发出赞美。这里的海拔在 4000 米左右，人们在这里很明显能感觉到与海拔 3000 米处的温度是不一样的。就在我们一路走一路感叹时，红色的澜沧江闯入了我们

走在大山中

的视线。去年 8 月我在这里看到澜沧江时，它也是红色的。后来我写文章形容它的模样是：刚从母亲的肚子里分娩，带着血水，那么任性，那么自由。今天，展示在我们面前的澜沧江，不但颜色独特，形态也是可圈可点，有在峡谷中的穿行，有网状的散开，也有平地划个圈的圆。

囊谦县是我们今天的目的地。那里有一座也留下了文成公主影响的寺庙，叫尕尔寺。据说此庙得名于文成公主当年一位重臣的名字。而囊谦，在藏语里的意思是内涵博大。细想想，汉语里这两个字也有这层意思吧。

如今这座寺庙更引人关注的地方是那里的僧人与野生动物的亲密接触。僧人们和野生动物的距离会是多大呢？"能看到眼睫毛。"有人这样形容。

囊谦的原始森林也是江河源区罕见的世界奇观。我们的车一进入囊谦，就感到了这里的

千年古盐池

澜沧江和我们刚才所看到的不同，水边有了更多的植物。

　　为了天黑前能赶到尕尔寺，我们在囊谦县城吃过午饭就又上路了。早就听说了尕尔寺的美，但美成什么样呢？我期待的目光一刻不停地凝视着车窗外。

　　澜沧江源边上白扎乡的乡长尕玛东周是我们此行的向导，他一看就是个藏族汉子，刚开始的一脸严肃很快就被笑声所替代。我说他开的不是车，简直就是巡洋舰。因为这两天一直在下雨，土路上到处是一汪汪的水，乡长却是眼睛眨都不眨地就冲了过去。那溅起的水花，绝对像是轮船在大海上航行时掀起的浪花。

　　尕玛东周乡长告诉我们，这些池子是有着上千年历史的盐池。我不禁感叹，这里真是不管什么，动不动就有上千年。时间老人在这里留下

盐井

通天河边

走在崖壁上

的足迹是刻出来的，所以能留存得长久，或是还有其他原由？

盐池的盐水，是从上面这所小房子里的盐井里流出来的。这些盐，供给着整个康巴藏区的食用。

前往尕尔寺的路上，峡谷中的山、水、树构成了那里独到的山情、水景。而今天的江源行，就在这片山崖前，我们足足站了有二十多分钟。近在咫尺的崖壁上的石羊，对我们视若无睹，悠闲自在。

## 尕尔寺大峡谷

坐着"巡洋舰"，一路掀起一片片的"浪花"，我们的车开进了襄谦县的尕尔寺大峡谷，走近了尕尔寺。

尕尔寺大峡谷离 214 国道只有 50 公里，峡谷总长 40 公里。我们的车在这片神奇的景色中穿行时，感觉这里真是集中了高原牧场、古老盐井、原始森林、幽深峡谷、悬崖飞瀑、奔涌河流、争艳百花的大千世界。

尕玛东周乡长说，这里是三江源地区极其难得的峡谷奇观，有"江源第一峡"之称。

查了些资料后我才知道，尕尔寺大峡谷地处三江源核心区，原始森林资源丰富，阳光充足，雨水丰沛，空气清新，气候适宜，生物种类繁多。因为没有什么人为的干扰，再加上不同高度、光热条件的差异，主体景

尕尔寺大峡谷里的森林

峡谷中的绝壁

绝壁下的草场

观突出，所以峡谷里形成了"一日见四季，十里不同天"的复杂多变的自然景观。

囊谦县地处青藏高原东部，它南接横断山脉，北临高原主体，除充沛的大气降水以外，还有丰富的地表河水。这些河流都属澜沧江水系，扎曲、孜曲、巴曲、热曲、吉曲五条大河由西北平行向东南贯穿全境。

尕尔寺大峡谷内的最高温度只有 23 摄氏度左右，是三江源地区独具特色的避暑之地。全县人均水量为 6.55 万立方米，为世界人均水量的 7.4 倍，为我国人均水量的 24 倍。

囊谦现有的野生动物，其中属于国家级和省级保护的鸟兽类有雪豹、金钱豹、猞猁、石貂、藏水獭、猕猴、马麝、白唇鹿、盘羊、白马鸡、蓝马鸡、雪鸡、斑头雁等。

可惜，我们的"巡洋舰"在林子里穿行时，一定是动静太大了。除了石羊以外，别的兽类我们都没有看到，鸟倒是看到了不少。一路上不管我们是在拍照片，还是在采访，各种鸟儿都会不约而至地为我们一首接一首地唱山歌。

尕尔寺有上寺、下寺。我们的车离那儿还有好远，建在大山上的寺就已经映入我们的眼帘。

尕玛东周乡长让我看看建有寺庙的大山像什么，我放下手中的相机，真是神奇，那座大山太像一尊佛像了。

尕尔寺中现存有历史悠久的文成公主进藏时遗留的法轮"科洛通哇茸卓"。意思是"见之即解脱法轮"。现在供于寺内的这个法轮，由 15 名僧人日夜轮流转动。关于这个法轮，据说有着许多神奇的传说，可是一般人是不能见到的。

尕尔寺除了有法轮，还有我们也听说过的常来的野生动物，僧人们待它们如家人一般，天气不好的时候常常要喂些食物给它们。

因为语言上的障碍，我们要问的每一个问题都要经过翻译。可惜我们的翻译没能帮我们翻译出有关僧人和动物之间可以记录的故事，这让我们很是遗憾。不过，当我问到："刚刚我们见

草原晨云从大山上生出

到的石羊，离我们有 10 米左右，我们没敢再上前去打扰。要是你们走近了，它们会走吗？"僧人们告诉我："它们不会走。"

　　暮色渐渐笼罩寺庙，在静静的大山中，我们的耳边回响着僧人们做功课时的念佛声。而我自己也被他们的精神所感染，一遍遍地念叨开了：嗡嘛呢叭咪吽。我愿永远地为这大山祈祷，为大山中的一切生灵祈祷。

## 牦牛角马尾弦、卓根玛舞

　　7 月 14 日早上，我从出发前就开始期待我们今天要去拍摄的囊谦特有的一种古老的舞蹈"卓根玛"。

　　"卓根玛"现在是省级非物质文化遗产，正在申请国家级非物质文化遗产。

　　走进草原，我的镜头就被草原四面的大山上生出的白云吸引住了。那山、那云在夏日花海般的草原上，线条是那么柔和，轮廓是那么清晰。久居都市的人，走进这会生出白云的大山，真的要用我们这些年来爱说的一个字形容：爽。

　　卓根玛是具有浓郁的康巴藏区文化内涵的一种舞蹈。"卓"又是一种表演性很强的舞，是

草原上的卓根玛

一位 78 岁、一位 85 岁舞起来

今年 85 岁

众人参与的集体群舞。这种舞蹈队形为圆圈，节奏先慢后快，跳时不分男女，老少咸宜。风格古朴凝重，也是卓根玛的特色之一。

今日的草原，并不担心卓根玛会失传，因为那里的孩子从一出生，就在这种气氛与环境中感受着舞蹈的魅力。这辈子，他们活多久，就跳多久。有两位老人在队伍里跳时，和年轻人一样卖力气。当我们知道她们的年纪后，从心底敬佩她们的活力。

他们拉的琴是由牦牛角做的，两根弦是由马尾做成。琴头是"龙"。草原上的生活离不开牲畜，草原上的文化娱乐也和牲畜密不可分。这就是草原的文化、草原的生活。

坐在草原的花海中，我和尕玛东周乡长聊起来。他说，不杀生，是他们藏文化中很重要的精华。他说："我们草原人吃的是牛羊挤出的奶，这也是精华，而酥油又是奶的精华。外面有人说我们落后，可我们健康，我们快乐，我们丰富。这是贫困吗，这分明是富有。"

听尕玛东周乡长对富有的这番解释我想起这样一个问题，我问乡长："这儿的年轻人结婚，家里要准备办酒席的钱吗？要陪嫁吗？"尕玛东周乡长十分不解地看着我："办酒席还要准备钱吗？有多少就花多少。"我又问："要不要凑份子？"他眼睛瞪得更大了："什么是凑份子？姑娘有什么就带着什么，要什么嫁妆。"显然，草原上的生活比

傍晚的高原

孕育澜沧江的峡谷

我们想象得还简单。

现在草原上一头羊能卖400—500块，牦牛好的一头要卖5000多块。一般人家会养五六十头羊，牦牛也差不多是这个数。百分之六十的年轻人会留在草原上传宗接代。尕玛东周乡长告诉我这些时，脸上一直带着自豪。

今天中饭，我们是学着草原人的吃法，舀上一勺奶酪、两勺糖，切上一块酥油，倒上一些奶茶，再抓两把青稞面，然后把装有这些的碗在手里转、转、转，就做成了糌粑。

草原人说汉话的水平还很有限，我们的交流受到了限制。但是和他们告别时，从他们的眼光里，我看出了一上午我们之间的相互好奇与将会留在我们各自心里的是什么。

采访完草原上牧民的舞蹈，我们又开始在大山里穿行。走在这如画的风景中，多么享受啊！这时，任何语言都是多余的。

刚刚说了，在这里，所有的大江小溪最终都要流入澜沧江。在这峡谷中，可以看到大江小溪的性格是如何炼就的。那藏族人在这里雕刻下的六字箴言表达的又是什么呢？祈祷，祝福，敬仰，尊重？

我一直对拍落日有着很大的兴趣，今天高原上的夕阳自然也被我记录下来了。让我们一起来欣赏吧。

## 慧尕活佛和他的生态保护协会

2005年在北京参加阿拉善生态奖颁奖活动

敬天、敬地、敬河

时，我曾得知那年有一个青海藏区的用藏传佛教和文化保护环境的项目得了奖，当时很为他们"尊重每一个生命"的行为而感动。

7月14日，凤凰卫视《江河水》摄制组在澜沧江源立了一块写有"江河水"的碑后，请了两个活佛来念经。活动后我和其中的一个活佛聊了起来，原来他就是由北大教授吕植率领的"保护国际"在三江源开展的用藏传佛教和文化保护环境的一个项目点的负责人慧尕活佛，他也是澜沧江源生态保护协会的会长。

这天晚上，我和慧尕活佛约好第二天采访他，他愉快地答应了，并告诉我，他家就在草原

不远处的房子里。活佛住在家里而不是庙里，我不禁开始期待着明天的采访。

告别了活佛，我们在澜沧江的一条支流布曲边搭起了帐篷。夜深时刚刚钻进帐篷，就听帐篷上噼噼啪啪地响开了，我问住在同一个帐篷里的编导刘小梅：下雨了？她说，是下雨了，还不小呢。就这样，我是听着雨打在帐篷上的声音进入梦乡的。

天亮后，我被草原上的小鸟叫醒。走进活佛家时，看到一个妇女正挑着水桶走向河边。我们也跟了去。到了河边，她拿着瓢舀了三瓢水向空中泼去。陪我们一起来的乡长告诉我们，她

这是在敬天、敬地、敬河。藏族人对江河都抱有感恩的思想。所以在打水前要先敬天、敬地、敬河，然后才打水。

在家念经的活佛正等着我们。一开始他希望讲藏语，让一位副乡长为我们翻译。其实昨天我和他在江边聊时，我们是用汉语交流的，可既然活佛坚持我们也就依了。没想到我问了一个问题，活佛回答了很长的一段话后，翻译过来的仅是"按照国家法规、关爱生态环境"这样几句官话。我又问了一个问题，翻译过来的还是这样几条。我说，能不能让活佛讲点他们具体做的事，比如我听说这里的人过去都穿戴一些珍贵野生动物的皮毛做的衣服，这些年活佛用不杀生的理念向牧民们宣传保护生态环境、保护澜沧江的知识起到了不小的作用。他们还有生态文化节。文化

接受采访

节都做些什么呢？翻译告诉我，活佛这些都说到了。我说那你怎么没翻译呢。

接下来又有这么两三回合的我们提问、活佛回答、副乡长翻译。可是我终于发现，充当翻译的副乡长是要把活佛说的话修改成他平时的官话才翻译给我们听的。我毫不客气地歇了他的业，还把陪着我们的一屋子乡领导"轰"出了活佛的家，让他们先在院子里坐坐。这下，活佛的汉语虽然不是很流畅，但我们听到的起码是他自己说的话了。

慧尕活佛告诉我，他父亲当年是"百户"。我问，百户就是管一百户人家吗？活佛说是。以前只是在史书上看到过中国过去的一种官制，没想到在藏区，这一官制还在使用着。

慧尕活佛是6岁成为活佛的。他在当地老乡们的心目中威望非常高。所以他的话大家都听。"保护国际"在藏区用藏传佛教和文化唤起公众对生态的关注与保护，卓有成效。

活佛告诉我，过去在藏区，身上穿戴有野生动物皮毛的衣服是一种身份高贵的象征。很多兽皮并不是当地的，有非洲虎的，也有美洲豹的。当活佛自己接受了现代保护生态环境的理念后，就把这一理念与藏文化及宗教联系在了一起——不杀生。

慧尕活佛说："我们虽然过去自己不杀生，但我们买的不同样是被杀了的野生动物吗？它们也是生命，是生命我们就应该尊重。"

在去活佛家的路上，我们和乡长聊时，我问他："听说你们这儿的人都不穿兽皮了，那

些兽皮的衣服我在阿拉善生态奖的颁奖会上听说是烧了。你的烧了吗？"乡长说，他的一件豹皮的衣服是祖传的，他没舍得烧，而是藏在了箱底。

我问慧尕活佛："现在还有人穿兽皮吗？"他告诉我："一个也没有了。谁也不愿意做杀生的人。"

和活佛聊的时候，听得出他对自己生活在澜沧江源头的自豪。我问他知道澜沧江流到哪儿去了吗？他说是不是流到四个国家呀。我告诉他算我们中国是六个国家。我接着问："早就听说藏民不吃鱼，你们守着江边真的不吃吗？"

活佛说："鱼那么小，吃了也不顶什么用，还杀死了一条生命。曾经有人到我们这儿来抓鱼，现在不再来了，来了会有人劝他不能杀生。"

采访中活佛还说了件令他很不高兴的事。他说自己很相信政府。可现在为什么有人说是上面来的，就可以在三江源自然保护区开矿？活佛还说："我们这里过去吃糌粑，喝酥油茶，没有垃圾，可现在买来的东西太多的包装都扔在草原上了。我们保护协会的人就给牧民做宣传。我们现在每年都有一次环境文化节，我们藏族人会唱，会跳，我们就用这种方式教育大家。现在你看看，我们的草原干干净净的。"

慧尕活佛是个慈祥的老人。我们采访时，他让妻子忙活着为我们准备午饭。今年当地雪灾，活佛让周围牧民家的2000多头牛羊放到了自家的草场里。去年生态文化节时，活佛自己拿出5000块钱。我问活佛这些钱都是你的吗，他

做酸奶

晒奶酪

说也有人捐的，但大多数是他自己的。

我们告别活佛时，他给我们每个人戴上了一条哈达。我直到已经上了车、坐下了，还隔着窗户向他说着："扎西得勒。"

其实，这句话说时，我想还包含着这样一层意思：在他家打水的小溪旁，听着小溪潺潺流淌的声音，我在镜头前说：现在听到这样清脆的流水声已经是一种奢侈了。而就是在那一刻，我

澜沧江源区的河

全球气候变化在江源

雨后澜沧江

澜沧江源在挖沙

似乎找到了自己在大自然中的位置。可难道一定是只有到了这种人与自然和谐相处的地方后，才能认识到自己在大自然中的位置吗？

离开了活佛的家，我们的车在大山里穿行。大自然的美，再次震撼并感动着车上的每一个人：那些鬼斧神工的奇石，那些红色的江水，还有那宛如利刃切割的两岸……

当然，澜沧江源也有全球气候变化和人为干扰留下的痕迹。让我们也一起来看看。

## 隆宝滩的黑颈鹤

为凤凰卫视《江河水》节目设计行走路线时，隆宝滩是我特意加上的一个地方，我知道那里有黑颈鹤。现在全世界有 15 种鹤，我国有 9 种，而我国的特有品种则是丹顶鹤和黑颈鹤。黑颈鹤冬天在云贵高原过冬，夏天则在青藏高原繁育。

黑颈鹤的家园

青海的隆宝滩是黑颈鹤夏天繁育的重要栖息地之一。1993年我第一次走进青藏高原，接触人与自然这一话题并采访时，就和隆宝滩擦肩而过。那次我到了甘肃的禄曲，因为是夏天黑颈鹤繁育的季节，我看到了头顶上蓝天白云中展翅飞翔的黑颈鹤。天空中那只黑颈鹤飞翔的身姿，至今只要想起就能在我脑海里重现。

2008年7月17日，我们的车停在隆宝滩国家级自然保护区里时，我有些意外，这么重要，而且在科学界、环保界如此出名的国家级自然保护区，只有一排很旧很旧的平房，倒是院子里那

台高倍望远镜一下子就吸引住了大家。

院子外面那一大片浅浅的湖水、草地，就是黑颈鹤与它的朋友们——赤麻鸭、棕嘴鸥、斑头雁、秋沙鸭——的家。

我们用肉眼远远地能看到对面那片湿地里的活力，只是距离让我们还要借助望远镜才能看清楚它们是在水中嬉戏，还是在草中漫步。现在不是看黑颈鹤的最好季节。虽然4、5月份鹤妈妈们下的蛋，经过一个月的孵化，小鹤已经破壳出世，但它们还要在妈妈的翅膀下成长，直到秋天才能开始在妈妈的引领下学习飞翔。保护区的

文德江措告诉我们，我们要是那时来，蓝天白云中就能看到很多学习飞翔的小鹤。

看来，我们只有在想象中描绘天空中那学着飞翔的小鹤和妈妈在一起的样子了。

望远镜中，我在痴迷地欣赏斑头雁、赤麻鸭凫水的画面时，不禁也想起1996年，我从美国国际鹤类基金会访问回来后，在北京发起的中国第一次民间观鸟活动。那次在北京的鹫峰，我们看到了雨后蓝天中的"大鹏展翅"，第一次知道了什么叫猛禽，知道了鸟儿筑窝也蕴含着极为丰富的建筑学原理。

以往我们口中的老鹰，被科学家们归为猛禽。猛禽里有鹫、隼、鹰等很多种类。它们可以借着气流在天空中翱翔。它们是肉食动物，大自然中有了它们，地上的老鼠、兔子什么的就不会泛滥。

从1996年１0月第一次民间观鸟后，中国的民间观鸟已经发展到能参与和组织国际观鸟大赛，发展到民间人士也能识别成百上千的鸟种，发展到水边、林中常常留下观鸟人的身影。

不知是不是有人测量过人类与黑颈鹤相处最近的距离。1999年元旦，我们绿家园志愿者在山东荣城观大天鹅时，人与天鹅的距离是6米，当地一位保护大天鹅的中学老师说，这就是我们人类的文明程度。不过，现在世界上很多国家的天鹅是能和人站在一起的。

一只受了伤不能飞的黑颈鹤正在一户牧民家疗伤。结果，就是这受伤两个月的黑颈鹤成了我们今天在隆宝滩唯一能近距离拍摄的黑颈鹤。

踱步

很有意思的是，当摄制组的人向它靠近时，它虽然不能飞，但依然与人保持着一定的距离。保护区的工作人员文德江措拿着小摄像机说他来试试，并向鹤走去，结果一直到他走到这只黑颈鹤跟前，黑颈鹤也没有再继续拉开距离。之后，文德江措7岁的小儿子拿着我的相机走过去，黑颈鹤还是一点也没有要拉开距离的意思。我们的摄像机也因此拍到了这只受伤的黑颈鹤与生活在这里的父子俩在草地上漫步的画面。

在拍鹤之余，我和隆宝滩黑颈鹤自然保护区站长谢尕聊了一会儿。原来，隆宝滩这么重要的一个国家级自然保护区只有三个正式职工。这三个人没有一个是科班出身，而且他们连一辆车也没有。他们每天的工作就只是保护，至于怎么保护，其中包括不要让老乡家的牲畜把黑颈鹤下的蛋踩了，不要让牛、羊或狗、狼把小鹤伤了、吃了。

文德江措过去是一名老师，十多年前痴迷上保护黑颈鹤后，就天天骑着摩托车在这片湿地边转悠。他的摩托车是保护区唯一的一辆车。到了小鹤快要出生时，江措更是搭个帐篷就住在湿地湖边。

江措说，黑颈鹤太不会保护自己了，它们就能把蛋产在一片叶子上，简直是没有一点防范意识。这样小鹤的成活率就很低，可是没有办法，这就是它们的天性。

说到天性，我还知道黑颈鹤每年长距离迁徙后，它们的窝会留下来年复一年地使用。我们人类飞行要靠雷达指挥，而这些迁徙的黑颈鹤，它们是靠什么指引航向的呢？

采访中，我还知道，在这个保护区，目前没有一个科研项目，更别提国际科研项目了。现在站里用的望远镜、电脑是美国大自然保护协会送的。保护区牧民最近从世界自然基金会倒也拿到一些钱。这块湿地在没有成为保护区时，就已经划分给当地的牧民了，现在不让他们在湿地里生活是不可能的。目前能想出的办法只能是对一些家畜采用圈养的方式，让牧民们的生活尽量少地干扰鹤类和其他鸟类的生活。

其实，据我所知，在我国的各个保护区，科研项目已经是一个重要的工作内容，国际合作也成了很多保护区获得资金的重要保证。可是隆宝滩黑颈鹤自然保护区这个中国特有的鹤种保护区，却连一个科研项目也没有。在这个保护区里，如今还是靠几个人的热情在保护着世界级的珍稀鸟类。

江措和他的儿子

其实，除了等国家出台相关的政策以外，保护区开展环境教育应该也是一种应有的保护方式。1996年我在美国鹤类基金会采访时得知，饲养着全世界15种鹤的美国鹤类基金会，也是一个很受欢迎的教育基地。基金会在威斯康星州，连芝加哥的学校都预约要去那里看鹤，学习有关鹤类、鸟类的知识和湿地的知识。

香港的米埔和深圳仅一河之隔，香港学校里的学生们要想到那儿去看鸟，也是要排队的。现在像丹顶鹤过冬的黑龙江扎龙自然保护区，每年的门票都是一笔很可观的收入。

隆宝滩黑颈鹤自然保护区今后的出路在哪里？这其中涉及国家的责任，恐怕也有他们自身的问题。当然，我想我们这些关注环境、爱鸟的人也都应该出出主意、想想办法。

1996年，我在美国鹤类基金会采访时，美国的科学家告诉我，黑颈鹤是他们收集到的最后一种鹤，刚从中国运到那里不久。作为一个广播记者，我希望在那儿的时候能录到15种鹤的叫声。可是那儿的科学家告诉我，黑颈鹤自从去了后就不太爱叫，要看我的运气了。谁想到，那天我还没有走到它们跟前，就听到一只黑颈鹤叫开了。走到它的跟前时，它更是昂着头在那儿长鸣。美国的科学家诙谐地对我说：它一定是知道老家来人了。

## 野牦牛和家牦牛的婚配

7月17日成了我们看野生动物的一日。上午看完了黑颈鹤，下午我们直奔被称为长江第一县的治多县，为的是采访那儿的一个鹿场。在青藏高原上养鹿，或许是那里发展经济的一条出路。

长江的水和我们前两天看到的澜沧江的水

长江支流聂恰河

明显不同。一眼望去，那水的颜色如翡翠一般。但或许是由于阳光的反射，在镜头中它看起来更像是一条白色的大江，而不像澜沧江似的如带着血水刚从母体中分娩一般。大自然就是这样神奇，大自然也就是这么富于变化。

在前往治多县的路上，我们碰上了青海省省长到下面考察工作的车队。到了治多县，林业、畜牧、科技局的局长尼玛告诉我们，这次省长来考察，是调查国家将拿出资金用于保护三江源的钱如何花。省长要听听各县职能部门的意见。

尼玛局长很乐观地告诉我们，这笔钱对保护三江源会有用的。

我问尼玛局长，我们接下来要看的养鹿场到底养的是什么鹿。他告诉我，是白唇鹿。

白唇鹿？这可是青藏高原上的特有物种。"是人工繁殖的吗？"我问。

尼玛局长说："你们去看看就知道了。"在他的带领下，我们绕到治多县城后面的大山上。原来这个养鹿场是1956年建的，隶属于县畜牧局，鹿从最初的20多只发展到今天已经有200多只了。

说是人工饲养，其实这200多只白唇鹿根本就生活在大山上。只是每年剪鹿茸时赶下山来，剪完后它们又回到大山上。现在每年这200多只白唇鹿剪下来的鹿茸能卖20多万。尼玛局长向我们强调着，这是再生资源。

我说，这倒是当地经济发展的一个好出路。尼玛局长则说，那也要看当地的条件。养鹿场的所在地，本身也是野生白唇鹿生活的地方。现在这群鹿中，还不断地有纯野生的白唇鹿加入参加繁殖。从20多只到200多只，全是它们自然交配的，没有人为的干预。

青藏高原上天黑的很晚。已经7点多了还是艳阳高照。我们没有看到白唇鹿。尼玛告诉我们，白唇鹿还在山上，也许一会儿会下山来喝水，我们可以等一等。

在等的时候，尼玛局长把我们带到了远处山上有一群牦牛的地方。他告诉我们，在这群牦牛中有5只是纯野生的牦牛。作为局长，他对这群牦牛很是了解。他说更多的叫F1代，就是野生的父亲和家养的母亲配对生下的牦牛。

前些年，我在西藏阿里采访时，当地老乡很是不喜欢这些"杂种"，说它们从一生下来就把家里的牛群弄得鸡犬不宁。可是长江源头这儿的老乡们却十分喜欢这种杂交品种，他们认为这对改善种群质量有着积极的意义。野生和家养的牦牛共同生出来的小牦牛更强壮，体积也更大，即使卖肉也多不少呢。

尼玛局长带我们看到的这群牦牛，虽然只有5头是野生的，但因为它们已经混入家养的牦牛群中，为了避免狼的袭击，每天晚上它们也要被鹿场的工人从山上赶下来圈起来。我们看到了这群牦牛被赶下山的全过程。尼玛局长指着这群被从山上赶下来的牦牛告诉我们：这头是纯野生的，那头也是纯野生的……

野牦牛为什么要到家养牛中来"寻亲"传宗接代呢？动物中的婚配很多是靠"打"出来的，强者就可以"娶妻生子"，野牦牛也不例外。那些角斗的失败者到人类养的家牛中寻欢作乐，为家牛的种群带去了新鲜血液。

真的是很有意思。尼玛告诉我们，已经很

牦牛下山来

久了，青藏高原上家养的牦牛中，一定是会有野生种混入的。长江源头的藏族人家，家家的牦牛群中都会有这样的"改良"。野生的雄性牦牛和家养的雌性牦牛交配完了就重新回到大山上，继续着它的野性生活。至于孩子是不是和它一起回到大山上，它们似乎并不在乎。

野牦牛进入家养的种群中，还会容忍人类把它们赶下山圈起来，这是我头一次听说。

因为养鹿场里的白唇鹿老不下山，场里的两个工人爬上山，说是为我们赶赶试试，看能不能赶下山，这让我们充满了好奇。

白唇鹿也是雄性的有角，雌性的没角。这是一群以雌性为主的白唇鹿。在我的印象中，白唇鹿的姿势很是高雅。我第一次在野外看到它们是 1993 年，那次，晨曦中的它们，站在山顶排成一大排，像是给大山镶了一道金边。

寺庙里

因为天太黑了，我们没有拍成下了山的白唇鹿。

## 寺庙里的野生动物

在我写的《野牦牛和家牦牛的婚配》一文网上发表几个小时后，我就收到了北京大学生物学教授、CI - 山水自然保护中心主任吕植的来信。信的全文是这样的：

汪永晨，

看到你的江河行文章关于野牦牛和家牦牛杂交的问题，这么做可能是有害的——如果没有良好的种质资源管理，可能会最终导致野牦牛基因的丧失——即野生牦牛的消失。因此平时野牦牛和家牦牛一定要隔离生活。有意引进野牦牛配种不是不可以，但是要严防杂交后代随意混群于野牦牛中。野牦牛的丧失对于生物多样性和家畜的复壮都是损失。希望你能帮助澄清和宣传这一点。

吕植

至于野牦牛和家牦牛的婚配，6 年前我在西藏阿里采访时，当地的牧民非常头疼，因为杂交出来的小牦牛在家里的牛群中太野。而这次在长江第一县治多县采访，我也没想到林业、畜牧、科技局局长尼玛，会夸这种方式给牧民带来了效益。当时，我也问了尼玛局长，这样的交配会不会影响野生种群的基因。尼玛局长说，野外的种群还很大，这么少量的交配不会影响到野生种群。

聂恰河

黄河源头第一县

我上个世纪90年代就和中央电视台的《绿色空间》一起做过曲麻莱的节目。知道那里本来是上个世纪80年代初新迁的县址，可是搬去没多久就发现缺水又成了新县城最大的问题。

现在只要一进曲麻莱县城，就会看到这样一个巨大的标志：黄河源头第一县。

可是我们在曲麻莱住的那晚，早上起来，旅馆里连洗脸水都不提供。

尼玛说，今天长江源的大江没有干，但是小江、小河干得太多了。我问他，和他小时候比，长江源头变化大吗？他说太大了。他小时候，小河的水都是满满的，现在大多都干了。

尼玛告诉我们："我们这里不许开矿。修电站，小的可以，大的不行。大的会造成堰塞湖。现在聂恰河电站供应治多县和曲麻莱两个县的电。"

和尼玛告别时，他告诉我们，现在野生动物还是比较多的。他说如果我们有时间，他会带我们去索家乡，那里随便就能看到几十头一群的野牦牛和几千头一群的藏野驴。

尼玛还说，在离县城10公里的地方有个贡萨寺，那里常常会有成群的野生动物光顾，它们和僧人们相处得像一家人。他建议我们去那儿拍一拍。

为了拍到寺里野生动物的画面，第二天我们走进了贡萨寺这座在大山脚下的寺庙。

在内地，寺庙的概念好像和藏区的概念不太一样。在这里，大一点的寺庙，差不多就占了一大片山地。而在内地，庙常常只是几座房子，或几进院子。

贡萨寺里的活佛秋吉生前是八届全国人大代表，他在当地有着很高的威望。圆寂已经四年了，他的法身还在，且眉毛和胡须如生前一样还在生长。我问寺里的僧人，他的法身里放了什么

药吗？他们说，只是活佛刚刚圆寂时放了一些，后来再也没放过，法身之所以还保留完好，和活佛生前念经有关。现在，活佛的法身就放在寺里，我们也走近瞻仰了。而他生前坐着念经的地方，天天都有水果和点心供奉。

今天寺里来了几只白唇鹿，让我们拍到了这些家在大山里的动物和我们人类是如何友好相处的画面。

我全神贯注地拍着拍着，不小心碰到了躺在一边的两只藏獒。它们从后面追上来，其中一只对着我的腿就是一口。

我吓坏了。好在为了防寒，我的腿上穿得很厚。可能，那两只藏獒也只是对我无视它们表示一下抗议，没有使劲咬，只是我的裤子被它们咬破了，腿上留下一条印，并没有破。

尼玛局长说，他们那儿的藏獒从来没有狂犬病，不用打疫苗。我只好认同了。

我们在贡萨寺的那天，正好是阴历六月十五。这天，寺里的住持都上山挂经幡去了。

我们在寺里只看到了白唇鹿。因为是中午，藏原羚、棕熊什么的都在山上找食没下来。寺里的人说，多的时候，它们是成群结队地来的。这

和平共处

草原的沙化

草上的黑毛虫

些野生动物为什么喜欢寺庙呢？我问尼玛。他说，这里的人都爱它们，天气不好的时候，还会喂它们。它们也知道，外面没有吃的了，到这里来一定能吃饱。吃完后，它们还是会回到大山里的。

人和野生动物和谐相处不是不可能。长江源贡萨寺里的僧人和野生动物间的平等，我们能做到吗？

## 全球气候变化在江源

三江源地区位于青海省南部，总面积约 31.8 万平方公里，是世界上海拔最高、面积最大、湿地类型最丰富的地区，长江总水量的 25%、黄河总水量的 49%、澜沧江总水量的 15% 都来自这个地区，素有"中华水塔"之称。2000 年，我国政府设立了三江源自然保护区，保护区涵盖了青海省的 4 个民族自治州、16 个县，涉及近 70 万人口。

三江源生态保护区是全球生态环境最为敏感和脆弱的地区之一，由于生态系统结构简单，生态系统稳定性不良，能够忍受的外界压力比较小，一经外界干扰影响，三江源地区便会出现生物物种数量减少、种群覆盖度降低、土壤遭受侵蚀等生态退化现象，并且可能会愈来愈严重，原有的生态系统结构将很难恢复。

照片上这种小小的虫子叫黑毛虫。从

江源的草地上

玉树到曲麻莱的路上，我们看到它们遍布在草地上、河沟里和草甸中的小水面上。

前几天碰到玉树水务局和玉树州六个县的水务局局长时，他们曾特意从地上捡起一条给我们看，当时我们还没觉得草地上会有那么多。而在曲麻莱这里，我们看到草上、水里尽是黑乎乎的一片，才知道它们真是太泛滥了。当地牧民告诉我们，它们专门吸草、花叶子上的精髓，它们吸过后，草枯萎了，花凋谢了，植物随之枯萎死去。

青海省省长宋秀岩在接受新华社记者采访时说，三江源生态保护区是我国最为贫困的地区之一，也是我国最为重要的生态地区之一。对这一地区不提工业化口号，不考核ＧＤＰ增长指标，而是围绕转变经济增长方式，把保护生态和发展社会事业、提高群众生活水平作为各级政府主要的考核指标。

果洛藏族自治州是个矿产资源丰富的地

高原上的小姑娘

区，当地具有开采价值的黄金、有色金属等矿点众多，但为了保护三江源地区的生态环境，这个州在很多地区禁止开采，早年已经开发的也被叫停。

果洛州州长曾经说过，保护生态环境是三江源地区的根本政策，地方经济发展不能与生态保护相悖，在不开发矿产资源的前提下，果洛地区丰富的旅游、藏药、太阳能等资源将得到很好的利用和发展。只有用科学发展的观点寻找经济

草原上的太阳能

增长点，才能经得起时间的考验。

曲麻莱县曲麻河乡乡长多尕在接受我们的采访时，大谈太阳能在江源的作用。他们乡现在几乎是百分之百用上了太阳能。我说，听说这些太阳能板又贵又爱坏。他说，那也比修水电破坏江河好。修水电，不但断了河，还把草场都毁了。太阳能的使用可以根据自家用电的情况，家庭情况好一点的，花1万块钱装一个，电视冰箱就都能用了。牧民们过的是游牧生活，用太阳能最划算。"宋秀岩省长前天来了说要保护三江源，要有一笔钱给我们三江源，发展太阳能就是保护三江源。"多尕说。

多尕是土生土长的江源人，对江源，对自己的家乡，他和我有一个极为相同的想法，要是能恢复到自己小时候那样就好了。我曾接受过凤凰卫视主持人曾子墨的采访。她就问过我，我的理想是什么？我告诉她，希望大自然能恢复到我小时候的样子：北京的天空是蓝的，北京天空上的云是白的，北京河里的水是清的。不知我和多尕比较起来，为了自己的家乡能恢复到各自小时候的模样，谁做起来会更难？

我是从1998年随中国第一支女子长江源考察队进的长江源，也是从那时开始关注三江源。当时在我的采访中，中科院院士、冻土学专家陈国栋告诉我，青藏高原是解开地球奥秘的钥匙。青藏高原上的温度有一两度的变化，对全球来说，变化可能就是三四度。陈国栋还说：青藏高原也是全球气候变化的实验室，是很多科学家聚焦的地方，如果这里改变了、破坏了，受到影

江源的今天

响的就不仅仅是三江源，也不仅仅是中国，而是全球。

气象数据显示，近四十年来，长江、黄河源头地区的年平均气温呈显著变暖趋势，每10年分别平均增高0.06℃和0.08℃，而同期内降水量则明显减少，平均每10年降水减少5至7毫米。另据资料显示，由于气候变暖，目前长江源区的冰川正从多年略有前进的稳定状态向不利的方向发展，出现了萎缩现象。专家认为，冰川进一步萎缩必然会加剧生态环境的恶化。

中国科学院西北高原生物研究所的专家说，气候暖干化的发展趋势，不可避免地要引起三江源地区植被退化、冻土和冻土环境退化以及荒漠化等现象。从总体上看，气候条件的变化对区域植被的控制影响是明显和持续性的。因此，三江源地区植被退化的演替过程将是漫长的，并可能日趋严重。

玉树藏族自治州曲麻莱县气象局的监测数据表明，近年全县常年性积雪已经减少了95%，域内50%的河流断流，没有断流的河流流量减少了50%。玉树、果洛两州中度退化的草场达

1.5 亿亩，占区域可利用草场的 64%。上世纪 90 年代与 80 年代相比，长江、黄河、澜沧江的年平均流量分别减少了 24%、27% 和 13%。

全球变暖、鼠害猖獗、草场退化，三江源地区共有 16 个县，其中 7 个是国家级扶贫重点县，另有 7 个县是省级扶贫重点县；全区牧业人口 40.89 万人，75.5% 是贫困人口，成为不折不扣的"生态难民"。

而生态恶化引发的经济上的负面影响还不止这些，国家投资 7000 多万元建设的黄河源第一电站，在运行不到一年后，因水源不足而停止运营。近年来，黄河不断出现断流，来水量减少，给黄河中下游地区乃至全国经济、社会的可持续发展造成了难以估量的损失，工农业用水紧缺、水电站发电量减少等，成为制约经济发展的瓶颈。

这张雪山下的照片拍完后，我们的车停在了这片沙化的草原上。10 年前，我随中国女子长江源考察队到江源时，同行的中科院山地灾害研究所的唐邦兴教授对一小片沙化的草场忧心忡忡。今天，如果唐教授再看到这样大片大片的沙化草场，不知会作何感想。

而我，除了拍下这些照片，记录下这些变化，还能做什么？车在雪山下，在正荒漠化着的草原上前行时，我问自己。

运动会

在高原上，"好好学习，天天向上"是写在大山上的。

## 藏羚羊通道和青藏铁路

青藏高原上孩子们的运动会真有意思。一

开始，孩子们先把自己的运动服翻过来，拉上拉锁放在跑的路上，然后开始赛跑。跑到自己的衣服那儿时，把衣服翻过来，穿好。再接着跑时，是拿着一把小勺，小勺里放着一个乒乓球。跑完这一段路程后，是在一个桌子前穿针引线。不过老师会帮忙扶着哆嗦的一双双小手。穿上线后，从桌子底下爬过去，再拿起跳绳跑完最后的路程。又穿衣服，又引线，还有跳绳，这样的赛跑是不是高原特有的我还真不知道。

高原上脸晒得红红的孩子们，在海拔 4000 多米的高原上跑起来也有点喘。我们也试了一下，跑不了几步就不是一般地喘了。

7 月 19 日，我们送走高原上烈烈的夕阳后，到达了索南达杰站。十年前我来过这里，这回第二次走进索南达杰站，一是亲切，二是感叹。当年这个站是由野牦牛队的人值班，和偷猎者较量着。日子虽然艰苦，但每一个野牦牛队队员都顽强地守在这片荒漠中。今天，偷猎者已不像当年那么猖狂了。值班的人也换成了国家正式工作人员。屋子里暖暖的，我在灯下写下这些感慨时，脑子里想着，索南达杰会地下有知吗？

站里现在的任务之一，是救治在野外发现的病的、伤的小藏羚羊。

第二天早上，我们看到了保护站的"羊爸爸"是怎么给小羊喂奶的。据说，小藏羚羊比一般家养的大羊吃得还要多很多，这可能和它们善跑的天性有关吧。

藏羚羊，野生的就是野生的。它们虽然才一个月大，但除了"羊爸爸"，它们是不让别人

羊爸爸

靠近的。不过也有例外，一只叫音音的小藏羚羊，在"羊爸爸"吹了口哨后，竟然就善解人意地朝着我们跑过来，向我们示好。

这些年我一直关注着，青藏高原上铁路边的那些藏羚羊通道，藏羚羊开始走了吗？铁路两旁的植被恢复得如何了？

7月不是藏羚羊过通道的季节。每年的5、6月份，怀有身孕的母羊们会穿过通道，汇集着朝可可西里的措内、太阳湖走去。最大的羊群能有几万只，很是壮观。藏羚羊妈妈去生子，直到10月才离开湖边。那时的小羚羊已经能和妈妈一起长途跋涉回到越冬地了。

有意思的是，小藏羚羊最开始过马路时，不知黄线为何物，每每过时一定要跳过去，过的次数多了才知道不用跳也能过去。

夏天的湖边，人一般是进不去的。以前盗猎猞猁时，盗猎分子都是在冰还没有化时就等在那儿了。现在，虽然盗猎行为已经受到打击，但是非法开矿的人还在和高原的大自然抗争着。希望能有用法律制裁他们的那一天。

母羊生子及抚养新生儿长大期间，前一年生的小藏羚羊就由爸爸们照料了。

我们没能拍到很大群的野生动物是一个遗憾。藏羚羊我们也只是远远地看到过，拍到比较多的是藏原羚。火车通过时的画面，在高原上挺好看的。青藏铁路风火山冻土观测站站长常正功在接受我们采访时，一再地对他们从1961年就开始的冻土研究，其中29个科研项目都用在了青藏铁路的修建中，表示着自己的自豪。

江源的藏原羚

昆仑山口

三江源区

可以说，"青藏铁路的建设是中国铁路史上最注重环保的一个工程。尤其是在穿越青藏高原冻土地带和生态敏感地区时，开始考虑到了高原脆弱的生态系统，并为野生动物预留了迁徙通道。青藏铁路上运行列车的设计也充分考虑了环保的要求。"

北京大学教授吕植在青藏铁路开通后，与她所领导的"保护国际"一起提出了：怎样才是青藏高原绿色旅行？吕植认为，绿色旅行的游客应当对高原独特的生态、文化、野生动植物有所了解，对青藏高原生态保护的相关法律法规有

所耳闻，知道自己应当怎样去做。吕植认为，如果有更多的人这样做，就能减少由于游客数量增加，给高原生态带来的压力。

吕植还建议游客要用心体验只有在青藏高原上才能体会到的独特经历。比如学会观察，带上望远镜，可以帮助自己体验发现野生动物的惊喜。"青藏线上经常可以见到藏羚羊、藏原羚、藏野驴等难得一见的野生动物，但是它们的肤色和草原接近，不容易被发现，需要用心观察。但只要看到一次，以后就容易多了。青藏高原上还有许多特别的鸟类，比如翼展能达

到 3 米之阔的兀鹫和胡兀鹫，冬天在拉萨附近还能看到我国特有的黑颈鹤在湿地越冬。难得有机会来到青藏高原，人人都会争取拍到更多精美的图片，但是，应该和动物保持一定距离，即便为拍照，也不要去惊扰、追赶或吓它们。"吕植解释道："人的接触和对动物的亲昵，都有可能对它们造成伤害，远离它们才是最好的爱护。"

2002 年我到西藏阿里时，还听西藏林业厅的卓玛告诉我，如果在高原上驾驶汽车，不要碾压草地。因为高原上的植被生长很慢，一旦破坏很难恢复。青藏高原特有的野花、野生植物是旅行中的另一个精彩篇章，不妨用相机或笔记录下来，为记忆添加一抹奇异的色彩。也可通过和当地人交谈，了解不一样的文化传统和生活方式。到了西藏一定要尝尝酥油茶和糌粑，这是藏文化的重要内容，而且酥油茶还可以防止嘴唇开裂。

明天，我们将要走近沱沱河。10 年前，我们中国第一支女子长江源考察队曾在那条大江中练习过漂流。那时的水势之大，让不会游泳的队员生怕船翻了掉在水里被淹。可去年《南方都市报》上有文章说，那里已经季节性地断流了。

## 站在干涸的沱沱河上

1998 年我站在沱沱河大桥边时，见到的是一江大水。

10 年后的今天，当我站在沱沱河里时，怎么也不能相信这就是我 10 年前几乎不敢下水的

1998 年站在沱沱河大桥上

孕育江源的山

2008 年站在沱沱河大桥上

大河里都长了草了

生活在大江边

沱沱河。那滔滔的江水到哪里去了？

这位 66 岁的老人对我说，他生在沱沱河边，长在沱沱河边，以前吃水出了家门就打回来了。那时，大河里的水可以到远处的山脚下，现在吃水要走上一会儿去挑了。住在江源却缺水，这是他怎么也想不通的，至于为什么？他说自己就说不好了。

2007 年 11 月，《南方都市报》在系列报道中国水危机《长江源头面临断流危机》中曾经说过：沱沱河的水为 20 年来最少。当时报纸上还登了一张照片。可是因为不是亲眼所见，我还是有些不信。"水深危险，严禁下河。"

前一天晚上我们到各拉丹冬时，雨大得车上的雨刷都刷不过来。可是第二天早上再看沱沱河，真的没想到，那些雨落下来难道就都渗入地下了？一点也没有形成地面水流。

早上吃饭时，来这儿已经 18 年的四川籍饭店老板说："沱沱河快没水了。从来没想到沱沱河会干。"我问她沱沱河干了有多长时间了，她说也就四五年吧。

今年冬天，江源刚刚遭遇了雪灾，入夏以来，雨水也不少。"可是往年水最大的时候，河水可以漫过公路桥，现在来的人都说：'长江源头也断流了'。"这位老板很是不解地和我们说着。

地质学家杨勇这些年一直在考察长江源头的冰川。2006 年夏季他到达姜古迪如冰川时发现，与 20 年前的照片对比，冰川退缩了二三百米，而冰舌前端的冰塔林几乎完全

江源冰山（1993 年摄）　江源冰山（1998 年摄）

消失了。

杨勇 2007 年在我们绿色记者沙龙上讲他的江河考察时告诉我，我在姜古迪如拍的这两张照片上的冰川已经完全融化了。

"冰川消融加快是一个很危险的信号。"杨勇认为，不仅长江正源沱沱河，而且南源当曲也主要靠唐古拉山的冰川融水滋养。他预测：照此下去，江源水系的分布格局可能会改变，甚至令源区河流失去补给，导致"中华水塔"走向荒漠。最终形成与可可西里荒漠区、塔克拉玛干大沙漠、罗布泊戈壁相连的干旱区和沙漠带。

青藏高原是这个星球上最敏感的一块皮肤，中国 8 成以上的冰川盘踞于此，随着气温的逐年升高，冰川正在快速消失。中科院寒区旱区环境与工程研究所蒲健辰等专家在 2004 年的一项报告中指出：近百年来，青藏高原的冰川虽然出现过两次退缩减缓甚至小前进阶段，但总体过程仍呈明显退缩趋势，特别是上世纪 80 年代以来的气候快速增温，使高原冰川末端在近几十年快

沱沱河大桥下

速退缩。

干旱正在高原上蔓延，从可可西里到各拉丹冬，从当曲沼泽到巴颜喀拉山，河流一条接一条地干涸，湖泊一个接一个地消失，冰川退缩，雪线上升，草原变成了荒漠，连片的沙漠吞噬着大地。最新统计表明，近十年来，青海的湿地水域总面积比上世纪 80 年代初期下降了 21.4%，达 68.34 万公顷。素有"中华水塔"之称的三江源地区的生态环境正迅速恶化，长江黄河之源面临着一场迫在眉睫的危机。

## 三江源的今天告诉我们的是什么?

7 月 11 日至 7 月 21 日，10 天的三江源之行，给我留下了难忘的印象。

大江大河源头的美，不是亲临其境，实在是难以想象的。它的浩渺、它的空阔、它的色彩、它的多情……

在江源，我常常为这些五颜六色的小花所感动。在气候那么残酷、空气那么稀薄的地方，

大河本是鱼的家，现在却成了鸟的巢

它们不离不弃地盛开在山间、河畔的每一个角落。不管是什么环境，都展示着自己的青春，展示着自己的美丽。

缀着野花的稀疏小草，供养野生动物是充足的，却不足以承载家养的牛羊。家养的牛羊活动范围小，又是群体放牧，没有茂盛的草场，难以适应需求。野生动物活动范围大，一天内能迁徙数百公里，只要可以找着野草，就能生存下来。前两年，人们曾说，过度放牧是草场退化的重要原因，而现在，人们越来越发现，全球气候变化对高原的影响之严重，使得草场退化、河流干涸，超出了人们的想象。

2008年的7月是我第四次走进长江、黄河、澜沧江的源头了。无形中似乎有一种神力在牵扯着我，一次又一次地走到它们的身旁。可是，近年来每次去江源，我也都感叹着当地的变化：动物少了，水少了，人多了……那里的神秘让人向往，而现实又让人失望。

有报道说：四十多年来，三江源地区年平均气温总体上呈显著的上升趋势，累计上升了

曲麻莱因缺水被废弃的老县城　　　曾经的楚玛尔河的傍晚

1.2℃，其中黄河源区升幅最大，上升的速度可达每10年0.42℃。长江源沱沱河镇居民对气候变暖也感觉明显，根据沱沱河气象站的资料，2001年7月，当地的平均气温为9.1℃，而到2006年7月，平均气温则升高到10.3℃。天气热了起来。

除了全球气候改变以外，人为的干扰也在加速着江源的改变。

此行离开三江源的那个晚上，我在长江源一片正在挖沙的江边拍到了两张照片。空中的火烧云告诉我：这里的大自然还有着其独特的本色。这里被人为地从大江里挖出来的一堆堆的江沙似乎又在问我，人类对大自然除了索取还有别的吗？

2007年，美国前任副总统戈尔导演的一部关于全球变暖的影片夺得了奥斯卡最佳纪录片奖，该片名为《难以忽视的真相》。当气候变暖从预言变为现实，科学家们把目光投向这一影响人类生存的环境问题时，我们是不是也应同时注意，这被改变了的生存空间，改变的原因也和我们自己有关。长江正源沱沱河那已干了的河床里的新生命，或许和我、和你都有关。

# 10

## 深情的依恋
### ——怒江

温泉中（汪永晨摄）

2004年5月16日，在北京《中国改革》杂志的会议室里，生于长于怒江边上的三个中国青年政治学院的大学生激动地对要"留住怒江"的城里人说："我们那儿还在刀耕火种，家乡的人太穷了。修水坝是我们那儿摆脱贫困的唯一出路。"

关注怒江8年来，这三位学生的话一直响在我耳边，在我心里。

## 2004年2月：温泉、溜索、桃花节

2004年2月15日，一群城里人怀着双重心理，走进了令人心仪已久的尚未开垦的怒江。

没想到就在我们走进怒江伊始，正调动了浑身全部的器官——看的、听的、闻的、行的、想的——要好好地感受美丽的怒江时，却听到了这样一个故事：一位云南摄影爱好者在怒江边拍到了在那里已经延续了400年之久的"澡堂会"的照片。这个在山坡上的温泉，至今还是男女同浴的。

"澡堂会"是指每年春节，家住江边的人（有的甚至要跑上百里之遥）拖家带口来到这里，洗去一年的旧尘，以洁净的身心迎接新生。这位摄影爱好者拍摄的澡堂会的照片，送到国际摄影展上后，一下子就把评委们深深地打动了。于是大赛的桂冠戴在了这位摄影人的头上，丰厚的奖金和兴奋的心情陪伴着他回到了故乡。出乎不光当地人，而是所有人的意料，这位也是生于长于云南的摄影人做出决定：给那个蓝天白云之下、泉华地貌之上流淌着的温泉盖间房，门口设了收票处。

温泉被盖上房子后，票钱虽不贵，可来的人越来越少，因为"澡堂会"不再是"原汁原味"的了。这位摄影人倒也不着急，因为他的目的不是用此赚钱，而是怕有人拍出更好的照片

钙华地

盖过他。

听到这个故事后，同行的人猜想：那里一定是美绝了，要不怎么什么人拍都有获摄影大奖的可能呢？

同行的人也感叹，大自然在每个人看来，真的会因其地位、经济状况、文化背景和修养的不同，而造成理解也不相同吗？在大自然中，有人要与之和谐相处，有人要欣赏它的美，有人要靠它吃饭，有人要靠它发财，也有人要占有它……

就像我们执着地要保护生物多样性一样，人的多样性，也需要宽容对待。

今天怒江边的"澡堂会"还有它处。今天怒江的风土人情，与外面的世界依然有着诸多的不同。去怒江之前，让我们最着急的是，那里要修十三级水电站，自然生态给毁了怎么办？而走在怒江边，坐着溜索，喝着同心酒，泡着田间地头的温泉，烤着火塘里的塘火，听着男男女女唱山歌的那一刻，自然和风情交织的情韵，在心中点连着点、线连着线地织起。

天堑变通途靠什么？桥。这是山外人的思维方式。山里人要过江，是在两山之间架一根铁索，一边高，一边低，手里抓着把草控制速度，一溜而过。为了体验一下穿越峡谷的感觉，我勾上铁钩子，绑上布带子，坐在簸箕似的小筐里，两手紧紧地抱着小伙子的腰，嘴里不停地问着"没事吧？没事吧……"心跳在越来越快时，眼睛还是忍不住地往下看了看，峡谷之间的江水，于铁索已是万丈深渊。

吊在空中穿行于峡谷间后，同行的人众口一词：连溜索都敢溜，还怕什么呢？

沿江走时，一个集市边的两位妇女脸贴着脸，手搂着脖子，举着同一个杯子，正摇头晃脑地边喝边哼着小调。我们把车停下来，拍下了这被称为"喝同心酒"的场面。这是当地人的习俗，赶集卖了钱，打一壶酒，一同赶集的人一块搂着脖子喝光，以示乡亲间的友谊。对于这一习俗在怒江边是从什么时候传开的，我们问了好多人，回答都说是：祖上。

怒江边上，我们城里人没见过的事，真多！

在怒江第一湾丙中洛的那个夜晚，刚刚为我们唱完歌、跳完舞的刘吉安一家人，把火塘里的火拨得苗子往上蹿了后，围坐在一起往我们的碗里倒着酒，倒着酥油茶……

溜索

喝同心酒

"唱歌你们从小就会？"

"从小就会，跟大人唱就会了。"

"乐器呢？"

"乐器也是跟大人学的，没有培训过。"

"你是这儿的人吗？"

"不是，我是嫁过来的"。

"什么族？"

"怒族。"

"你男人呢？"

"傈僳族。"

"你们多呆几天吧，我们这儿的桃花节可好看了。今年是第三届了，从 2002 年开始的。"

"人多吗？"

"多得很。闰二月，快了，每年都举行。"

在怒江边的塘火旁，喝着一碗又一碗酥油茶闲聊，屋外的山泉与松涛声涌入耳际时，我脑海里闪出了这样的念头：在美国，印第安文化被越来越多的人视为富于个性特征的本土文化遗产。但现在印第安文化已经被不断地博物馆化和旅游市场化，渐渐蜕变成为一种与生动热烈的实际人生和活生生的生命没有生死相依关系的"死"文化。与印第安文化，与美国黄石国家公园等世界自然遗产地相比，怒江区域众多的民族和文化，是完全可以它的活力令人骄傲的！

怒江生物多样性和民族文化多样性的相互依存，当地人沿袭着的古老的生活方式和习俗，是今日怒江的根。没有这些文化的特殊、传统的多样，今天怒江流域的生物多样性能如此独特吗？而我们对这些独特又知晓多少呢？

如果当地的老乡知道要修水坝他们就得搬家，就没有了温泉、没有了溜索，也没有了桃花节，他们还会像我们问他们愿意修水坝时回答得那么爽快肯定吗？包括那三个在北京上大学的学生。他们知道大坝会给怒江带去什么吗？

当今这个世界，源于宗教间争端与种族间分歧的战争不胜枚举。而我们这些城里人走进今天的怒江，立刻就能感受到 6 种宗教信仰——本土教、道教、藏传佛教、回教、天主教、基督教在这里的和睦相处。

自己搭配

滇西北丽江地区、迪庆藏族自治州、怒江傈僳族自治州行政区内，怒江、澜沧江、金沙江三条大河并流而行，世称"三江并流区"。这里居住着纳西、傈僳、藏、白、彝、普米、怒、独龙等 22 个少数民族，是世界罕见的多民族、多语言、多文字、多种生产生活方式和多种风俗习惯并存的汇聚区，是中国乃至世界民族文化多样性最为富集、历史文化积淀极为深厚的地区之一。

国际自然保护联盟（IUCN）在提名"三江并流"为世界遗产地的评估里这样写道：这里的少数民族在许多方面都体现出他们丰富的文化和土地之间的关联——他们的宗教信仰，他们的神话、艺术等。为此，2003 年 7 月 3 日，"三江并流"被联合国教科文组织正式批准为世界自然遗产。

这里丰富的文化和土地之间有着关联，有资格参加评选世界遗产的专家们，一语道破了天机。

中国是多民族的国家，有 55 个少数民族，这些少数民族可以按族群分为：氐羌族群、百越族群、百濮族群、苗瑶族群等等。

用人类学家的语言来形容，怒江流域是"民族走廊"。什么是民族走廊？即"诸多民族和族群历史上频繁迁徙和流动的路线"。中国 55 个少数民族在这条走廊上占了一大半。

在民族走廊形成的时候，历史上诸多的民族群体来到这里，他们往往把这里看成是一个"客栈"，暂住下来。一旦有新的"过客"来了，他们就会和平友好地让出地盘，自己再去寻找新的居住地和家园。例如，怒江中上游的高黎贡山上，早期有许多景颇族和傣族居住着，后来傈僳族人大量地迁徙进去，景颇族人就翻过高黎贡山，向西发展去了，傣族人则沿江而下，到下游去寻找更加肥美的土地。没有激烈的争夺，没有太大的战争，直到从西北方向迁徙来的傈僳族渐渐地遍布了怒江西岸的高黎贡山。

农家

江边的铺子

大山夹峙的怒江

人类学家认为，一个民族群体在迁徙中，不一定有明确的目的地，往往是走走停停，哪里好了，就停下来暂住，住得惬意了，就把它当做自己的家园。怒江以东的怒山和云岭，在迁徙者的眼里历来都是一片片美丽的世外桃源。那时，无论是谁来到这里都像是发现了洞天乐府，忍不住留下来生根、开花、结果。

怒江虽因怒族而得名，但至今中国境内的怒族人口也仅为3万左右，还算不上怒江峡谷中的主体民族。怒江峡谷的主体民族是傈僳族。在云南西北部以怒江峡谷为中心的行政区域就叫做怒江傈僳族自治州。

傈僳族属于古代的氐羌部落，他们的口碑中"记载"着他们的祖先来自"忙垄王金"，在傈僳语中的意思是"无法被水淹没的高山"。就是说，即使整个世界都被淹没了，只要还剩下一座高山，"忙垄王金"就会露出水面，因为它就是崔巍的青藏高原。这些氐羌部落的先民们以狩猎和采集为生，后来学会了驯养和放牧。为了获得丰足的猎物，为了追逐丰茂的水草，他们一直在世界屋脊的高原上迁徙、流浪、漂泊，不断地寻找新的家园。他们早就习惯了不断地用脚底板来书写自己民族的历史。他们走呀走，一边走一边分化为不同的族群。分化出来的傈僳族先民拿着弓箭、赶着畜群、沿着大江逐水草南下，进入了四川雅砻江、金沙江两岸的广大地区。

走进怒江这一"民族走廊"，我们这些来自城里的记者，初次踏入路边两个姑娘的闺房，看到的是她们身上色彩搭配得艳而不俗、丽而不奢的服装，感受到的是怒族姑娘脸上掩饰不住的桀骜不驯和独龙族姑娘脸上时隐时现的羞涩。

走出闺房，怒族姑娘向我们"显摆"她们在怒江边捡到的带着各种奇特花纹的石头。细细看来，石头上被水冲画出的图案有的像是"拉琴人演奏着大山的旋律"，有的分明就是"小鸟登枝在石崖上鸟语"，还有的不用夸张就能形容为"泾渭分明的地图"……

我们一边挑着这些石头，一边也感受着大山里怒江边的石头给姑娘们的生活带来的财富与快乐。

央视记者臧公柱说：住在大山里"光着屁股"的人，也许没有心情去研究穿衣的搭配，但这不证明他们就不懂。大自然对人类审美的影响，不是照本宣科，是山形的变化，是水色的转

怒族与独龙族的姑娘

换，是动物的奔跑，是植物的轮回。问题的实质是，用脚底板书写历史的时代已经过去，我们怎么能让住在怒江边上的人不再光屁股？

《中国环境报》记者熊志宏说：不管怎么说，这里人的生活是快乐的。有一个故事，一个富翁在海边晒太阳，他看到一个穷人也躺在沙滩上晒太阳。富人问穷人，你怎么不去打鱼？穷人

说，我为什么要去打鱼。富人说，捕了鱼可以卖钱。穷人说，我为什么要钱？富人说，有了钱你就可以住大房子，可以有车。穷人说，我为什么要大房子、要车？富人说，有了大房子，有了车，你就有了幸福生活。穷人说，为什么要幸福生活？富人说，那你就可以像我一样到海边来晒太阳了。穷人说，我不是已经在海边晒太阳了吗。人们给这个故事起名为"直接进入好生活"。

当我们走到一座不喝酒就不让进大门的山寨，被老乡们热情地劝酒时，山寨里一个小伙子指着腰上挎着的雕刻精美的古刀说，这把刀传到他已经整整18个年头了时，他们脸上的那份幸福是溢于言表的。

怒江中上游的高山峡谷没有平坦肥沃的土地，人们为了种上簸箕大的一块苞谷地，常常要冒着极大的生命危险像猿猴一般攀岩登崖。有一次，一群国际友人沿怒江而上，陡峭绝壁的山腰上一块不大的苞谷地突然吸引住了他们的目光，大家一边惊叹一边摇头，谁也回答不了这样的问题：主人是怎么攀到那里耕种的？

其实，凡在峡谷里走过的外人都会奇怪，这样的山，这样的水，到底有什么魔力，使得这个以迁徙为常态的民族安定下来，与一块起伏不平的并不富裕的土地结下了永久的缘分？

也许，除了一些客观条件制约下的无奈选择之外，还应该有其他的答案。答案不在山，不在水，而在傈僳族的灵魂之中。这是云南民族学家黄光诚的观点。

一般认为"傈僳"之名是从傈僳语"礼耻苏"演变而来的。礼耻苏的意思是"住在山林或山区中的人"。从青藏高原到川西河谷，再到澜沧江、怒江峡谷，数千年的迁徙、行走，他们都没有离开过高山。山林河川哺育了这个民族，这个民族深深地依恋着山川。傈僳族的氏族图腾一般都取自山林河川之物，如熊氏、虎氏、鸟氏、鱼氏，这些都与渔猎有关。而蜂氏、竹氏、茶氏、麻氏、荞氏等则与山地采集和种植有关。傈僳族人在山林里生存的能力是一般人难以想象的，即使只有一个人，他也能凭着一把刀、一壶酒（当然有一支枪或一把弓箭更好）在虎豹出没的原始森林里游刃有余地生存下来。

山林与峡谷为生活其中的傈僳族人注入了坚强与刚毅。

如果说，怒江峡谷对血液中流淌有"另找新天地"传统的傈僳族及其他民族来说，曾经是一个"客栈"的话，那么经过数百年之后，那里已经成了他们的"家园"。

## 跨越时光的栅栏

有人说：过去生活在怒江和澜沧江峡谷里的民族群体，一代一代地传衍着，而这一代代的人们又总在重复着上一代人生命的轨迹。江河与大山似乎是一道道时光的栅栏，挡住了时代运转的车轮，分隔出了一个个鲜活的历史文化博物馆。直到20世纪中叶，在那里你还可以览遍人类历史进化链条最前端的各个环节，可以身临其境地目睹在古岩画上、在线装书里所记录下的那些情景。然而谁又能否认：正是因为有了这些时光的栅栏，才留住了活的文化博物馆。

时光隧道延伸到了 21 世纪，怒江流域还没有做过一次全面的生物多样性的本底调查。从 1978 年十一届三中全会后算起，政府对那儿的投入不到 10 亿人民币。别说 10 亿人民币，就是 10 亿美金在北京、在上海又能干什么呢？

在丙中洛怒江第一湾，我们举着照相机，正大拍特拍碧水中金色的太阳与黛粉色彩重笔涂抹的天上夕阳交相辉映时，刚刚赶集回来的几个老乡绕着山间小路也来到了江边。

就是我们在路上碰到的赶集归来的这三个中年妇女和两个小伙子，他们站住脚，一张嘴出来的声就是四个声部的小合唱。那声音与大山撞击后，又融入了大自然的回响。

他们告诉我们，我们拍日落的雪山叫尼玛拉卡。和我们分手后走了没几步，其中的一位妇女又停下脚步告诉我们，明天早上我们要是想拍日出，就要到对面的嘎拉嘎布雪山了，那是个千年不化的雪峰。

夕阳中，我们一边挥手感谢着她，一边静静地欣赏着他们远去了，却还留在大山里的歌儿。

那天晚上，我们和村里人一块在一家宽敞的院子里唱歌、跳舞。跳了一会儿后，我们和这家的男主人坐在火塘边拉开了话匣子。

他叫董文华。我们问他："知不知道唱歌的董文华？他说："知道，那是女的。"这个过去打过猎的汉子告诉我们，关于大山和江水，怒江人

怒江边的老人（汪永晨摄）

傍晚的怒江

有自己的很多讲究。山水的名字也多和太阳的升落、季节的更替相关。

董文华告诉我们，眼下采药是他们生活的来源之一。特别是每年的 7、8 月份，周围的林子里野花正在开放。不过上山的事，女人是不许去的。

董文华给我们讲了他进山碰到过的一件事。他说，他们家乡的山里有三个神湖，这三个湖之间有石头相连。那次进山，一个同伴不小心一脚踩下去，把两个湖畔之间的石头踩到湖里一块。

17岁的妈妈

结果，湖面上一下子就起了波浪，没过几分钟冰雹就叮当五四地下来了。他们吓得忙跑到对面的小山洞里躲起来。董文华说，他早就知道在山里不能大声说话，会惊扰山神、湖神，没想到那么灵。董文华和我们说到这些时，脸上的惊恐状还是说来就来了。我们听说过在攀登珠峰过冰石林时不能大声说话，空气稀薄和高海拔使得那里的地质结构十分脆弱。

怒江边，一位叫李文珍的怒族姑娘告诉我们，她现在17岁，过了桃花节就18了。我们问她："最高兴的事是什么？"她说："最高兴的事情是三江并流申遗成功了。"我们问她："为什么

成为世界自然遗产那么高兴？"她说："申遗成功以后人来得就多，我们就有生意做了"。这位未满18岁，在我们看来还是孩子的姑娘背上背着个小小的孩子。当我们问"是弟弟还是妹妹"时，她把头扭了过去。从那羞涩的笑容里我们猜到，她已经是妈妈了。

这位年轻的妈妈还告诉我们："这里接待旅游已经有两年了，有了游客生活好多了。以后要是能不种地就好了，山上种粮食挺难的，要爬大山。接待旅游，一年挣一两万没问题。"

在怒江的石门关旁，我们正赶上一家人家在盖新房。乡里乡亲们手里递着石板，嘴里唱

这老少四代都能用傈僳语唱赞美诗

着号子。一位皮肤黑黑的姑娘对我手中的录音机挺感兴趣。我问她是什么族？她说是藏族。从小就住在这儿吗？她说不是，是找他来的。说着她指指站在房顶上的一个小伙子。原来，小伙子到西藏玩时遇到了这位豪爽的姑娘，玩完了刚回到家，姑娘就追了过来。

怒江边，民居房顶上的"瓦"是当地的石头。一片一片的石头薄得像一页页的书，当地人形象地叫它书石或页岩。藏族姑娘告诉我们，盖新房时，老房子的旧石板就不再用了。同行的一位记者问她："这么好的石板还可以卖吧？""不，送给生活困难的人，为什么要卖？"姑娘张嘴就来的一番话，说得我们这些城里人不知道该怎么应答。是他们没有经济头脑，还是我们已经不知何为友谊、何为情意……

怒江边的一景，让我们同行的不管是专业摄影家还是业余的摄影发烧友都举着相机比画了半天，那就是坐在江边竹楼前的织女。她们织出来的布，色彩搭配得像天上飘逸的彩云。

傈僳语四声部合唱

织出彩云

"这布干什么用？"

"可盖，可铺，也可穿。"

"一块能卖多少钱？"

"三四百块钱。"

"要织多长时间？"

"快一点十五天。"

"是不是这儿的女人都会织？"

"不是。"

我们问的这位叫宁丁的妇女当姑娘时就学会了织布。她说："记不记得一共织了多少块？""50块有了，1块是六尺。"很好算，靠织布，她已经挣了很多钱。我们问她："要是修了水坝，你们是不是就要搬家？"她问："我们搬到哪儿？"我们问："政府没有告诉你们吗？"她说："没有。"我们又问："愿意搬吗？"她低着头织布，没有再抬头回答我们的问题。

我们在怒江峡谷里跋山涉水、走村串寨时，不时会突然飘来一阵西方的音乐，有时还是多声部无伴奏的颂诗，优美而典雅，仿佛把我们带到了欧洲的某个小城。那是山坡上教堂里传出来的赞美诗的吟唱。

我们在怒江边的高山上，专心听了村民们唱的赞美诗后，他们排着队在村边送我们。在一张张脸上那真挚热烈的情感表露时，他们没忘了用傈僳语多声部为我们唱着《友谊地久天长》。

蓝天白云之下，清澈的江水面前，那一刻，我们这些城里人忍不住问自己：什么是幸福？

怒江大山的形成，河水的流淌，植物的绿色与花卉的芬芳，鸟儿的鸣唱，鱼的跳跃，还有桃花节、溜索……有人算过这其中的价值吗？一条江的形成，经过了地质上多少万年的演变、淘汰与存留，一个民族特色的形成，一种文化内涵的孕育，一个习俗的养成，又要经历多少代人的沿袭。而毁掉这些，却可能只是一瞬之间。

## 2005年2月：绿松石般的怒江

如今的大江大河，要展现自己的本来面貌，很多已不可能。

怒江，至今还保留着它自己的本色，蓝中有绿，绿中有蓝。为了让没有看到过那蓝绿色江水的朋友也能感受江河的本色，我特意在江边买了一块绿松石，和江水放在一起，它们的颜色相似。回到北京后，一位朋友看了说，当年乌

怒江的山山水水

家住怒江边

江的水也是这个颜色。这位朋友说的当年，是30年前。

2005年大年初二，58名绿家园志愿者和当地参加澡堂会的老乡们一起在江边共乐时，北京人感慨着怒江的水竟像绿松石似的绿。沉浸在澡堂会的欢乐中的当地人则坚信：怒江的水是从天上来的，它是一条天河。

2005年春节的澡堂会是在六库，为怒江州府所办。澡堂会所在地东临碧罗雪山，西靠高黎贡山。两座大山夹峙下的大江边的天然温泉，被形象地称为"十八汤"。当年男女同浴的习俗已随着现代化生活的介入变成了男女分浴。十分有意思的是，那天我们一行中，男士的镜头中定格的大多为女士们半裸的玉体，而女士们拍到的照片，却多为小伙子们洗得正欢。

看了照片，也有人说这不公平。为什么人家是天体沐浴，你们却举着相机拍人家，要是天体就都是天体。细想想，这一说法也有它的道理。

绿色的怒江，被当地人称为天河。用科学家的术语来形容则是：怒江从河源流来，沼泽区之间，河谷开阔，纵比降小，水流缓慢，两岸是5500—6000米的高山，属高原地貌，现代冰川发育。河床是松散的冰川沉积物。我曾到过北极，那里冰山的颜色是湛蓝湛蓝的。那怒江江水的蓝绿，与河床为松散的冰川沉积物融化而成是不是有着一定的关系呢？

三江并流被联合国教科文组织评为世界自然遗产时有这样一段评语："三江并流"区域是一部反映地球历史的大书，这里丰富的岩石类型、复杂的地质构造、多样的地形地貌，不仅展示着正在进行的各种内外力地质作用，而且蕴藏着众多地球演化的秘密，是解读自古至今许多重大地质事件的关键地区。

这样的地质构造与那绿松石般江水的色泽，我想，一定有着必然的联系。

三江并流中的三江，是指怒江、澜沧江、金沙江。它们之所以在藏、滇、川交界处，形成南北走向紧密并流的态势，正是受印度板块东北缘接合带密集的近南北向的断裂带控制。在怒江州境内，怒江河谷近乎于一条直线，被夹在高黎贡山和碧罗雪山之间。怒江河谷，是沿着著名的怒江大断裂发育形成的。所以，三江并流之所以能成为世界自然遗产，要归功于三江地区集中体现了地球的地质动力特征，是世界上挤压最

石月亮

云在这里握手

紧、压缩最窄的巨型复合造山带。受到巨大的挤压、片理化和直立岩层，都构成了三江地区岩石的显著特征。而这一特征给我们此行带来的恐惧是后话。

站在怒江前时，大山尖上有一个圆圆的洞——那洞的面积据说能并排放下40辆小轿车，洞里还长着三棵大树，那洞被当地人称为石月亮；拉开弧度的怒江第一湾，远处皑皑的雪山、近处盛开着黄黄的油菜花的桃花岛与碧玉色的江水形成的那个U字；由页岩"搭"起来的陡峭的石崖，那一页一页如书似的岩片，记载着大自然的日日、月月、年年；从天而降的"飞流直下三千尺，疑是银河落九天"的瀑布如丝如链地在空中飘洒；是随时随地都可能把怒江重新装扮的从绝壁上滚下来的大石头。

一位资深的联合国教科文组织的官员，走近怒江后发出了这样的感慨：世界上很少有像三江并流这样的地区，汇集了如此众多的陆地地貌类型和自然美景。除三江并流奇观外，还有壮观的雪山冰川、险峻的峡谷急流、开阔的高山草甸、明澈清净的高山湖泊、秀美的高山丹霞、壮丽的花岗岩和喀斯特峰丛、多样的植被和生态景观，无不展示着独特的自然美。

怒江令人叫绝的原因，自然还包括了生活

在那里的动物，它们同样丰富多彩：哺乳动物173种，鸟类417种，爬行类59种，两栖类36种，淡水鱼76种，凤蝶类昆虫31种，这些动物种数均达中国总数的25%以上。

与世界上现有的自然栖息地及其保护优先性相比，滇西北和横断山脉由于其生物多样性而一直在所有重要国际研究中居优先地位。全球性研究包括：世界野生动植物基金会的"全球200区域"，以及国际自然保护和国际鸟类组织确定的"25个热点区域"。三江并流地区正因其生物多样性，在很大程度上代表了整个区域在全球的优先地位。

悬空的岩石

2005年2月，是我第二次近距离接触怒江，第一次到西藏境内怒江流过的松塔。因为险，我们绿家园生态游一行人中，挑了6个人坐上了租来的一辆小卡车，开进了刚刚通了四个月车的简易公路。

开卡车的司机告诉我们，目前只有三个司机可以较熟练地在那一段路上开车，一般人是绝不敢在那样险的地方开的。这位司机还告诉我们，就在我们去的前几天，他在那此行我们给了最多的赞美之词的松塔路段上开车时，一块差不多有8吨重的大石头就从路边的峭壁上掉在了他的车轮子前。吓得差点没丢了魂的他后来是找到炸药，把硕大的石头炸小搬开，才得以继续前行的。

松塔村落

在松塔，令我们一行人同感震惊的是：江水的颜色真的就像绿松石一般。

我在一大块宛如天然壁画的石壁前，冒着

怒族人家的火塘

江边的马帮路

镜头会被雨淋湿的危险，从各个角度拍了一张又一张天然壁画下那绿松石般的江水悠悠流淌的画面。我准备回去后放大，挂满一面墙。

同行的两位电视工作者看上了一块三面悬空的岩石。他们站在那儿往下扔了一块石头，大概 10 秒钟后才听见石头落入江中的水声。

松塔的美，还包括那里住着的少数民族的特色。我们走进一家烧着旺旺的塘火的木楼后，家中的女主人穿上了她的怒族长袍。

松塔，这个怒江边只住有十几户怒族人家的小村子里的人，没见到多少村子以外的人，仅见的也大都是摄影记者。也许在他们的心目中，外面的人就都是举着"大炮筒"、喜欢他们穿上鲜艳衣服的人。所以纯朴的他们看到我们后，也就一边穿戴，一边忙着往塘火边的一个个碗里倒着自家酿制的米酒招待我们。

很遗憾，村里人找了半天才找到一位只会讲几句汉话的村民来给我们当翻译。从简单的对话和他们的表情中，我们能感受到他们对自己生活的满足。

在这个怒族小村庄里，每家的火塘前都供有神龛。有的是一块大石头，上面画有一些简单的线条；有的是一张画，画着高高的雪山。石头和雪山，在怒族兄弟的心目中，位置非同一般。

绿松石般的怒江边，至今还保留着一些马帮走的路，那是在石头上刻出来的小路。贡山县年轻的旅游局长告诉我们，高黎贡山和碧罗雪山峡谷中马帮走过的路上，仍留有一些马蹄成年累月走出来的印迹。

这些印迹，记载着人类在大山里生存与交往的历程。可是，有的领导认为这马蹄印不好看，要用水泥把它们统统盖住。幸好这位见过世面的年轻人当上了旅游局长，才制止了这一工程。

站在松塔的怒江边，我们六个人发自内心想告诉朋友们的是：从目前的自然景观看，怒江流过的松塔，真正是原汁原味的。

当我改写《寻找江河》中怒江这一篇时，历史的脚步已经走到了2011年的5月。这一年的早些时候，刚刚去了怒江的两位地质学家告诉我：松塔正在热火朝天地开工修大坝。不知道我再去松塔时，还能不能看到绿松石般的江水和天然的壁画。

三江并流申报世界自然遗产时，联合国教科文组织的官员说："在我考察和评价过的183个世界遗产地中，三江并流无疑是可以列入前5位的。正如人们所说，在生态多样性和地貌多样

松塔的怒江边

性方面，在其他任何山地地区都很难找到能和（三江并流）这一地区相媲美的区域。"

三江并流流域占中国国土面积不到0.3%，但拥有中国20%以上的高等植物，包括200余科、1200余属，达6000种以上，列中国17个生物多样性关键性地区第一位。区内云集了相当于北半球、南亚热带、中亚热带、北亚热带、暖温带、温带、寒温带和寒带等多种气候类型，展现了大跨度的垂向植被体系。那里可谓是欧亚大陆生态环境的缩影。而那里人烟之稀少，连科学家的足迹也少有留下。

怒江那绿松石般的江水两岸都是些什么树、什么花？雪山融水中有多少种鱼？是什么属、什么科？页岩构造的山脉在经过印度板块和欧亚板块碰撞后，千万年间又有了什么新分化、新

绿家园志愿者在怒江第一湾

捐书后

穿上新鞋

增长？三江共有的深切河曲和多级阶地区域，从低海拔平坦地区向高山峡谷演进的过程、进展如何？都还是一个又一个的谜，还都等着我们的科学家去认识，去破解。

现在能看到的资料是什么呢？是1922—1935年，美国《国家地理》发表的约瑟夫·洛克（Joseph Rock）9篇反映滇西北的文章。他在滇西北采集了60000件植物标本、1600件动物标本，他运回的数百种云南杜鹃仍繁衍在美国和欧洲的花园里。洛克从1922—1949年，在丽江生活了27年，他在云南期间撰写的数千页文稿、拍摄的数百幅照片保存在美国华盛顿的《国家地理》总部。

世界遗产评委会专家说的：世界上极少数的地区，由于它们独特的地理位置和地形、地貌条件，高度集中地反映了地球多姿多彩的地貌景观和生物生态类型，因而从科学、美学和保护的角度，这些地区具有突出的世界价值。位于云南省西北部的"三江并流"地区，由于其超凡的自然品质和突出的科学、美学价值，正是这样的地区之一。

就是因为这里的独特，已经很长时间了，每年大英博物馆都要派大量考察人员到云南，用各种各样的杜鹃花种和各种草花来丰富他们的园林。"没有喜马拉雅的花卉就没有当今欧洲的园林"———这句在世界普遍流传的名言，我们的国家又有多少人知道呢？

2005年春节，我们58个绿家园志愿者在怒江给当地小学生送去了图书，开始为他们建起一

扫雪后的怒江农家小院

个个小小的阅览室。我们还为孩子买了鞋，希望他们能和城里孩子一样，天天上学堂。

那天晚上，当我们坐在山民刘吉安家的火塘旁，和同行的志愿者们一起，分享着我们在松塔拍到的陡峭悬崖下柔顺而鲜丽的怒江，以及和孩子们同乐的照片时，怎么也没想到，第二天绿松石般的怒江变了颜色。

发现怒江的怒已是清晨了。开始我们还兴致勃勃地扫着木楼前的雪，为同时看到了木棉花开春意融融的怒江和大雪纷飞冬日笼罩的怒江而得意。

上路后，我们就领教了来时仅走了10分钟的一段山路，回时却走了整整6个小时，一个麻袋接着一个麻袋垫着车轱辘往前走，是什么滋味。

来时让我们流连忘返的怒江第一湾，现在

仅仅一小堆从山上掉下来的页岩，便让我们四辆面包车上的城里人外加十几个请来的山里人，挖了两个多小时仍无法逾越。

几天来，天天都沉醉在绿松石般的江水旁的我们这一行人，又进入了新一轮的体验。什么是怒江，什么是江怒，什么是大自然……

四川省地矿局区域地质调查队总工程师范晓 2004 年 12 月从怒江考察回来后曾撰文：怒江河谷几乎就是沿着著名的怒江大断裂发育形成的，而且这一断裂现今仍在强烈活动。其主要证据就是沿怒江断裂带形成了我国最重要的地震区之一 ——滇西南地震区及腾冲地震区。怒江由中游向下游，地震活动逐渐趋强。直到今天，河谷一些地方的隆升速度每年仍有 2 到 4 厘米。这么快的隆升速度，地质活动自然不会稳定。

怒江在 2005 年 2 月 14 日，西方的情人节这天，除了让我们看到页岩的坍塌和滚石的滑下，我们领略到的还有倒在地上的一棵又一棵大树，和大雪中由绿变黄的江水。

下了雪后的怒江，我们再也分不清哪儿是激流，哪儿是险滩，因为这儿处处是激流，处处是险滩。前两天那么绿的江水，也成了和黄河差不多的颜色。我们的司机说，其实这就是怒江夏天的颜色。你们才来怒江几天，就差不多把一年四季的怒江都看到了，运气呀。

变了色的怒江第一湾

## 2005 年 3 月：与怒江的第三次亲密接触

2005 年 3、4 月之交时，我第三次走怒江，

是得知拦住我们路的那场大雪，对怒江来说是百年不遇。那大雪不但阻隔了路，还压塌了学校，毁掉了民房，造成很多人无家可归。已经成了我生活中不可分割的一部分的怒江，江边的人让我牵挂，我决定约上和我一样关注怒江的朋友一道去看看怒江，看看生活在江边的人们，看看我们能为他们做些什么。

第三次走进怒江回来后，严重的腰疾让我不得不躺在床上。随手翻看着刚刚收到的《天涯》第二期，看着温铁军写的《中国改革（农村版)祭》。在怒江丙中洛的茶马古道，受到隆隆作响、滚滚而来的泥石流恐吓时没有流出的眼泪；路上多次受到神秘盘查心里承受着极大的压力时没有流出的眼泪；腰病沉疾发作疼痛难忍时没有流出的眼泪，终于在眼圈里转了一会儿后溢了出来。

一边任眼泪流过脸颊，我一边问自己：是因为担心有一天我也要为怒江写祭吗？

回想自己的三次怒江行。2004 年 2 月去怒江前，虽然已经看到了很多有关怒江的介绍和照片，但第一眼看到怒江时，我还是为那水的颜色而震惊。它的蓝中透绿、绿中透蓝，真的是很迷人。

第一次在怒江第一湾住的那天晚上，我们住在一个由 5 个民族共同组成的家庭旅馆里。怒族的姑娘跳着舞，藏族的小舅子拉着琴，傈僳族的老阿爸吹着笙……一曲完了后，我们又被独龙族的女婿灌着从一个碗里喝开了"同心酒"，被白族的阿叔、阿嫂、阿姐嘴对着嘴地喝着"三江并流"。

那一晚，我问这家人：我在电视中看到怒江人被问到会唱多少歌时，回答是"江边的沙子有多少，我们的歌就有多少"。被问及会跳的舞有多少时，回答是"山间树上的树叶有多少，我们的舞就有多少"。真是这样吗？他们笑了，没有正面回答我的问题。

怒江边，不同的民族习俗与生活方式，是怒江的生态至今还保留着如此完整的生物多样性的保证吗？在怒江时，这是我总忍不住要

怒江边的歌手

自问的。

大山阻隔了怒江人与外界的联系，却留住了他们的传统文化与生活习性。一位与我们一起到怒江的外国朋友说，这可是今天花多少钱也买不来的呀！

就是第一次到怒江，就是在我们的心中充满惆怅的时候，突然我的手机响了。电话那一边说的是，温家宝总理在怒江建坝的项目书上作了批示：对这类引起社会高度关注，且有环保方面不同意见的大型水电工程，应慎重研究，科学决策。

温家宝总理的这句话，后来被世界各大媒体广为引用。而从怒江回来后作为记者，我笔下流出来的感受更多的却是：怒江边的 22 个少数民族和 6 种宗教的融合，让我懂得了生物多样性

和文化多样性的相辅相成。

第二次去怒江是 2005 年大年初二，我们一行 58 个城里人，从昆明坐夜班车到六库，一下车就被带到了"澡堂会"的现场。我们本以为澡堂会就是"天体"温泉，而眼前看到的除了有翻了十天大山后，正舒舒服服泡在温泉里半裸的男男女女外，还有穿戴得花枝招展、家住在大山里的各族山民。

舞台上，他们比着唱出的山歌，在绿色的大山与绿色的江水间回荡。舞台下，赤脚上刀山的年轻人，喝上一碗壮行酒后，就在击鼓声中一步一步地踩着锋利的刀刃向耸入云天的梯间攀去。

第三次走进怒江之前，我便知道那里又经历了第二场大雪。当地进入三月以来本还不是桃花雨的季节，却一直雪雨不断。导游小茶在电话的那一边告诉我：江水不绿了，连 60 多岁的老人也没有经历过在这个季节就能把江下黄了的雨。

怒江上的勘探船

2005 年 3 月 29 日早晨，驱车沿着怒江走，江中的勘探船从江心打出一排排、一盒盒的岩芯散放在路边。穿着工作服的勘探工人说他们已向江心打了 100 多米，还要继续钻到 800 米。

一边和工人聊着，我一边忍不住地张望着勘探船在江边大山上新砸出的探洞。向大山伸进了上百米的洞，给大山划出了道道伤痕。

如果说第三次到怒江前，我是从报上、从朋友写的雪后江边遭遇的信上，想象着江边山体滑坡和泥石流给怒江及生活在江边的人带去的灾

打出来的江底的岩芯

怒江在身边

江边的空房子

难。那么，2005年3月底，我们一行20人开着车行驶在怒江边的公路上时，山上的大石头一块一块地往下滚，滚到了公路上，摊了一地，滚到了山凹处，汇入了哗哗的大水中，司机们无奈地在水里推着熄了火的大大小小的车，卖鸡蛋的村姑一声比一声高地叫着"一块钱一个"时，才算是让我真正知道了滑坡对怒江边的人来说意味着的是什么。

从六库到福贡100多公里的路上，我们经历了乘坐的面包车几次车顶被从山上滚下来的碎石砸得山响，聆听了一次次车从泥里、水里连推带拉终于出来后众人的欢呼声，拍到了一张张我们此行的男士们把车从泥里拖出来后，全身是泥的壮士图。

在一处持续不断的滑坡挡住了路，为了安全我们不得不停下来等着时，同行人有的趁机坐了溜索，在大山之间、江河之上荡悠悠，有的赤身下到了温泉。我则打开了电脑，把刚拍到的江边见闻，通过无线网络发给世界各地关注怒江的朋友们。

再上路时夜幕早已降临，只有江边那一栋栋的空房子格外显眼。那是政府为山民们免费建的新家，希望他们从大山上搬下来后生活得方便些。可住惯了大山的人没住几日就又回到了世世代代居住的山上，空剩排排新屋点缀着江边。为我们开车的司机说，江边这样的空房子有不少，都空了好几年了。山民们住惯了大山，他们种的地也还在山上，新房子附近没有多少地让他们种。

本来3个小时的路，因为泥石流加滑坡我们走了整整一天。在福贡，怒江边的姑娘们温好了酒，备好了歌，点燃了火盆，湿漉漉、泥乎乎的我们，饱餐了江边特有的手抓饭，畅饮了江边特有的同心酒后，兴奋地随着怒族、傈僳族姑娘小伙的舞步忘情地跳起来，跳得久久都不愿松开围成圈拉着的手。

这次在怒江第一湾时，天是阴的，江水是黄的，只有岛上的油菜花没改其本色。美国《时代》周刊驻中国首席记者傅睦友冒出了这么一句："无话可说。"从他讲中国话的发音之纯正，我想他说这句话不是找不到与眼前景色相匹配的中文词汇，而是在此情此景中这就是他发自内心的一种赞美。而眼前的怒江，还不是绿松石般的江水呢。

同行的三联书店编辑张志军博士对此的感慨是：看到这么美的怒江第一湾，一路上的辛苦值了。其实她一路上都在说，这趟怒江行，比她想象的还要苦得多。

连日的大雪和大雨把2004年10月才通车的丙中洛到松塔的路冲断了。也让我原来想再拍松塔那儿大山夹峙的怒江的计划泡了汤。

同行的祝捷，愣是两腿劈叉般地站在泥里40多分钟，才被我们一堆人用板子垫、用手挖地给拔了出来。

我也有过一次这样的经历，而我陷进去时被看见的人形容为：大踏步地就往泥潭里走。我委屈地说，谁知道那儿就真能把人往里面陷呀。更可气的是，我陷在泥里时，香港无线电视台的

一位记者就在我前面，他看我掉进去了也不说赶快拉我出来，而是最快速度地支起机器拍开了。后来我怪他，他却说，他看我走得那么从容，相信我自己能出来。这是什么逻辑呀？不过事后，我到是从他拍的镜头中看到了我自己被陷时的奋勇和果断。是出于本能，还是别的什么呢？

到怒江的一路上，我们要把从北京、大连、上海、成都带去的书和衣服捐给沿江的小学。在只有两个年级、6个学生的江边四季桶小学里，我们几个城里来的大人听着孩子朗朗地读着课文时，仿佛一下子也都回到了自己的童年。

给怒江小学送书

六个孩子的小学

发书喽

走出小学后，我们竟然情不自禁一遍又一遍地背开了孩子们的课文："春雨沙沙，春雨沙沙，细如牛毛，飘飘洒洒。飘在果林，点红桃花。洒在树梢，染绿柳芽。落在田野，滋润庄稼。降在池塘，唤醒青蛙。淋湿我的帽檐，沾湿他的花褂。我们顶着蒙蒙细雨，刨坑种树，把祖国大地绿化。春雨沙沙，春雨沙沙……"

我们淋着雨，边走着，边一遍又一遍地背着"春雨沙沙"，背得是那么陶醉。

常有人问我为什么显得那么年轻。那天，望着被雨打湿的绿绿的大山，沐浴着毛毛细雨，走在怒江边，背着小学生的课文时，我才真觉的自己"年轻呀"！

今天，从丙中洛至松塔这段路已经被泥石流截断得七零八落，以至于让我怀疑，这是我曾经走过的路吗？眼前是一堆一堆滑坡冲下来的泥石，这些泥石在江边构成了活动着的坡。有的泥石堆上还有大树和小树倒在其中。偶尔有穿着单薄的孩子趁泥石不滚时，从中抽出树枝，拿回家当柴烧。

很大的声音由远及近地响开了，接着是泥石流伴着震耳欲聋的声响向我们冲来。我们一行人被两道宽宽的泥石流夹在其中。

这时的我们反而没有了恐惧，因为没有功夫。夹在泥石流中间的我们，待第一条泥石流稍有平静有几个人冲过去之后，马上又被第二条泥石流阻隔夹在其中。而连第一条泥石流也没能闯过的人，则躲着山上滚滚而来的足有几吨重的大石头……

这是我有生以来第一次面对滚动着的、带着声响的泥石流，同行的人也无一例外地都在面临着从未有过的经历。

被拦在第二道泥石流前的人看着大石头直往下滚，试图寻找另一条生路时，又有另一股泥石流向我们跟前滚来。

那一刻，当同行的摄影记者们个个把相机装好怕损坏时，我却不由自主地找到了一块看着还算稳的石头站了上去，把相机和录音机从怀里

拿了出来，记录下了这个时刻。

我们眼前的两股泥石流，都沿着已经被冲出来的沟向前推进。我们站在两条沟的中间一时半会儿倒也没有那么危险，还有逃命的间隙。只是泥石滚动时的声音在耳边一阵一阵地响，那阵势很是吓人。

我们必须尽快离开那里。留在我们身边的两位男士成了我们那一刻的精神力量。

还没过第一条泥石流的两位年纪较大的女记者被他们垫树枝的垫树枝、搬石头的搬石头，连拉带扶地弄过了第一条泥石流，可还有第二条泥石流怎么过？

腿脚麻利、一路上被大伙称为小山东的池召会向大山上爬去，他试图从更高的山上过去。但是山太大了，沟太深了，我们一行人那一刻，不说是个个被吓破了胆，起码有好几个差不多已到了举步维艰的程度。

这时，香港电视台雇的帮着背包的山里人发现，第二条泥石流往江里滚时有一个地方搭根树枝能过。

于是，我们这行人玩开了儿时的游戏"老鹰抓小鸡"，一个抱着另一个的腰，第一个过去的，再牵着另一个的手。就这样一个个地拉着，十几个人总算都安全地过了有大石头不停往下滚的第二条泥石流。

过了滚石区，大家还没顾得上高兴，又出事了。

我光顾着拍同行人一个个精彩的表情了，没看脚底下的路，当好几个人都冲着我喊"走上面，走上面"时，我还是一脚就踏进了脚下的泥潭，整个身子立刻就一点一点地往下陷。

所有的人都看着我，所有的人都呆在那儿。同行人的尖叫声压过了不远处泥石流的轰鸣。不知是因为我有了第一次陷下去的经验，是刚才过沟时运足的气还没使完，还是因为那么多人瞅着我，不服输的劲头来了，总之我都不知道自己怎么就奋力地先拔出了一条腿。接着同行人的尖叫变成了号子，在那响彻大山的号子声中，我的另一条腿也被我自己从泥里拔了出来。太惊险了。

那天晚上，我们坐在火塘边烤衣服时，香港无线台的摄像师把拍到我陷在泥里时同行人喊号子的镜头放给大家看。我知道，那些画面将是我们一行人一辈子都不会忘，一辈子都要被说起的事儿。

为帮当地小学建图书馆，丙中洛乡的两个领导那个晚上也和我们一起坐在火塘前。边往火盆里添着柴，边翻烤着湿衣裳，我们的话题又扯到了怒江人的穷和建水坝上。

乡领导说："我们的工资自给自足能发两个月，要靠中央和省财政补助，靠中央的转移支付来补足我们的工资，还有两个月要靠贷款发。"

我说："要修水坝了，安置移民是个问题吧？"

乡领导说："现在还没有一个具体的说法，我想这些应该能正确处理好，修水坝还是会得到老百姓的支持。"

我说："有没有听说过云南漫湾水电公司的人跟当地百姓说，修了水坝就是幸福之时，可修水坝把他们种的地都淹了，给的一次性补助用完之后他们只有靠捡垃圾生活？"

乡领导说："没有听说过。"

我说："你认为怎么解决移民的问题？"

乡领导说："移民的问题是靠国家补助。有一个标准，三峡水坝，还有别的水坝都有国家的政策。"

我说："移民也存在一些问题。"

乡领导说："这个也听说过一些，但相信国家会解决好。国家原来没有处理好的，有了经验教训后会处理好的。"

我说："电站的寿命只是几十年上百年，以后田没了，补偿也只是一次性的，再往后靠什么生活呢？"

（沉默）

乡领导："搞一些环保，或者植树。"

我说："今天我们碰到的泥石流非常可怕，去西藏的路才修好了四五个月就全烂了，修水电站运大型机械要修更宽的路，这么脆弱的大山承受得了大规模的修吗？"

乡领导："我想用一些科学的手段还是可以修的。"

如果不开发，谁能给我们指明一条比发展水电更好的、更快达到脱贫致富的路？

17 岁的妈妈，不到 40 岁的姥姥

我往火盆里放了一根粗的树枝，炉火把我的脸烤得发烫。

对这越来越有点抬杠的对话我没有再继续下去，因为我知道我们有着太多的不同——生活背景不同，受的教育不同，所处的位置不同，接触的人不同，面对的问题不同，向往不同……这么多的不同，怎么能要求我们你一句我一句地聊后，就能让双方达到共识，就能认同解决问题的办法相同呢？达成了共识那倒真是不可思议了。

那天晚上，乡领导的车要冒着大雨走过通常来说用 10 分钟，可我们也曾在大雪中走了 6 个小时的一段山路。分手时我除了说"小心点"以外，不知该再说些什么。

离开怒江第一湾丙中洛往回走时，路又有好几段被滑坡和泥石流拦住。其中一次等着推土

机来清路时，我们把路边村子里能搜罗到的鸡和鸡蛋都吃了。边吃我们还边琢磨着电影《甲方乙方》里，号称要过村里人生活的城里人，把人家村里带毛的吃得就剩鸡毛掸子的画面，看来那还真不是夸张。

## 2006 年 2 月：四问怒江

2006 年 2 月，北京还是春寒料峭，怒江却已春意浓浓。我们从昆明上车时我问了司机，知道第二天上午 9 点可以到怒江州的福贡，可是那天夜里，我们乘坐的从昆明到怒江州的长途卧铺车被困在了路上。那里离怒江州府六库仅剩两个小时的车程，雨并不是很大，但路边的山上不停地有石头滚下来拦在路上。

春雨把路冲断了。我开始担心，去年也是这个时候到过怒江，因为大雪，峡谷间掉下来的一块块大石头让我们在路上耽搁了很久。这次呢？如果雨再大点儿，如果路被冲断，我们就有可能到不了怒江第一湾。还有，大雨会让怒江的江水提前进入"怒"的季节，颜色也会提前由绿变黄？

2006 年 2 月 17 日，六库的怒江是黄色的，原因除了下雨以外，还有江边两年来的勘探。随着江边页岩被挖松、被掏成洞，洞里的岩石流入江中，江水的绿也随之被染成了黄。

本应上午 9 点就要到的福贡，因一路的大塌方、小塌方，我们到福贡已是下午 4 点了。同行的四个人租了辆面包车，向贡山开去。从六库

春江春雨后（2004 年摄）

到贡山，我们拍到了多处江边的彩旗招展。虽然怒江是否能建电站还在争议中，在全世界关注的目光下，怒江上还是有了一处处水电站的勘探工地。

2005 年 2 月，怒江马吉段也有了勘探船，但那时我拍到的照片里，勘探船还是置身在绿绿的江水中。2006 年则不同，随着凿山面积的扩大，怒江的江水和中国目前大多数江水的颜色已经没有什么区别了。

到怒江的这个晚上，我们住在贡山，春雨还在淅淅沥沥地下着。听着雨声，躺在床上的我，回忆着自己从 2004 年 2 月以来和怒江已有的三次亲密接触，回忆着那绿中带蓝、蓝中带绿的江水和江边火红的木棉花，幻想着明天看到的怒江会是我心中的绿色。

第二天早上，我们走进一家江边的小餐馆吃早饭时，窗外的景色让我立刻举起了相机。怒江静静地躺在大山脚下。它依偎着的大山在云里

绝壁下的激流

独龙语专家的家

雾里时隐时现，一条条"哈达"如同佩戴在大山挺起的胸前。我仔细辨认了一下，那一刻的怒江开始绿了。

饭店的老板看我们同行的几个人对着窗外又是拍、又是摄，话匣子也打开了。54岁的老板原来是县政府的干部，两年前提前退休后，贷款110万元人民币开了这个饭店。他听说了怒江要修水电站，也听说了如果建电站，贡山整个县城3万人都要搬迁。我问他，贷款还上了吗？他说一分都还没有还。我问，搬迁了怎么办？他说反正是向农行贷的款。

那天，离开饭店后，我们在江边拍着草绿色的怒江和戴着"哈达"的大山。江边正在玩耍的两个小姑娘热情地邀请我们到她家坐坐，说她们的父亲是独龙语专家。

为了寻访独龙语专家，我和两位小姑娘一起走进了屋中央烧着火盆的木头房子里。老人是小姑娘的继父，可他们那份亲，让人感到的是父女情深。

坐在火塘边，老人拿着一本独龙语的诗集给我们朗诵。他说现在会读会写独龙语的有没有100人都难说了。会不会失传，老人认为是政府的事，自己无能为力。但他接着又说，要修水电站，搬迁，学生就更难教了。

从独龙语专家的家出来后，我从车上拿出刚刚出版的金沙江之子萧亮中的《夏那人家》，送给了两个小姑娘。两个小姑娘竟站在江边朗朗地读开了。听着两个小姑娘站在怒江边念着来自金沙江边的情与事，我在心里问：身在天国的亮中，你能听见吗？

走出贡山县城，远离了马吉电站勘探工地，怒江的颜色和我心中怒江的颜色越来越接近，逐渐地绿中带蓝，蓝中带绿。这两年我常常把在江边买的一块绿松石拿给朋友们看。一位美国朋友告诉我，据他所知在美国想看到这样颜色的江河已经不容易了。一位德国生态学家则说，在欧洲这样颜色的江河可能还有一两条。

2006年2月18日雨雪后的怒江，让我的镜头捕捉到了四进怒江中，第一湾那完美的画面。画面中有刚刚经过"洗礼"后的蓝天、白云，有白雪盖顶的大山、有被春天唤醒的田中黄黄的油菜花、还有依然故我的绿色的江水。我在这些面前驻足了很久很久……

2004年2月第一次走怒江，我除了感叹那里大自然的美丽以外，也感慨着那里多样文化与多样生物的共存；

2005年2月第二次走怒江，是想探秘江边人的生活与江及两岸大山的关联。走过后，一场大雪，让我把目光更多地放在了大江与大山地质的多样；

2005年3月第三次走进怒江，是因为2005年春天怒江那百年不遇的大雪，我要去看看我们资助的小学生和帮助建立起来的30个阅览室是否受到大雪的影响；

2006年2月第四次走进怒江，我采访的对象，是已开始经历着挖山、钻江勘探的六库、亚碧罗、碧江、马吉的100户潜在移民。我们选择的方式是随机走进江边的人家。

我们抽取100个家庭，占潜在移民的千分之二，向100户潜在移民提出的问题是：

1. 知道怒江要修水电站吗？要修的话，要搬迁知道吗？

2. 从哪里知道的？

3. 修水电站要影响到你们的生活，政府或有关部门是否征求了你们的意见？

4. 如搬迁有什么具体困难和担心？

5. 修水坝能解决你们的贫困问题吗？

6. 在对100个潜在移民家庭的采访中和过后整理录音时，对已有了四问怒江的我来说，还是有五点超出了想象：

第一个，怒江州的老百姓对政府的信任与依赖超出了我的想象。

不管问什么问题，不管是哪个民族，不管年龄老幼，也不管是农民、生意人还是教师，听到的第一回答都是：听政府的安排。当然在继续问下去时，才会有些怨言。

贫困地区老百姓听政府的话，是发自他们内心的。

如果马吉水电站上马，有一种说法是贡山县城要整个搬到丙中洛。我采访丙中洛重丁村64岁的村民刘吉安时，他刚从村里一家人的生日宴上回来。刘家自己开了一个家庭小旅店。下面是我们的问和答：

我：您家有多少人？

刘：我们在一起吃饭，一共有16个人。

我：您是什么族？

刘：怒族。

江边的访谈中

刘吉安家

怒江边的农家乐

我：您夫人呢？

刘：藏族。

我：孩子呢？

刘：儿子跟妈妈，是藏族，其他都是怒族。

我：你的女婿是什么族？

刘：还是怒族。

我：儿媳妇呢？

刘：一个是怒族，一个是傈僳族。

我：你可以讲几种语言？

刘：藏语，怒语，独龙，傈僳族，汉语。

我：政府告诉你们修电站了吗？

刘：国家计划的事情，镇里面，乡里面商量，从来没有跟我们讲过。

我：政府有什么事跟你们商量吗？

刘：不商量，跟我们商量还得了。

我：为什么不得了？

刘：接受不完了，你说一样我说一样，各说各的。

我：你是县人民代表，你能把你们这儿老百姓的意见反映上去吗？

刘：现在反映要有文凭。

我：这跟文凭有什么关系？

刘：我不会写，说了没有用。

第二个超乎我想象的是：小沙坝村的路边立着一个牌子，上面写着"民主示范村"。而在我问他们有知情权吗？村民们都说不知道。

怒江要建十三级水电站，国内外媒体大篇幅的报道也已近三年。怒江沿江的老百姓，只看见六库边上的小沙坝村四年前在村头贴了一纸告

怒江绝壁

示，不准再修新房子，否则不予赔偿。除了镇里给开了一次会通知他们要修水电站会淹掉他们的房子和地以外，其他所有沿江的人在回答我们的问题："知道怒江要修水电站吗，修电站的话就要搬迁吗？从哪儿知道的？"时，回答要么是不知道，要么就是：道听途说。

松塔电站潜在移民，西藏察隅县察瓦龙乡龙普村，村委书记阿格的回答竟然是：美国人告

诉我的。后来我才知道，告诉他的是在那里写自己博士论文的美国伯克利大学的一位博士生。

怒江州府边上的小沙坝村，自从四年前贴出告示，到我 2006 年 2 月去那里采访，用他们的话说："房子和地都被量了四、五次了，可搬到哪儿，怎么赔，从未有人正式告诉过我们。"

即使这样，听话（这是我发自内心对他们的评价）的老百姓们还是认为，建水坝是国家建

设，我们应该支持。虽然江水是不是能变成"石油"他们不懂，但在知道要搬，却不知怎么赔时，我和怒江泸水县新村、六库水坝的潜在移民许照杨还是有下面这样一段对话：

汪：你觉得修水电站应该征求你们的意见吗？

许：应该征求，但征求不征求我们也不知道，我们说不赢人家，现在搞不搞也不晓得。这几天就在这儿测量呢，有的测量，有的打洞。

汪：是水电站测的吗？

许：对，石崖子那儿打了七八个洞了。

汪：外面说70%的人都愿意修水电站？

许：没有这个。

汪：你觉得有多少人愿意修？

许：大多数人不愿意修，就懒汉想修，拿点钱吃吃玩玩。

修路中的午饭

汪：在田里干活的人不愿意？

许：对，工人爱机器，农民爱土地。

第三点让我难以想象的是：小沙坝村的村民们，四年来日子过得如此人心惶惶。

如果不去小沙坝村，我真的不知道当外面的人在报纸上发表各种观点，在高楼大厦里讨论怒江是不是能建水坝、建坝的利弊得失时，小沙坝很多人家的房子已裂了大缝，有的床就在大裂缝的下面，每天睡在那的人提心吊胆却不能修，因为要修水坝了。

有的人家儿子就等着新房办喜事，却因怕得不到赔偿，婚期一推再推，农村人能在自己盖的新房子里娶媳妇是他们一辈子的向往。家门口的江边天天在挖洞，家里的房子、家里的地一天到晚有人来丈量，却没有人告诉他们明天他们的家会在哪儿。

小沙坝有105户人家。在我采访的30户人家中，最众口一词的是：修水坝要搬家的话，就搬到不会被淹掉的水田里。

土地，对农民来说意味着什么？但他们的选择却是：宁愿在自家的水田里建房，也绝不搬到别的地方去。

即使有担心，但在接受我的采访时几乎所有的人依然发自内心地说：支持国家建设、顾全大局、不给政府添麻烦、给的补偿能维持现在的生活就行。

村民们的要求高吗？

什么是幸福，每个人的认知不同。但日子过得踏实，是怒江老百姓对以往生活的感受。然而这四年来，从他们的话语中可以听得出，日子过得天天"人心慌慌"。命运掌握在人家的手里，自己什么都不知道，这样的日子过得真难。

第四点我没想到的是：几年来主流媒体都在说，怒江老百姓太穷了。修水电站不仅是为了能源开发，很重要的是可以解决当地的贫困问题，有人甚至形象地称样江水可以变"石油"。修水电站能不能扶贫有不同的说法，这我虽早有所知，但我没想到当地人说得那么无奈。

马吉潜在移民鲁新，小沙坝潜在移民李应明、王灵芝在我问到：你认为在怒江修水电站可以解决老百姓的贫困问题吗？回答：

鲁：只能让电厂挣钱。

我：你们也可以得到一些好处吗？

鲁：得不到。

我：是不是能多一点税收？

村计划生育办公室主任家放了四年的房基地和大梁

鲁：可能。

我：这些税收对老百姓是不是有好处？

鲁：不可能吧。

我：为什么？

鲁：现在当官的人都不见。

我：外面的人说怒江建坝可以让老百姓脱贫致富。

李：如果可以让我们小沙坝村脱贫致富我们十分支持，我们非常相信政府，希望政府给我们把好关。

75岁的何学文老人年轻时曾经在法院工作，后因家庭出身是富农回家当了农民。那天我和他聊时，他常常会拿宪法说事：

何：老百姓的公民权、发言权没有。这是中华人民共和国宪法规定的，老百姓天天提心吊胆。

何：老百姓爱土地，没有土地我们活不来，我们怒江州老百姓只会种田。

北京师范大学社会公益研究中心主任陶传进教授对我们的采访数据进行了分析：移民对政府非常信任的占13.3%，较为信任的为19.1%。除上述比例之外，其他约三分之一的人回答为"一般"、"怀疑"和"十分紧张"。其中约五分之一的人处于"十分紧张"的状态。

与现实的许可程度相比，86.1%的采访对象期望值偏高或大大高出。从心理上的高期望值再回到现实中的物质条件上分析，认为他们的未来存在着因为失去土地而产生生存危机的，在有效回答的83人中，显露出的比例为56.6%。

对于当前的补偿标准，有效回答者中66.0%的移民表示较不满意或很不满意。满意与较满意的移民仅占12.0%。其中"政府强迫，不得不搬"的回答，占总数的59.6%。除此之外，另外两类人搬迁的原因是："这是国家的利益，还是得搬"，占9.6%；"大家都要搬，自己也得搬"，占5.3%。

在移民心目中，电站建设将使移民受益还是受害？肯定受害：41.3%；可能受害：33.2%；说不清：19.1%；可能受益并肯定受益：6.4%。

除了上面说的四点出乎我的想象之外，更出乎我意料的是在对怒江水电工程勘探技术人员访谈时他们的话。

在怒江采访时，我们一直没敢正面接触正在勘探施工的人。可当我们在写着马吉水电站的牌子前拍照时，一位穿着工作服的中年人走过来和我们搭话，他告诉我们自己是工地的包工头。

小心翼翼地和他聊了一会儿后我发现，关于怒江他竟和我有着很多同感。他说地质勘探是他的饭碗，全国各地都快跑遍了，像怒江地质条件这么特殊，十米就是不同的岩层带的地方他还从没遇到过。他还说，依他看，一年前来时那么绿的江水，现在越来越难看到了，真的很可惜。

那个傍晚因为要赶路，我们没能应这位包工头之邀和他们一起吃晚饭。那天，我们都和他告别了，身后还传来他的话："这里是世界遗产，少有呀！"

与正在开挖怒江的工程技术人员打交道，出乎我意料的也不只这一个人。

松塔，我走过的最绿、两岸最陡峭的怒江旁，如今因勘探已残破不堪。

一位也很负责任的勘探工程技术人员非常坦率地对着我们的镜头说："我知道很多专家呼吁不应该在怒江建电站。的确如此，作为一个中国人，我认为破坏了生态平衡，以后就看不到怒江了。为什么叫怒江？从它的字面意义看，声音比较大，比较壮观。坝修起来以后水位就要抬升。三个台阶，13个电站，这样一来，就看不到水流，只能看到湖了。"

这位工程技术人员说："目前世界上还没有国家在覆盖层这么深的地方建300米大坝。什么叫覆盖层？就是泥石流，滑坡的堆积物。松塔已经选的两个坝址都不合适，可能还要再选两个地

江边的勘探

路上的泥石流

2010年"8·18"泥石流遗址

方。不停地选，就要不停地把险峻雄伟的峭壁都炸掉。"

这位技术人员无奈地说："现在很多已经都毁掉了，没有了。"他还告诉我们，因为江边路险，他进驻怒江考察的10个月来，为电站修的路上，在泥石流，滑坡等事故中已有20多个人意外死亡。

在怒江丙中洛的石门关和西藏察隅县松塔段的怒江江边，相隔两米立着两块牌子。一块牌子是北京国电公司立的，上面写着距电站还有七公里路，注意交通安全。另一块是高黎贡山国家级自然保护区管理局立的，上面写着禁止任何单位和个人破坏国家和地方重点保护野生动物的生息繁衍场所和生存条件。

这两块牌子，一个提醒着人的安全，一个保护的是野生动物及它们的栖息地。咫尺之遥，矛盾吗？我问自己。

怒江州前些年有一些村民被移民到了思茅，有些家庭去了没多久又回来了。这些人家，为什么在被认为生态条件比怒江要好得多的思茅待不住？我决定去采访。

在怒江州泸水县鲁掌镇，一位开小蹦蹦车的司机把我带到一座大山的脚下，他告诉我那座大山上就住着一些从思茅回来的人。

那座山真高，望着高高的大山，我觉得自己那么无助。

一位正在大山里开荒的中年妇女，帮我把她的两位从思茅回来的邻居从山上叫到我爬到的半山腰。下面是我的专业录音机里录到的我们之间的对话。

我：您贵姓？

穆：穆加武。

我：今年多大了？

穆：35。

我：家有几口人？

穆：四口。

我：什么族？

从思茅回来的移民

穆：我是汉族，我的妻子和孩子是傈僳族。

我：你家原来在哪儿？

穆：原来在云南宝山地区长林县。

我：为什么到这边来了？

穆：上门。

我：当时为什么让你们搬到思茅？

穆：当时也困难，土地才一亩多，粮食不够吃，政府说那边好。

我：当时去了几家？

穆：七八家。

我：现在回来了多少？

穆：三家。

我：留在那儿的人生活怎么样？

穆：不知道，我们也没办法看望他们，他们也没办法看望我们。

我：你和你妻子一块儿去的思茅？

穆：97 年 2 月份，我们一家去了。

我：什么时候回来的？

穆：99 年。

我：为什么又从思茅回来了？

穆：开始说到那边给我们好的优惠。

我：到那边给什么了？

穆：什么也没给，我们在那儿生活不下去了。我们四口人，一个月吃的穿的医药费全靠 173 块。

我：一个月给 173 块？

穆：对，种咖啡。每个月我们四口人最少吃 100 斤大米，就 125 元钱去了，穿的没有。173 块钱生活不下去了。

我：在那儿孩子有学上吗？

穆：有，但是费用太费，学前班300元以上，我们上不起。

我：回来呢？

穆：当时我来这边做上门女婿，种的地是我妻弟的，我们走了地他就收回了。现在一无所有，只有重新开荒。

我：现在山上的生活怎么样？

穆：就是吃水都要到下面背，两里地要靠马驮。

我：你听说这个地方修水电站地就要淹了吗？

穆：淹不到我这儿。但我在下面给人打工种的地要淹了，万不得已只有回老家。

我：有可能还要你们搬家？

穆：有可能。

我：你们住得那么高，怎么会呢？

穆：房子也测量了。

我：什么时候？

穆：去年夏天。现在最担心的是万一住不下去了我们又要搬家。

我：你觉得可以靠政府吗？

穆：我们没有水喝，要政府给我们架一个自来水管，我们自己出钱，八家总共给了两千多块钱，都两个月了还没给架，我们有点失去信心了。

我：你们现在除了开荒还有别的收入吗？

穆：没有。

我：小孩能上学吗？

穆：再穷也得上。

设计在怒江采访100户潜在移民的问题时，我曾设计了一个问题：你知道中国有部《环境影响评价法》吗？问了几十个人后，我放弃再问了。因为每当我的这个问题提出后，感觉到的马上是我和他们之间的距离。他们那迷茫神情后面的无所适从，让我畏惧。

我曾问怒江州贡山县丙中洛乡重丁村的一位年轻人要是修了水电站，贡山县城可能要搬到你们这儿，高兴吗？他说："我去过外面，我还是喜欢我们村的风景，不希望把城市搬到我的家乡来。"

2006年3月1日离开怒江时走得很感伤。我问自己，下次再来怒江，老百姓的生活会有什么改变？小沙坝村民家那些搁了四五年的房基地何时能盖上新房？希望他们不再因不知明天自家的庄稼地在哪儿，在一年之计在于春的季节里，连种子都不敢播种而发愁。

2006年4月5日至14日，世界自然保护联盟和世界遗产委员会派出专家组，专程前往云南评估待建水坝可能对遗产地产生的影响。为期10天的考察在政府官员的陪同下结束了。考察结束前，专家组得到了云南省有关官员提供的三江并流世界遗产地目前边界和将改划边界的对照图。在这张图上，三江并流世界自然遗产地所属8个片区中的7个都有调整。

考察结束后不久，考察团拿出了一份长达27页的考察报告。专家考察组提交的报告指出，三江并流世界自然遗产所面临的主要威胁包括：

考察团视察前

恰好不会超过 20%。

2006 年 7 月 16 日，联合国教科文组织在立陶宛维尔纽斯召开了第 31 届世界遗产大会。据第 31 届世界遗产大会文件所述："水电开发的勘探活动在怒江的影响是显而易见的。如果大坝建设启动，必将对它的美学价值产生非常大的影响，这样一条自然流淌的河流会变成一系列水库。专家组注意到，当地为保护遗产地采取了一

考察团来了

正在规划的水电开发，被改划边界以适应开矿、建大坝等经济发展需求，以及旅游业的发展。这些提议中的调整将会造成原遗产地总面积 20% 的缩减。

对比 2003 年申报遗产地时所提交的地图和 2006 年的新地图，我们会发现遗产地的多数片区边界被大幅调整，建议的边界调整将导致遗产地面积减少 20%，同时增加了南腾冲高黎贡山自然保护区和大理苍山自然保护区两个片区——按照世界遗产中心相关规定，假如遗产地总面积减少 20%，则可能将其从遗产名录中除名。可见，上述边界调整的规划充分考虑到了上述规定，因为增加两个自然保护区使得遗产地总面积的减少

考察团来考察哩！

系列措施，包括暂停了丙中洛的一个采矿场，但是如果不能看到关于水电开发的环境影响评估报告，很难确定可能造成的威胁或间接影响，包括淹没土地区域居民的搬迁、道路的重建和改道、鱼类及其他物种迁移后栖息地及生态系统的变化、水文系统改变带来的生态系统的变化、当地地震活动的影响等等。"

在第31届世界遗产大会上，有专家对于"三江并流"面临的潜在威胁向中国代表提出，中国是如何向世界遗产委员会承诺的呢？中国建设部城市建设司副司长王凤武对此的回应是：首先，在遗产地的范围之内不会有任何水坝的建设，这是100%肯定的。因为"三江并流"在申报的时候是按照等高线的高程来申报的，最低处都是在海拔2500米以上，三条江都是在山底、沟底，并不流经世界遗产地。但从生态角度来讲，如果建水坝，会不会出现间接影响很难讲，也许是微乎其微，也可能影响很大。一旦项目确定之后，要进行环评，之后，才能得出结论。

王凤武还特别强调：遗产不是我们这一代人的，是我们从下一代手里借过来的，我们要完好无损地传下去。在申报世界遗产的时候，不要只考虑是否能给当地提高知名度、带来经济效益，同时也要意识到，申报成功之后，会给自身加个沉重的保护责任，保护不利，对中国的整体形象都会产生不好的影响。

三江并流自2003年被列入《世界遗产名录》后，连续在3届世界遗产委员会会议上被列为重点监测保护项目。会议要求在2007年2月1日

考察团来之前

考察团来了

前，中国政府提供补充材料，供下届会议进一步审议，以确定是否将三江并流列入濒危遗产名录之中。

怒江离我很远，它在云南，我在北京，怒江离我很近，它在我心中。

## "江河十年行"

2006年的11月19日，取1119的谐音，绿

水电公司领导的家

小沙坝移民的家，2008 年拍摄

家园民间环保组织将要连续十年，通过电视、广播、报纸和网络媒体不间断地关注中国西部的江河。

《江河十年行》的路线是：始于都江堰，沿着大渡河到康定木格措，穿过雅砻江的锦屏峡谷、攀枝花的二滩，然后走进云南的金沙江、澜沧江、怒江。

《江河十年行》，为选择十户人家、十个标志性景观和十条江河的目测水质，用十年的时间，将这些生态景观及江边民众的命运、人与自然间的相互关系，一同记录下来。

2006 年 11 月 26 日，怒江六库的江水正开始从丰水期的黄色向枯水期的绿色转变。年初江里正在勘探的船也看不到了。只是州府六库旁边小沙坝村的水田里盖起了一排排被称为农民新村的小楼。

2007 年《江河十年行》到怒江时，祖祖辈辈都过得很踏实的怒江农民从来没有打过官司，却开始了第一次上告，虽然这让他们有些紧张，但他们对此又充满着希望。

尊敬的泸水县人民政府各位领导：

我们是六库镇小沙坝新农村村民，为响应州委、州政府县委、县政府关于开发建设六库水电站的号召，自 2007 年元月，移民搬迁到新农村，全村老百姓都住上了新的楼房，感到很高兴，感谢党和政府对老百姓的关心。同时，小沙坝村民对此次移民搬迁，土地征用及补偿和今后的生存发展都有共同意见和忧虑。按照当今市场经济的发展需求和变革，我们新农村的村民无经济来源，面临着的困难很多，现今全国上下响应中央号召建设新农村、发展新农村，确实为百姓创造了一个致富的道路，同时也改变了农村原来的面貌。小沙坝新农村全体村民有了一个共同的质疑，到底什么是新农村建设？农民无非就是以土地为生，离开了土地叫我们老百姓如何生存与发展？对照全国各省、市、县、乡的新农村建

2007 年小沙坝农民新村的街上

2010 年树长大了，铺面房还是关着

2008 年采访将要跟踪十年的人家何善奎

设，我们小沙坝新农村又将如何去发展、生存，在没有搬迁以前村民就算在外一个月也没有赚到一分钱，也照样可以生活一两个月，因为在村里可以发展种植业和养殖业，而今搬到新农村土地被完全征用，老百姓的猪、牛都无法畜养，连块菜地都没有，现在就连一根葱都要花钱去买，上级提倡靠出租房屋来提高经济收入，这确实是好事，但现在有些村民家庭连人的住房都非常紧张，叫我们拿什么出租？新农村建设本来是一片丰收喜悦幸福的景象，而我们小沙坝新农村却是一片紧张和忧虑的景象，因为全体村民对政府张榜公布的移民生产安置临时过渡方案无法接受。

2007 年 11 月 28 日，《江河十年行》的记者来到怒江丙中洛的四季桶小学，已经是上午 10 点钟了。6 个学生的学校里还只有 4 个。老师说，因为孩子们要走一个多小时的山路。这种村小，不能住校，学生们每天要爬一到两个小时的山路才能来上学。

绿家园志愿者近年来靠义卖，为怒江和金沙江沿江的 37 所小学建立了阅览室。从 2006 年又为每个学校捐赠了电视机、DVD 及光碟，开设了电影课。在 6 个学生的小学校里，当记者们让每个孩子选一本自己最喜欢看的书时，两个孩子选择的是语文和数学课本，其他选择的则是绘画精美的儿童故事选。

这所小学唯一的老师何云飞每个月的薪水是 1200 元人民币。他告诉我们是可以按月拿到的。目前，他最大的心愿是能调到中心小学去教书，因为这里太闭塞了。

2007年《江河十年行》在丙中洛中心小学时，老师告诉我们，用我们捐赠的电视机，现在全校师生每天晚上都可以看半个小时的新闻。我们和这些孩子聊天时，知道他们非常喜欢电影课，有人甚至说是最好的课，因为电影中不光有各种知识的讲解，还有生活中应该如何做人。我们曾经收到一名怒江鲁掌小学的学生给我们写的信，信中这个孩子说：看了那么好看的电影，想学坏也不能了。

2007年《江河十年行》到那里时，虽然在修路，我们的车还是颠颠簸簸地到了怒江的四季桶小学。我已经是第四次到这所小学了。孩子还是那几个孩子。老师还是那个老师。

我们到时，正赶上学生们在把堆在院子里大大小小、粗粗细细的木棍或搬、或抬、扛到学校的灶房里。何老师是我们到了学校好一会儿后，才背着一大筐薪柴从山上下来的。在这所只有6个学生的小学里，老师要做的工作，看来不仅仅是教书。

此次与我们同行的67岁的老专家刘树坤，也加入到孩子们搬木头的行列中。

那天和孩子们一起搬完柴火，我突然很想问孩子们，如果你们有了钱最想要什么。让我们无论如何也没想到的是，有三个学生是想买鞋，一个想要帽子，两个想买衣服，其中一个小男孩想要衣服并不是为自己，而是为爸爸妈妈。

同行的记者们决定带孩子们去一趟丙中洛镇上，为他们买鞋、买衣服。

很少坐车的孩子们，在车上吐得很厉害。

老专家在怒江边的小学

四季桶小学的孩子们

下了车，进了街边的商店记者让他们自己挑起衣服来，他们很有自己的眼光。

和孩子们挥手说再见之前，《南方周末》的记者曹海东说，我要号召我们大学新闻系的同学

开完范儿

穿上新衣服的孩子们

2010年《江河十年行》在怒江小学

为这个小学捐款。《南华早报》的记者史江涛则是一直默默地给每一个孩子试鞋，试衣服。

2008年《江河十年行》央视记者、中国科学院植物所研究员、企业家在6个孩子上课的课堂里听课。

2007年《江河十年行》中，中央电视台记者何盈巧遇当时怒江州州长侯新华。我记得在电视镜头前州长说了这样一段话：作为一个民族自治州的州长，是父母官，我无时不在牵挂着老百姓哪天能过上幸福生活，无时不在想着怒江如何发展。怒江的发展，要把资源优势转化为经济优势，在优势的转化中让老百姓真切地感受到给他们带来的实惠。一切都刚起步，困难多，水电开发还要靠党中央国务院的批准，矿冶开发要加快招商引资。有了各界的支持，我们对建设怒江充满信心。

州长的这一番话，讲了开发，也讲了旅游，就是没有说开发了，原来的生态，原本的文化怎么保护。细细想，生态和文化是不是都和GDP不沾边呢？

国家队在怒江训练

那次，让何盈碰上的还有国家激流回旋漂流队领队李欣。李欣对怒江也有一番说法。他说："怒江的水流，是目前我们国家队训练过的水域中，水流最复杂、最典型，水流量最大的一个场地，而且气候也非常好。作为冬训的基地，对提高运动员的基本功和基本技巧来说，都是一个非常好的训练场所。"

何盈问李欣："咱们中国有很多大江大河，您肯定也去过很多，像怒江这样的自然条件和环境多吗？"李欣说："贵州的麻里河，水流也很丰富，流量也够大，但是冬天那里太冷了，对运动员来说，训练就不太方便。"

李欣还说，激流回旋的项目在奥运会上一共有四块金牌，中国队正在加紧训练，力争好成绩。

李欣还说，他回北京后希望能向有关部门呼吁，请留下怒江这最后的激流。

其实早在几年前，一位叫文大川的美国人就在考察怒江的激流。文大川出生于漂流世家，他的父母在美国都是职业的漂流家。在文大川眼里，怒江的激流是 6 星级的，世界上难得见到，现在就越来越少了。他希望在怒江开展激流里的漂流。他说美国人如果要到怒江来漂流，一个人一次起码要付 4000 美金。

为了让怒江人知道自己家乡这条大江的珍贵，文大川曾请怒江贡山旅游局局长去美国科罗拉河的大峡谷进行过专门的培训。我采访过这位旅游局局长，我问他在怒江里漂流和在科罗拉多漂流有什么不同。他说，怒江的激流是一个连着一个的，更惊险，更刺激，两岸的民族风情也更丰富。

2007 年《江河十年行》离开怒江后，在大巴车上，水利水电专家刘树坤说着自己对这趟怒江行的感慨。

刘树坤说，自己这辈子走过中国的很多大江大河。也去过世界上的许多江河。他看到的中国的大江大河已经被开发得很难再找到原生态的了。欧洲有些国家的江河倒是挺漂亮，但那些江河最多几个小时就能走完。而怒江，要想走全程，可是很多天也走不完。刘树坤说，他很庆幸中国还有这样一条大江，它还保持自己的自然面貌。

## 最值得我们骄傲的自然与文化即将消失

2008 年春节前，怒江州的一个朋友给我发来邮件，说今年怒江的"两会"上，州领导向大家宣布一件特大喜讯：中央批准了怒江六库修建

2006 3月 100个村民的采访

对村民的采访

2007 年《江河十年行》穿越泥石流

水电站。

这位朋友的消息后来得到的证实是，发改委有文：同意规划六库水电站。

2008 年"两会"期间，十一届全国人大一次会议的全国人大代表、云南代表团团长、省委书记白恩培接受了英国路透社记者白宾的采访。我从《春城晚报》上抄录了其中和怒江有关的一部分：

白宾：云南是一个有山有水的省份，发展水电条件不错，云南的水电目前有什么发展计划？我知道有一个怒江水坝项目，现在进展如何？怒江是一个联合国保护区（世界自然遗产），有一些环保组织比较反对水电开发，云南有什么看法？

白恩培：云南经济发展我们确定了 5 大支柱，第一个是烟草，第二个是矿产，第三个就是生物产业，第四个是旅游，最重要的就是第五个电力。

云南的水电资源占全国的1/4，大概在各省区排第二位，包括了澜沧江、金沙江、怒江流域。为了环境保护，全世界都提倡发展清洁可再生能源，搞水电是一个非常好的选择。我们就积极推进水电发展，包括怒江。

但是有个前提，电站的建设一定要协调好流域的关系，我们是上游，不能够影响到下游生产生活；不能够因为修电站，使生态环境受到破坏；第三是水电站建设，应该给库区老百姓带来好处，不能带来不方便，或者是生产生活质量下降。只要这三点都符合，我们就朝前做。

至于怒江水电开发，有人反对，有人支持，我是支持搞的这一派。如果没有去过怒江，你可能会觉得，怒江大峡谷风光多么秀丽，多么好，这么好的地方怎么能够修电站，风光被破坏、环境被破坏呢？我要给你介绍一下，怒江是边疆民族自治州，当地海拔2000米以下的树木基本上都被砍光了。只有通过经济发展，老百姓收入增加，生态才能得到更好的保护。

白宾：怒江水电开发何时开始？

白恩培：现在还有两个工作要做，一个就是协调下游国家，比如缅甸的意见。缅甸在下游也修了很多电站，所以不是协调是否修建的问题。我们要尽最大努力的，就是能够让知识界、舆论界的认识能够基本一致。让大家都觉得，建电站对老百姓有好处，对生态有好处，基本上就可以开始。

总不能说要求我们怒江的老百姓仍然穿着兽皮，让大家参观，就是生态保护吧？他们也有生存的权利，他们也要发展。

2008年3月"两会"期间，看到白恩培这篇访谈后我第七次到怒江。在车上问到机场接我的旅行社导游小茶对白恩培说的"总不能说要求我们怒江的老百姓仍然穿着兽皮，让大家参观，就是生态保护吧？"怎么看。

小茶对这一说法的回应是："那是他们对我们傈僳族不了解。"

在怒江边的小沙坝村我问另一位移民时她说："我200块钱一件的衣服也有呢。"说着她让自己的丈夫举起手给我们看："这是他过生日时我给他买的金戒指。"

2008年春天，其实说怒江的水电还没有开工，那是指大坝。各支流里的小水电早就把江两岸凿得不成样子。联合国教科文组织如果再来考察不知会怎么面对那江两岸的伤痕累累。

2008年3月从怒江回来，我写了两篇文章。一篇是和傈僳族年轻人的对话，一篇是和藏族年轻人的对话。因为他们还在怒江生活，文章中我就不用他们的真名了。为了发表，其中一篇文章甚至只能说是大江，而不能提怒江两字。不知道这样的限制要到什么时候才是个头。在我写的和傈僳族年轻人对话的文章中我这样写道：

不久前，一位傈僳族年轻人向采访他的记者提问到："等到只有在填表的时候才写上我是傈僳族，那还叫傈僳族吗？"

这位年轻人住在西南一条大江边，那里的大山因修路被开得千疮百孔，那里大江的支流

五里村

无一幸免地被当地政府卖给了开发商进行水电开发。这位年轻人说，我并不是说国家的工程不好，"村村通"是中央希望全国每个行政村都能够通上公路。可实际上在我们这个地方并不实用。因为我们的山特别大，一搞"村村通"工程，非得把公路挖到山里去不可。公路把植被、田地都给毁了。原来这儿都是很好的水田，大挖掘机一挖，水田都被挖出来的泥土埋了，树被挖了，泥土里面夹杂着石头、水泥，它对整个生态的破坏非常严重，植物要想再长出来需要很长的时间。

现在，很多人都认为江边人要想致富，唯一的出路就是去修水电，我不这样认为。一条江的开发，对整个中国来说，贡献大不到哪儿去，不开发对整个国家来说，损失也小不到哪儿去。可是对当地来说，这样的开发，就会让他们最值得骄傲的自然与文化消失殆尽。

年轻人说自己的故土观念特别强，因为非常喜欢这块土地，也很想尽自己最大的努力去保护它。他说或许他们那里山上的老百姓，现在可能比我们想的还要穷，可是这些生活在大山里的人，他们每一天都很乐观，很积极地面对生活。或许他们一年四季连肉都吃不上，连油都吃不上，但依然天天唱歌，天天跳舞，天天喝酒，这就是他们的文化，他们的生活。穷，但快乐地生活，还把家园保护下来了。让大山，大江的自然风貌代代相传，这就是今天傈僳族山里人的生活。

这位年轻人说，现在无论是在中国还是在世界上，生态破坏越来越严重，文化也消失了很多。但在傈僳族人居住的大山、大江边，自然生态和文化传统保存得还很完整。那里有傈僳族最传统的"沙滩埋情人"，就是一对心爱的男女，在旁人看来有了意思，就会被抓到一起，挖一个沙坑埋进去。还有澡堂会，"过刀山，跳火海"、射弩、剽牛祭天……从古到今，傈僳族人大节，小节都是跑到江边的沙坝上做这些活动的，整个村子的人都去。我们这里的人把冬天的怒江形容成女人，漂亮，温柔。把夏天的怒江形容成男人，强悍，勇猛。可是开发了大型水电以后，水平面就要上升，沙滩就要被淹没，高山平湖水的颜色还能有冬夏之分吗？剽牛、射弩这样的活动，不在沙滩上进行，就没有了原来的感觉和味道。

如今，让这位傈僳族年轻人担忧的还有，如果水平面一上升，所有的植被不可能在短期内改变自己的基因适应新的环境，只能灭亡。他对有学者在电视节目中说，他们那里海拔2000米以下的植被都被当地人破坏了的说法很有意见。他认为傈僳族对生态的保护是非常重视的，要不然怎么还能留下那么漂亮的、自由流淌的、有激流的一条大江。而且傈僳族人对自然的保护并不是刻意的，是世世代代传下来的生活方式，这种方式是与自然和谐相处的。

热爱自己家乡的年轻人说：我们这里呼吸的是比氧气还新鲜的空气，游泳是在矿泉水里游。我们这儿的气候是立体的。六到七月，江边很热，半山很凉爽，高山是寒带，一旦大坝修了，水平面升高了，还有这些吗？

让这位傈僳族的年轻人不明白的，除了到只有填表时才填上自己是傈僳族，还叫傈僳吗以外还有：国家这些年来既然这么重视环保，重视非物质遗产，保护这些对领导来说，也应该是他们的政绩呀？难道他们能不在乎一种文化的消失吗？这位怒江边的年轻人说，真的不希望以后自己的子孙，很多少数民族的子孙，被问起我们这里的大江原本是什么样子时，只能翻着相册指着照片告诉他们，以前这里的水是流动的，还有非常急的激流和沙滩。如果真的要靠照片告诉我们的子女家乡的大江是什么样，湍急的河流是什么样，沙滩是什么样的时候，那不是我们最值得骄傲的东西的消失，又是什么？

傈僳族的年轻人说，在我们这里大搞开发的人认为我们这儿的自然生态和文化传统不重要，因为我们的生活太穷了。可我接触的，到我们家乡来旅游的外国游客，都特别特别羡慕我们有这么漂亮的蓝绿色的大江、雄伟的大山，最重要的是它们至今还保护得如此完整。可是，作为中国人，我们怎么就不懂得继续保护，珍惜呢？太奇怪了。

这位年轻人在外面读过书，他说自己知道外面是什么样子，也知道过度开发后，他们将要失掉的是什么。他说自己常常对朋友们说，要告诉我们的孩子讲傈僳话。告诉我的孩子，将来他也要教他的孩子讲傈僳话。如果为建设，如果水位抬升了，人们都搬迁了，村子里的故事，当地人心中的英雄就都没有了，什么是民族文化的消亡？这就是。所以他认为，一条大江的生态、文化的保留，比修建水电站更重要，而且是重要得多！傈僳族文化应该在中国民族大家庭里留有一个席位。

外面的人总说我们这儿的人很穷。这位年轻人坚持认为：一个人的生存状态不是别人说好不好，应该让他们自己说。

"建电站说是为国家做贡献，直接影响着国家。我们老百姓也是国家的老百姓，影响了我们的生存也就是影响了国家。"这段话是家住怒江边的一位藏族青年说的。

在云南省贡山县迪麻洛村时，我采访了村子里的二十几位藏族青年。对他们的生活、学习、工作等情况有了基本的了解。

这些藏族青年大多数都没上过什么学。二十几个中，只有一个上到了初中二年级，其余的小学都没有上完。他们告诉我，这个村子里只出了一个大学生，目前在昆明财经大学法律系读书，还没有毕业。这里的藏民基本靠种包谷、养牛羊、酿酒来维持基本生计。村里也有很多年轻人出去打工了。

迪麻洛村现在和外界最多的接触是，从那里可以翻过高黎贡山到云南的德钦，那里的梅里雪山和白马雪山是游客热衷去的地方。很多喜欢登山的人会从这个小山村找登山的向导，这也是村里年轻人的一笔收入。

和这些年轻人聊天，他们说得最多的是："开发水电并不能给我们带来任何好处。从其他修电站的地方我们知道，修了电站后我们用的电和别人一样贵，是电力市场的统一价，甚至比以前还贵。"

这些接触了外面世界的年轻人说："电站全部建立起来以后，我们怒江的民族文化、传统就要消失。到外面去找生活，我们连马路都不会过。"

那个晚上，在月亮下的小村里，我先是和二十多个年轻人一起聊，天快亮的时候，木屋里只剩下了我和阿洛，下面是我和这位藏族青年的对话：

记者：你们怎么知道这里是世界自然遗产地呢？

阿洛：当时联合国教科文组织的两个专家，还有国内的两个专家考察的时候，他们在离我们家很近的地方休息，那个时候他们提到了三江并流，当时两次考察走的都是这条线。

还有一个人，好像叫桑赛尔，他考察的时候也走了这一段，直接从香格里拉过去，迪庆州的领导送过来，怒江领导来接，当地政府做了很多事情，比如专家来之前该做的很多策划。

记者：为什么会在世界自然遗产地修大坝呢？

阿洛：联合国的人已经走了。我们说没用，

他们说这个是国家的建设，他们说怒江这么穷，光说这个保护那个保护的，怎么发展起来？他们就是这个意思。

记者：你觉得可以靠开发水电发展起来吗？

阿洛：我们没有什么收益，我们用的电，以前2角，现在4角6分，说是还会涨。

记者：那你们可以去电站打工吗？

阿洛：不可能，现在很多打工的都是老板从外面带过来的，当时做勘探的时候我也跟我们村委会的领导讲过，我说我们能不能阻止这样的破坏，当时村委会的主任说，有了这么大的工程以后，我们迪麻洛的年轻人，100多个闲着没有事儿干的年轻人，就可以就业了。

我当时就认为不可能，因为我们当地人没有文化、没有技术，人家是不会要我们的。但是当时他们说肯定要、绝对要，结果人家就是不要。他们不要长期的工人，只要一些非常短暂的临时工，时间长了就不要了，大部分人去干了也拿不到钱。在电站那边修路的工人就拿不到钱，因为工程中间有很多老板，承包商跑了你上哪儿拿钱？去的时候也没有劳动合同。

记者：也不签约？

阿洛：不会签，当地人没文化。

记者：你对三江并流了解多少？

阿洛：我们听说三江并流是三条江并在一起流，那才叫三江并流嘛。现在他们说海拔2500米以上算三江并流世界遗产，可2500米以上没有江，怎么算三江并流呢？

三江并流世界自然遗产不能被破坏，但是，我们说了这话就得罪政府，不说就产生了这么大的损失。粮食长得好的地方都被淹了，没法种粮食了，阻断了我们的经济来源，直接影响到老百姓。老百姓穷了以后直接耽搁国家。我们种的地是国家的，我们也是国家的，农民也是国家的，老百姓也是国家的，我们穷了还是给国家添负担。现在到处都在修楼，到处都在修电站，老百姓的地全部塌方了！

我们听说，以后从怒江过去基本都是电站。那些地方以前是最漂亮的，特别是坝子，建了梯级电站就看不到了。这里还有很多树，都是几千年的，有板栗树，也有核桃树，这些年为了修电站，都给砍了。一棵千年核桃树给砍了才赔150块钱。要是卖核桃的话，一年能有1000块钱的收益。

我：你家砍了多少树？

阿洛：砍掉了两棵，一棵赔150，两棵赔了300块钱。

现在迪麻洛电厂这么一个小小的电站，已经影响了这么多林木、地。怒江上的电站建起来以后损失会有多大？现在一些经济林木已经有几百年、几千年了，重新种，从小到大，要花费多少心血啊！我们最好的地方就是怒江边，现在怒江边全部都被淹，老百姓到其他地方生存是很不可能的事情。而且移民是要往上面移，经济林木也是在江边种会长得更好，听说我们这儿还要开矿。

现在国家是保护鸟类，保护野生动物、保护生态、退耕还林，弘扬生态文明，老百姓保护也是在为国家保护，为我们自己保护，为我们的子孙后代保护。如果开发没了，我们的子孙怎么生存？建电厂要在高山底下挖土，上面的植被就会脱落。

现在我们吃的用的都是以前我们祖祖辈辈耕种下来的，以后我们搬去别的地方了，这些祖祖辈辈的东西就没有了。

当地人现在都在说，这些工程其实都是一些电力公司的行为，说白了，就是一些老板干的事情。他们都是以国家的面目出现。一些地方政府完全站在这些人身边，不为老百姓说话。一些当官的，他的屁股不是坐在老百姓这边，政府成了那些人的办事员了。在这样的情况下我们怎么办？

我觉得现在农民自己就是要组织起来捍卫自己的权利，这是宪法赋予的权利，不是当官的给的。我们要捍卫这个权利，不管国家还是老板，要在这个地方修建东西，就要和我们商量，我们要合理交易，商量要赔偿多少钱，核桃树生长了一千年，应该怎么做，不应该是给150块钱赔偿就算了。

怎么能留住我们的文化、我们的传统、我们现在的生活方式，这对留住怒江的自然很重要。如果真的把那些规划的电站全部建起来，我们怒江的民族就要消失了。

2008年3月14日告别阿洛后，我们到了怒江州的兰坪县玉狮场村，那里的山民正在进行一场激烈的争论。起因是当地发现了矿藏，如果挖矿就要修路，修路就要砍树。村里主张开矿的

普米族山上的大树

人认为要想也过上和外面一样的生活，只有开矿。而村里的另一派观点是，为何坚决不修路？是因为这么多年来常常听到外面有了大旱，有了大涝，有了泥石流和山体滑坡。而他们的生活虽然穷些，但因为有森林，有大树，这样的自然灾害从来没有发生过。路可以使一个"穷山恶水"的地区富裕起来，也可以毁灭一片富饶的自然资源。在云南一些地区看到的景象是，凡是公路修通之处，郁郁葱葱的原始森林便成片倒下，迅速

绿家园志愿者为当地的图书室捐书

孩子们在喊着怒江

变成一片不毛之地。我们是要过安稳的日子，还是要一时的富裕？

著名音乐人陈哲在采风时发现了这个在普米族人居住的地方的激烈争论。于是他向民间组织求助，领养当地的大树，帮助要保护大山里的大树的村民们。

我们此行为山上的66棵大树标了号。希望由民间发起，自愿地做些当地政府现在还没有做的可谓生态补偿的事。回到北京，我在凤凰卫视《锵锵三人行》做节目谈到领养大树的事时，主持人窦文涛领养了001号。

生态学家说：普米族文化的精髓建立在谋求人与自然、人与万物生灵和谐的秩序上，这种安静的生活方式是建立在山地经济与自然协调发展基础上的。

为了留住一条江的自然，我在8年的时间里去了12次这条大江。一次比一次更让我觉得我要为留住这条大江的自然、留住这条大江的文化和传统做出自己能做的努力。一次比一次对这条大江产生更加深的依恋。

下面这张照片，是2007年圣诞节我们和怒江边的孩子们聚在一起时，他们和我们一起扯开嗓门大声地喊着：怒江，怒江。

# 11

## 莱茵河畔的
## 昨天与今天

越来越宽的德国自行车道

学生公寓前

2008 年 11 月 18 日，应德国外交部的邀请，我来到了莱茵河、易北河流过的城市与村庄。第一印象，今天德国街上的自行车道比我 1991 年第一次到德国时宽了一倍。

忆往昔，1991 年我走在德国的街上时，很少能看到自行车，即使有人骑，也是一身运动装的打扮。这次到德国，一大早街上虽然不能像我们北京似的用川流不息来形容自行车的流量，但从街上骑车人的急，能看出骑自行车已经不仅仅是健身，也成了交通工具。住宅楼前，一堆一堆的自行车，也不少见。我问给我们开车的司机，自行车道宽了是从什么时候开始的，他告诉我大概是 10 年前。

## 在德国，79% 的水是不能开发的

这次德国行，接待方歌德学院为我安排的采访是从德国国家环保部开始。环保部水资源保护署署长罗塔·维尔纳接待了我。他回答我的一个问题让我有点没想到。就是在德国，农业污染仍然是个让人头疼的难题。

罗塔向我介绍水的管理时说：德国有关水质的问题归水源保护署管，而河道上的工程，包括航道就归交通署管了。我们中国的河流被形容为"九龙治水"，德国虽然没有那么多"龙"，但各负其责也是目前管理水的现状，而不是统一管理。从罗塔的口气听起来，他对此还是有话要说的，只是我们没有深入下去探讨这个问题，河流如何管理，无论是发达国家还是发展中国家都有要面对的挑战。

罗塔说：德国的河流变清，对公众来说是从 1995–1996 年开始的。重要标志是 2000 年放归的鲑鱼成活了。因为鲑鱼对水质的要求很高。它们能够生存，说明河里的水已经达到了一定的清澈程度。

这几年，我们一说起发达国家的河流，总是羡慕不已。这次德国之行细打听后知道，德国河里的水真正清了，也是这个世纪的事。这样算下来，他们的工业革命多少年了，污染的时间可就真不短了。所以我们中国水污染的问题也别太悲观，人家发达国家都用了那么多年才让河水变清。我们改革开放才 30 年，现在问题虽然严重，已开始重视，重视就有希望。

环境事件，对中国的环境保护来说，可算是重要的警示。其实，让德国乃至欧洲公众警醒的也有，例如 1986 年德国和瑞士交界处，三多斯化学工厂因事故造成的污染，使得莱茵河里的鱼大量死亡，生物多样性遭灭顶之灾。自那以后，德国、法国、瑞士、荷兰四国成立了莱茵河国际河流管理组织，共同处理莱茵河的水质问题。

德国现行的管理水的政策，一是水不经处理绝对不许向河里排放；二是不同的水要用不同的方式处理，由不同的部门处理。

对罗塔的采访中我还知道，现在德国有 79.8% 的水不能使用。特别是地下水不能用。不能用的原因，一是德国现在不缺水，降雨量够了；二是他们认为，建设水利工程、发电，都会影响鱼类和生态。所以，自然的、江河里的水也不能用于这样的开发。

这些年在中国主张建坝的人总是说，西方发达国家的江河 90% 都开发了水电，他们现在不开发了是因为都开发完了。

德国环保部水资源保护署署长罗塔·维尔纳告诉我的是，德国有 79.8% 的水是不能被开发的。在德国，开发与利用水资源，开发的是那能开发的 21% 的水中的 90%，而不是所有水中的 90%。

在德国，用于核能等工业冷却水占 13.2%。这些水虽然不会造成水污染，但会影响河水的温度。所以，这部分用水，不但不能用那要得到保护的 79.8% 的水，而且要根据季节的变化进行调整。比如夏天天热时，向河流里排放的冷却水的量，就要被严格限制，能少用就少用。水温对水生态是有影响的，这一点在德国已经达成共识。

在德国，工业用水占用水量的 4.1%（不含工业冷却水），而农业用水，在德国只占用水量的 0.1%。而德国的农田占国土面积的差不多一半。

我告诉罗塔，在中国，农民过去有习惯，每年农闲的时候就要清理河泥。这不仅对水清有作用，而且这些河泥还是很好的肥料。可惜人们现在都不费那个劲了，改用化肥。罗塔告诉我，德国从来没有挖过河泥，现在所有的水都进了污水处理厂。处理污水时会产生一些污泥，处理污泥的办法就是烧了。

我也告诉罗塔，在中国很多企业有污水处

理设备，但常常是应付检查的，因为使用起来成本太高。而污染了水罚的钱相比起来就没有那么可怕。

罗塔说，在德国，污染了水可能就不仅仅是罚钱了，还有可能坐牢。在德国，每条河上都有自动监测系统，6分钟检查一次。所以谁污染了河水，很快会被"揪"出来。

"所有的水都要被处理，这笔钱谁出呢？"我问，罗塔给我打出了一个收费标准表。并告诉我，在德国居民用一吨水收费是1.8欧元，而污水处理费，科隆、慕尼黑、法兰克福是2欧元左右，汉堡和柏林都高达每吨4欧元。

德国的莱茵河也曾被渠道化，而德国的另一大河易北河就没有被硬化过。今天这一说法在罗塔那儿得到了证实。罗塔告诉我，德国河流渠道化是从1835年开始的。1872年工业革命时，这些工程使莱茵河的生态被人为地改变了。与此相比，易北河则要好得多。所以，虽然易北河的污染在东西德统一之前也很严重，但治理起来却比硬化了的莱茵河容易很多。这种现象在欧盟各国有很多相同之处，所以欧盟各国已经达成共识，要在2015年完成河流恢复自然的改善。

在德国访问的第一天，我知道了埃姆舍合作社，是关注德国河流保护的组织，建于1899年。

早在1850年，埃姆舍河就被煤矿的开采严重地污染了。开矿后的人口突增，使得因污染带来的问题愈发严重。除了污染以外，采煤对山体的影响，使得当地洪水的发生也多了起来。

埃姆舍河流经德国的16个城市。早年间对这条河流有影响的就是开矿、洪水，再就是渠道化。原来弯弯曲曲的河道，为了让污水迅速通过而被"搂直"了，被人为地弄成了V字型。

对埃姆舍河的治理差不多是到了上世纪80

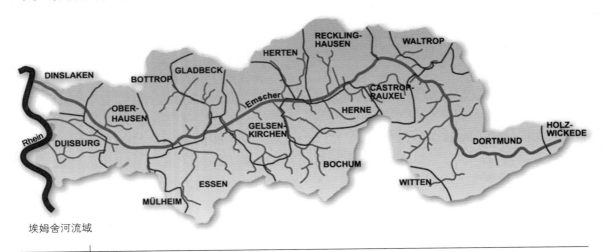

埃姆舍河流域

当年被污染的埃姆舍河（照片：埃姆舍合作社提供）

年代。情况的改变，一是德国人的环保意识加强了，再一个就是苏联时期切尔诺贝利泄漏的灾难。从 1991 年到 1997 年，埃姆舍合作社总共投资 2.3 亿欧元，在原来的埃姆舍河上建立了新的污水处理厂。到现在为止，埃姆舍流域有 1 / 8 的河流有了改变。

德国亚洲基金会的两位朋友和台湾来的许友芳博士和我一起走到了埃姆舍河边和它的支流。和中国的河比起来，不管是埃姆舍河的干流，还是支流，都只能算是小溪。可是在德国，讲到河流生态的恢复，因曾经的污染严重，到今天的改变明显，拿埃姆舍河说事，也算是德国人的骄傲了。

埃姆舍河

现在，85 公里长的埃姆舍河上有三个大的污水处理厂。对这条河整治的第二步，就是把过去修成的渠道恢复成自然。当然让河道重新弯弯曲曲已经不太可能，因河两岸已住上了人家。在德国要人搬家，绝对不像这几年我们关注的中国水库移民搬家那么简单。

全流域面积 865 平方公里的自然恢复，带来

了 5000 个就业机会。全工程的预算是 4.4 亿欧元。整治埃姆舍河的经费，老百姓中收上来的污水处理费占了相当大的比重。再有就是向国家和欧盟及基金会申请的项目经费。当然，住在埃姆舍河两岸的年轻人，也是一支不可小看的志愿力量。他们在河边的活动，有点像我们北京几家民间环保组织共同发起的城市乐水行。

## 从汉堡鱼市看德国江河

除了莱茵河外，在德国家喻户晓的河就是

易北河上

易北河里的鱼

易北河了。易北河从汉堡流过100公里后进入北海。汉堡码头对中国人来说并不陌生。如今中国是德国重要的贸易伙伴，码头上有很多中国的货船，所以德国人对中国也很熟悉。

1991年我第一次到汉堡时，汉堡城里的鱼市是我慕名而去的。我知道每到周日，逛鱼市，这一传统在汉堡人生活中是不可或缺的。

周日早上6点多钟，卖鱼的、买鱼的就都

聚在了那里。10点钟关市。这个历史上留下的传统是因为周日的10点钟人们就要去教堂了。今天虽然不是人人都要去教堂，但10点钟结束交易，已成了汉堡鱼市的规则。

这次在汉堡采访，让我很吃惊的一个数字是今天易北河上的渔民人家只有五六户了。当地人告诉我，以前上百户都不止。汉堡环保研究所的研究员维诺给我解释了其中的原因：污染。

在德国，人们说到江河的问题一定要说的就是污染。而没人提起水坝。

一位在德国生活了23年的中国人对我说：19世纪德国工业革命时期，人们不知道对自然的破坏、对江河的污染会影响到人的健康。一旦知道了，就当成大事来抓，因为谁也不希望拿自己的健康开玩笑。

要钱，还是要未来？德国人对此想得很明白。

在汉堡的易北河边有一个监测站。就是前面说的每隔6分钟就会自动监测水质的站。这样的监测站，易北河一共有10个，不仅监测水质，而且也监测易北河里的鱼和生物多样性的变化，泥沙的含量。

在这个监测站里我问：要是有了污染很快就知道是什么污染、谁污染的，要负什么法律责任吗？工作人员维诺做了一个两只手被扣起来的姿势。

在德国，江河的污染是从19世纪中期开始的，但那时对江河污染的速度很慢。第二次世界大战后，随着现代生活节奏的加快，污染的速度

平日的鱼市

鱼市外面

也加快了。

在德国，上世纪70年代后，人们开始改变对自然的认识，绿党的产生，母亲对孩子健康的关心，越来越多的人关注江河清澈的原因。到了八九十年代，尊重自然、垃圾分类、资源回收，都成了人们保护自然的新观念及新举措。

我是在德方为我提供的一位导游的陪同下游易北河的。一上船就看到一群四五岁的孩子。当时风很大，孩子们一个个瞪着眼睛四处张望。

1991年我到德国时，在火车上就碰到一群小学生坐着火车到森林里去上自然课。难道这么小的孩子也在接受环境教育？带着疑问我问了船上带着孩子们的老师得知后，孩子们的家在易北河两岸，当然应该从小就了解家乡的河。不仅是我去时坐的船上有在认识自己的家乡的河的孩子们，回来的船上也有。11月的易北河上已经很冷，船开起来时，风真的很大。我想中国的爸爸妈妈能同意让幼儿园的老师带着自己的孩子在风中了解家乡的河吗？

易北河是中欧主要航运水道之一。它流向西北，从捷克共和国出发，穿过德国，注入北海。它起源于捷克共和国和波兰边境附近的克尔科诺谢山 (Krkonoe Mountains) 南侧，呈弧形，穿过波希米亚（捷克共和国西北部），约在德累斯顿东南40公里处进入德国东部，其余河道完全处于德国境内，河口位于北海岸上的库克斯港 (Cuxhaven)。

易北河全长1165公里，约1/3流经捷克共和国，2/3流经德国。流域总面积144,060平方公里。

易北河是汇集距捷克－波兰边境数公里的克尔科诺谢山中的许多源头小溪而形成的。它在捷克共和国境内流向南又转向西，形成一道约362公里长的宽弧，在梅尔尼克 (Melnik) 与伏尔塔瓦河汇合，又在下方29公里处与奥赫热河合流。然后奔向西北，切穿风景如画的易北河岩山而在6公里长的峡谷中进入德国。

虽然易北河上游在捷克共和国和德国的盖斯特哈赫 (Geesthacht) 都建有水坝，在伏尔塔瓦河和萨勒河 (在图林根林山中) 也都建有大水坝，但是它们都不足以控制易北河水位的高低变化。

全球气候变化对易北河的影响也很大。除了雪线上升，冬天越来越不冷了以外，导游塞比娅告诉我，2006 年，夏季雨水丰沛的汉堡竟然有八个星期没下雨。而我们一起坐着船在易北河上行驶时，她一再地指给我看：看看，水已经淹了大树了，水已经到那么高了。

塞比娅在向我介绍汉堡时，有两句话让我觉得很有琢磨头：世界上，贫穷国家的人没有钱，可偏偏要生那么多孩子。德国那么富有，人们却越来越不要孩子了。德国的经济发展已经150 多年了，污染还是问题。中国改革开放才 30

年，环境被污染得很严重，但可以从西方的经验中学习到很多东西。

这次在德国采访时，我常常陶醉于自己的访问中，甚至时不时地在问自己，记者的职责是什么？我什么时候能只做记者，不再以 NGO 的身份一天到晚地呼吁关爱自然、保护环境要公众参与。

我期待着那一天，只做记者，普及知识，传递信息，舆论监督。写到这儿时，我的眼睛里充满了泪水。是对职业的爱，还是别的什么，我也说不清。

在柏林一大清早拍到的这两张照片，让我感觉到的是在看 18—19 世纪欧洲小说里的情景——宁静而清澈的河水，河边石头建成的教堂。当然，照片上的德国，不是在一二百年前，而是在 21 世纪的今天。

有意思的是，随后在柏林参议院健康与环境研究所采访时，施罗德研究员在给我介绍柏林河的变迁时，放的第一张照片偏偏就是 150 年前柏林的街头。他说，那时候人们的习惯是水随便泼到街上。

几天的采访，不管是在波恩、埃森，还是在汉堡、柏林；也不管是国家环保官员、水专家、大学教授，还是民间组织的人，说到德国的水，都谈到了 150 年来的污染与治理。

这样一个数字是德国化学协会、水化学学会主席马丁·耶可博士给我的：德国的河有 85%被渠道化了。莱茵河比易北河更严重。

我问马丁博士，有恢复这些江河自然的计

汉堡鱼市边的建筑

汉堡小酒吧

算某些企业和某些人。这也是德国150年来，从对水的污染到对水的治理的经验。

在我的采访中，马丁博士特别强调："我们走过的弯路，中国可以不再重复。"

后发优势，借鉴他山之石，吃一堑长一智，这是我们从小就懂的道理。可要想在现实中做到，并不那么容易。

我没有和马丁博士就这个话题继续说下去。他是一个工程技术人员，我是记者，德国和中国的区别也还有体制上的事，那就

划吗？马丁博士说，已经不可能了。两岸住了人，有了那么多的建筑。而且像埃姆舍河那样周边还是自然的环境，恢复起来钱要花得也太多了。在德国，花纳税人的钱，是要得到纳税人的同意的。

说到这些时，我请马丁博士对今天中国江河的问题做个评价。他说，不管我们人类对自然做什么，都应该考虑到综合效应。水坝，能防洪、饮用、发电，但是对生物多样性的影响、对鱼的影响、对住在两岸的原住民的影响，做成本核算时不能不算在内。

要算的一是谁会赚到这个钱；二是这个算是算大账，不是算小账。算是算长远的账，算可持续发展的账。而不是只算近期，只算一时，只

今天的易北河畔

不是我俩一时半会儿能说得完的。

马丁博士现在和中国有很多合作，北京奥林匹克公园里就采用了他的净水技术。我说，中国现在很多企业明明有污水处理设备，因使用起

水化学学会主席马丁博士

德国总理工作的办公楼

柏林城里的森林

来费用太高，宁愿被罚钱也不处理，就成了一些企业的选择。

马丁博士说，在德国一切都要进行经济核算。企业排水越清洁付的钱越少，排的水越脏，要付的钱就会越多。在德国，前面我说过老百姓付的处理污染水的钱，比用水的钱还要高。柏林处理污水的钱就高得吓人。老百姓用一吨水付的是 1.8 欧元，污水处理费要付的是 5 块多。马丁博士的解释是，东柏林过去没有多少处理污水设施。东西德统一后，需要大量基础设施的建设，这些钱从哪儿出？用水的人、排污水的人，就都要付这笔钱了。

2006 年夏天，我在离西安不远的渭河边采访。那里由世行贷款，用丹麦的设备建了一个很大的污水处理厂。可是，建污水处理厂的钱有人出了，运转的钱要靠企业自己去找用户收。企业收不上来，污水处理厂就只能搁在那儿，听凭风吹日晒。

马丁博士说，德国污水处理设施的建设费，平均下来每个人要付 2000 欧元之多。当然，老百姓付的水钱里都包括什么，老百姓知道的清清楚楚。在中国，老百姓现在用的每度电里都有为三峡工程出的钱，又有多少人知道呢。

在汉堡采访时塞比娅和我说：儿子洗澡时我要提醒他，不能为了舒服就在那儿冲个没完，你冲的可都是欧元。

我们国人洗澡，有谁想过我们洗的是人

民币吗？老一辈人可能还有这个意识。年轻人，多半会说这几个钱我花得起，人家德国人是花不起这个钱吗？

利用雨水，这两年在中国也被认为是解决缺水问题的好办法。马丁博士却说，用雨水要有一套清洁雨水的设施，会很贵，一般人用不起。德国也有一些有钱的人，大家一起摊钱铺设这样的处理设施。钱要自己出时，一定要算算，值不值，用不用得起？

在德国，任何一个好的环保设施使用起来，不仅要付得起费用，也要有有环保理念的人。所以说，有钱没理念不行，有理念没钱也不行。

要钱还是要未来？在德国，不光是嘴上会问，也都是要做经济核算的。这个核算落实到了每一个人，从政策制定者到执行的人。也落实到了每一件事。从污水处理到洗澡。

其实我们中国的老百姓，花自己钱的时候谁不算账呢？那花国家的钱时算吗？国家花纳税人的钱时算吗？算是怎么算的，不知道的话，就有可能是出错的"温床"。记者应起的监督作用就要上。

在德国，莱茵河、易北河上都没有只用于发电的水电站。这点我们中国一些水电专家也没弄清楚。德国有水库，是解决饮水的。有坝，但不会把河全拦住，是拦一半。水库运转中产生的能源就顺便发电了。水电在德国占总发电量的9%。

在德国采访，马丁博士给我讲清楚了一个过去我知道但不太明白的技术问题，就是水库会产生温室效应。马丁博士是这样解释的，我试着说说，看能不能说清楚。人为蓄水，库底大量沉积物像树木、房屋等，会使水变质，以至于厌氧也就是甲烷产生。而甲烷，就是温室气体。

马丁博士说，水电站如果没有把库底清干净，其温室效应的影响是很危险的。所以水电不是清洁能源，它在温室气体排放上，并不比用煤好。在人们对全球气候变化的担心越来越严重的今天，水库产生的温室效应不应该再不被重视了。

喜欢算账的德国科学家，对于水电还算了另一笔账。人为蓄水产生的沉积物也包括泥沙，泥沙会使水库的库容减小。如果花了很多钱，就应该算算花的这个钱数和它使用的时间比起来是不是值得。花了很多钱，还不算对自然的破坏，没用多少年就被泥沙淤满了库容，划不来，也不能建。

曾经是加工牛奶的地方

马丁博士和我算这些账时，我脑子里想的是，目前我们建的那么多水电站，是谁花的钱？是政府，是纳税人，还是企业？而从中赚钱的，又是谁呢？我的一位朋友一直说要算算中国水电这些年到底花了多少钱。可是找不到真实的数据。而这些钱是怎么花的，就更找不到名目与数据了。

采访中，让我很感新奇的还有，马丁博士他们的工作没有近期目标，只有不停地把水处理干净。马丁说，德国没有中国发展得那么快。没有那么快，也就没有那么大的压力。

在柏林参议院下属的环保研究所，我得到的信息是，现在柏林治理污水用的科学技术有屋顶上建花园，有砖缝里种草。在我问到对北京，对中国有什么建议时，拆除马路边不必要的硬化，让水恢复上下流通，是改变城市缺水的好办法，这是马丁博士特别强调的。

这不是技术问题，是思路问题。这句是我说的。

## 为了家乡的河

德国的波茨坦，对我们中国人来说不陌生。1945 年在宣布战胜了纳粹德国后，7 月 26 日，以中美英三国的名义发表了勒令日本无条件投降的《波茨坦公告》。

今天波茨坦在德国的出名，和那里的一条运河有关。而有关这条河的故事，和我们中国媒体和民间环保组织这些年做的保护江河的事，又有着那么多的相同之处。

从柏林乘一个多小时的车，就到了波茨坦流淌着的叫冉科帕茨的运河。它连接着柏林附近的施林那茨湖和哈佛尔河。

运河边的房子现在大多是家住柏林人家的别墅。也有人叫这里为渔村。这个渔村，并不是人们要靠打鱼为生。而是那河里的鱼，吸引着很多钓鱼爱好者。

安德烈·亚茨和培·吉塔，一位是汽车修理兼销售，一位是国家气候变化研究所的研究人员。2008 年 11 月 22 号这个周末，大雪中他们在波茨坦火车站接上我和歌德学院为我请的陪同雷娜，然后开车向河边驶去。

天上飘起雪花，让大地渐渐变成白色。河边的树叶却还显示着自己的辉煌。

这些天在德国采访，接触的不是官员就是科研人员、教授。今天我和雷娜一上车就开始听

为的就是这条河

秋江水寒鸭先知

起了汽车修理工安德烈·亚茨讲着，他们做的和我们这些年干的几乎是一样的事：民间人士保护河流。我们呼吁的是在自然流淌的江河上建大坝时要有公众参与。他们反对的是把自己家门口的河加宽、挖深，为了航运就改变运河的自然。安德烈说："现在运河里就有船，运输也不繁忙。为什么还要开发，不就是开发商有钱赚嘛？"

我们到运河边时，当地人和艺术家们正在进行着一项和平抗议的艺术活动。就是把自己加工的一个个小人的艺术作品挂在河边的树上。他们是要让树上的"守护者"替他们向开发商说：不！

安德烈告诉我，早年间，他们的先辈在河边种上了树。先辈们认为，河的一边住人，另一边种树，出门就能看到树，这是他们认为的自然。这些树今天都是百岁"老人"了。如果要加深河道，这些树就要被砍掉。

河边的这些树，见证了柏林城的建设。从

守护者

为了家乡的河

历史到今天，运河上运载了柏林城发展所需的各种建材，从木头到沙石。安德烈说，也是在这条运河上，曾经要修建一个港口。那也是开发商们要干的事，是能赚大钱的一个项目，后来终于被当地人反对掉了。这些年的事实证明，那个港口不建并没有影响什么。而要是建了，就会破坏现有的自然。

吉塔说，河边的湿地是鱼和鸟产卵的地方，如果加宽河道，这些湿地就没有了。时代发展到今天，我们人类已经越来越认识到我们和自然应该是一种什么关系。我们不是反对经济发展，

现在运河里也有船过，问题是还要再开发，到底为了什么，这不能不让我们多问几句，到底为什么。

哈特·穆特是家就住在这儿的老人。这里曾经属于东德。东西德统一后，不少人离开这里了，哈特说自己是真心喜欢家乡的人。他有一本大相册，上面是开始保卫家乡的河流以来，各种活动的照片和媒体上发表的文章。

让老人生气的是，在德国，有的政府官员竟然在公司里也有职务。开发商利用权力进行开发，使他们赚钱赚得有情有理。哈特说："他们会利用媒体，我们也有我们的媒体朋友，是一些主持公道、热爱自然的记者。"

我问他们，你们为家乡的河流说话有多少年了？ 10年了。安德烈告诉我。

"你们是怎么知道，这里的河要被挖深、拓宽的？"

"他们在媒体上做了宣传。后来也有过勘测。"

"在你们这儿，知情权是怎么体现的？"

"他们一开始也在保密，但我们知道了，要去了解情况，他们不得不告诉我们。"

安德烈说："为家乡的河说话"的参与者除了住在这儿的人，还有一些钓鱼协会、观鸟协会的人。活动所需经费也多是这些协会的支持。我们也会向一些基金会申请项目。核心人员就几个，是一心一意地为河流说话的人。我们的活动像滚雪球，现在知道的人越来越多，德国最主要的杂志上也为此写了文章。现在政府里也有我们

"护河"者

的朋友，他们在制定决策中能起到一些作用。很多警察我们也认识，所以我们的活动也少有激烈冲突。

"往树上挂小人替你们说话，是谁出的主意？"

"我们自己，也有一些艺术家支持我们。"

德国的绿党曾租过一条大船，请媒体的人，还有一些官员游冉克帕茨运河。河两岸还有一些古老的建筑，如果河道加深也要影响到这些建筑和周边的地质。这也是绿党呼吁要保护的。

为一条河的自然说了10年的话。这不能不让我佩服德国人对自己家乡河流热爱的执着。同时也让我看到了，即使在这样一个法律健全，人们对自然的认知已经远远走在我们中国前面的国家，要想留住河流的自然，为河流说话，也那么难。

## 12 人的莱茵河保护委员会

跨地区的河流污染通常是个很难解决的问题，但是莱茵河的有效治理却很有启发。

莱茵河流经瑞士、德国、法国、卢森堡、荷兰等9个欧洲国家，是沿途好几个国家的饮用水源。如今，它可以说是世界上管理得最好的一条河，也是世界上人与河流关系处理得最成功的一条河。

然而，莱茵河并不是一直就这样好，曾经它也号称"欧洲下水道"、"欧洲公共厕所"。现在的成功，和莱茵河流域各国的有效协调合作分

手下留情

来人呀！

不开。现在，莱茵河由莱茵河保护委员会管理，委员会主席轮流由各成员国的部长担任。但这却是一个民间组织，从来没有制定法律的权力。现在委员会的工作人员仅仅12人。但就是这样一个松散的小组织，却有条不紊地管理着莱茵河。

　　在没有制定法律的权力，也没有惩罚机制，无权对成员国进行惩罚的前提下，12人之所以能够管好莱茵河，一是各成员国对污染的认识都很明确，认为流域是指一条河的集水区，一

个"流域"就是一个大的生态系统，彼此息息相关；二是个体对环保工作的热爱。很多人自愿加入到民间环保组织中来，工作起来自然就热情卖力；三是决策会议少，执行会议多。莱茵河保护委员会的最高决策机构为各国部长参加的全体会议，每年召开一次，决定重大问题，各国分工实施，费用各自承担。莱茵河上多个分委员会监管和执行讨论的会议，一年要开70多次，基本上是一周一次，执行效率相当高；四是环保羞耻感

汉堡船博物馆里收藏的"灯塔"

在成员国之间起到了至关重要的作用，建议、评论和批评很有效。此外，还有赖于最有创意制度的精心设计和有效实施。

如今，莱茵河保护委员会中的观察员机构把自来水、矿泉水公司和食品制造企业等"水敏感企业"都组织了进来，使之成为水质污染的报警员。荷兰的一家葡萄酒厂，突然发现他们取自莱茵河的水中出现了一种从未有过的化学物质，酒厂立刻把情况反映到委员会。委员会下设有分布在各国的 8 个监测站，迅速查出这种物质是法国一家葡萄园喷洒的农药，流入了莱茵河。很

快，这家葡萄园就赔偿了损失。

虽然主席轮流当，但保护委员会的秘书长总是荷兰人。因为荷兰是最下游的国家，在河水污染的问题上，荷兰人最有发言权，最能够站在公正客观的立场上说话。更重要的是，处于最下游的荷兰，受弄脏河水之害最大。因此对于治理污染最有责任心和紧迫感。

12 人的莱茵河保护委员会虽然很难协调不同国家的利益，但却硬是保护好了流经 9 个国家的一条大河。而我们中国流经 19 个省（自治区、直辖市）的长江，尽管属于一个中国，尽管有数

今天的柏林墙在地上

万人在管理，却出现了水源污染恶化趋势，两相对比，发人深省。

治理中国江河污染，我们从来不缺少文件、规定、制度、人力甚至资金，缺少的是有创意的、人性化的、精心设计的有效制度和协调执行力。

走在莱茵河畔时，我最想说的是：即使在德国这样一个经济发展已经到了一定程度，人们的环境保护意识也达到了相当高度的国家，环境问题仍是人们生活中的大问题。德国的江河已经治理了几十年，污染事件还时有发生。德国是个法制社会，可为了保护自己家乡河流的自然，德国人也还在努力着。

在柏林，陪我采访的文化人类学、汉学学者雷娜还带我去了柏林人永远都会记住的地方——柏林墙。向过去学习，是德国人爱说的一句话。我记住了。

# *12*

## 美国克拉马斯河 纪事

## 初见克拉马斯河及河边的农家

应香港电视台之邀，2009 年 1 月 13 日我开始在流经美国加利福尼亚州和俄勒冈州的克拉马斯河采访。去之前我就知道那里有四个水坝正在拆与不拆的激烈论争之中。

从旧金山向北开车 6 小时，行程 600 英里，就看到了克拉马斯河。我们是乘飞机先到麦弗德，再租车向克拉马斯驶去的。还在飞机上，我

飞机上看雪山

路边的雪"墙"

们就开始欣赏起这一流域的自然风光来。

下了飞机上路前，将陪同我们全程采访的地质学家托马斯向我们展示着他拍的克拉马斯河与那儿印第安人生活的照片。这些照片让我知道，此行我们不但能看到雪山、冰河的大自然，也能看到美国的少数民族风情。

出机场时，路口收费的女士听说我们要去克拉马斯河，极为热情地告诉我们哪条路好走，以及哪条路上有雾、有雪，一定要多加小心。在中国收费的路口，遇到这样热情的介绍是不多见的。在美国，陪我们一起采访的克拉马斯河保护者埃瑞克说："在我们这儿，这是家常便饭。"

我们的车开出麦弗德没多久，大雾就向我们扑来，能见度只有几米。可只是十几分钟以后，再次看到山中的树时，树上都挂满了冰凌。

我们的车行驶在蓝天白云下时，有些路段仿佛是走在了两边砌着雪墙的路上。久居灰蒙蒙的天、灰蒙蒙的地的北京，在这样的自然中行走，心中满是对自然的感动。

我们采访的第一个水坝建于 1923 年，它的功能就是灌溉。冬日里，水坝显得很宁静。

各种水鸟在河里游荡、追逐。想起曾经也在北京的水库边观过鸟，这样的情景应该是人与自然的和谐相处吧。

当地的人说，克拉马斯河上的这个小水坝，因为早年间鱼通过坝边上的鱼道不那么容易，而在两年前建了一个新的鱼道在水坝的另一边。

家住麦德兰斯的农民路瑟，是我们来之前

坝的全景

采访路瑟

当地河流保护组织为我们联系的一位农民。我看到他的第一眼就认定他就是我们常在电影中看到的那类美国西部牛仔，虽然他的家住在美国的北部。

在水坝前采访路瑟时，他对那个小水坝的理解是，既能灌溉，也要保护河里的鱼。现在河里三文鱼确实比以前多了，去年10月，他的太太就在河里钓到一条一米长的大三文鱼，这在以前是不多见的，所以路瑟认为，新修的鱼道还是有用的。

说到这儿路瑟问我，中国的水坝也有鱼道吧？我说，据我所知，中国到目前为止，还没有一个水坝有为鱼专门修的鱼道。路瑟不解地问我，那洄游的鱼怎么办呢？我不知道要如何回答这个问题。

"上游的四个水电站要被拆了，你怎么看？"我们接着向路瑟提出了下一个问题。他的回答是，国家电网总会调配的，够他们浇地就行。这个在我看来像西部牛仔的路瑟，家中有2000英亩农田。对他来说，浇地当然是重中之重。

暮色中的河水

路瑟的家

女儿的特种马

天色不早了，路瑟知道我们连中饭都还没有吃，说已经请他太太为我们准备了咖啡，正想看看他家那2000英亩的农田是多大规模的我们，听到这样的邀请，差不多是欢呼雀跃了。

路瑟的家沐浴在夕阳中，真美。他的太太在门口迎接我们时，那朗朗的笑声，让我们感到的是农妇的豪爽，而不同于路瑟的那副派头。

2000英亩农田，要多少人管呢？路瑟告诉我们，除了他和太太以外，还有两个长工，收获季节再雇四个短工就行了。这就是美国农民对农场的经营。

我问路瑟，美国的经济危机对他们家有什么影响吗？路瑟说，他们不会失业，也不会像美国很多退休老人那样退休金大大缩水。但是因为大家都没钱了，他们的农产品去年卖的和前年就没法比了。

路瑟太太说自己喜欢周游世界，而她的先生却不愿意离开美国半步。我问她什么时候去中国，她说她不怕远，只是怕到中国不习惯吃的东西。我说："中国菜你一定喜欢。"而她却一再地摇头。这个晚上，我们是从附近的中国餐馆点的饭，吃了以后我才发现，路瑟太太为什么不喜欢美国的中国菜了。

我把那个我现在走到哪儿都要问的老问题提给了路瑟："你小时候家乡的河和现在一样吗？"路瑟说，"差不多，现在空气可能比那时更好些，水的质量可能也好些。"

路瑟家在这块农田里生活已经有三代了。他小时候正是美国污染最严重的时期。我问他，

修水坝之后的克拉马斯流域

## 美国克拉马斯河纪事之二——鱼！鱼！鱼！

"你的孩子将来的生活还会和你一样吗？"他说儿子现在芝加哥，女儿就在 5 英里之外。他现在最担心的是美国的经济危机会影响到女儿今后的生活，而他和老伴现在过得很好，我说："你们的家要是被国家征用，你们会怎么办？"路瑟太太大声说："那我们可要好好和国家算账。"

吃完饭，路瑟拿出两幅地图给我们看。告诉我们一幅是这里的上游修水坝之前的克拉马斯，一幅是修水坝之后，其对湿地的影响。

显然，作为当地农民，路瑟对目前那四个水坝是否应该拆除是有自己的看法的。他希望这块土地能让他的后代继续过他这代人的生活。说这话时，这位 59 岁的男人脸上有的是自给自足的快乐。

这天晚上，路瑟夫妇一听到电话铃声响，就会很紧张地拿起电话。因为就是这两天，他们就要当外公外婆了。女儿的电话牵动着两个老人的心。

从来没有在两天之内听到那么多人谈论鱼。在美国的克拉马斯河边采访时，无论是科学家、当地居民，还是河流保护者，三句话就离不开鱼。"我祖父靠打鱼为生，我已经不能靠打鱼为生了，不知道我的孩子将来还能不能再靠打鱼为生。"

"河流给我们带来了多少快乐，我们可以在里面游泳、玩耍。以前打上来一条鱼是要大家分享的，分享的过程也让我们学会了兄弟姐妹要互相关爱，分享的习惯让我们终身受用。"

1986 年，克拉马斯河的支流 Butte ck 里的鱼只有 100 多条，2004 年水坝拆除后河里的鱼一下子增加到 11，000 甚至 17，000 条。"修水坝的人为什么只算发电赚的钱，卖鱼也能赚钱呀！"

"过去人们想的总是人与河的关系，人可以从河里索取，现在人们越来越多地会想到水和鱼的关系，河里不能没有鱼，鱼也不能没有水。有鱼，不光人有了食物，鸟也有了食物。"

"水库里水的质量不好，人可以不喝，鱼不能不喝！鱼也有鱼的家庭，鱼也有鱼的喜怒哀乐，人类想过这些吗？"

"印第安人的文化离不开鱼。人们从小就知道河里有鱼，有关鱼的知识，想想学的还真不少。为什么长大了，就忽视了鱼的存在呢？"

"正在慢慢恢复自然状态的克拉马斯河，像

200 多条一群的三文鱼

农庄里的小河

这样一群就有 200 多条鱼的河段如今也有。"

这些话都是我在克拉马斯河边采访时听到的。

"长江上游为什么不能修电站，不就是那么三条鱼吗？"这句话出自中国的院士之口。他说的三条鱼，是长江里特有的达式鲟、白鲟和胭脂鱼。三文鱼并不是美国的特有鱼种，但是现在被生活在克拉马斯河两岸的人民视为保护江河的重要原因！

关爱鱼的人，家乡的清晨充满着大自然的魅力。

电视制作人托马斯为了拍克拉马斯河边的人们是怎样为鱼请命的，已经在这里的河边住了 5 年。今天他带着我们走到当地最具争议的四个水坝其中之一的山上，让我们看这个水坝的鱼道，托马斯说他亲眼见过鱼在这个鱼道里游不过去的时候，是怎样挣扎的。

依照美国的法律，水坝经过 50 年就要重新评估。克拉马斯河上的这四个坝前年就到了 50 年。为鱼请命的科学家、原住民和河流保护者强调的是水库里的水质不达标，需要重新维护。靠水电赚钱的公司，拼命想证明水坝还是可以用的。今年 5 月争论就要见分晓。克拉马斯河流保护者埃瑞克认为，这四个水坝早晚是要被拆掉的。她说，水电是清洁能源，但不是所有的河上的水坝都是清洁的，要看这条河有没有条件。克拉马斯河里的鱼喜欢冷水，而水库让水的温度升高了，影响了三文鱼和其他鱼类，影响了生物多样性，那这个水电的产生方式就不是清洁的了。

如果既影响了鱼，也影响了原住民的文化，那就更不是清洁的能源了。

建水坝有了发电的效益，但是河流的其他功能没有了。人们不能在河里钓鱼，不能在河边休闲，这些价值的丧失折合成经济成本，建坝的时候成本核算里就应该有所提高。

同时，50年后水坝不能用了，要拆，拆坝的成本能不计算吗？用的年份，加上河流其他功能的丧失、鱼的减少、拆坝时的费用，这样一算，发的那些电还有赚头吗？现在的问题是，水电的投资是国家，赚钱的是公司，受损失的是公众。

埃瑞克说，他们现在要做的是，把科学家、水电公司的人和家在克拉马斯河边的人拉到同一张桌子前，大家一起讨论，坝是不是要拆，河流怎么保护，河两岸人们的利益如何都能照顾到？当然，还有不会说话的鱼还能生活在它的家园江河里吗？

"中国据说现在一条大河上要建几百个水坝，我们一条克拉马斯河上四座水坝已经对河流有了这么大影响，让鱼有了灭顶之灾。我不了解中国，但我觉得河流已经存在了成千上万年，不能因为我们的控制就扼杀它的生命。"埃瑞克说这些时，语调中充满了对河流的感情。

生命是美丽的，大自然依存的江河两岸才有这种美丽。美国国家公园的工程师阮科和我们说，这些年随着河流状态的好转，人们爱鸟意识的提高，这些美国国鸟也可以与人有非常近距离的接触，它们不再怕人。

今天，我们沿着克拉马斯河走时，沿途让

充满生机的克拉马斯河

老陈的家

我们大饱眼福的，远不止早上农家的日出、美国的老鹰，还有山中的云海和结着冰花的树。

美国是发达国家，中国是发展中国家，我们请美国朋友给中国的江河保护提些建议。他们说的一句话我记住了："发展中的国家为什么要走我们走过的老路，应该走出一条自己的新路。"

我们的新路在哪儿？怎么走出来？我想这不是要美国人回答的问题，而是要我们自己回答的。

今天的晚餐我们是在一家印第安人开的小餐馆里吃的，里面别具风格，充满着一个民族的特色和风情。

## 河流，是我们的生活

河流是什么？以前我们可能太多地说了它

的生态功能。克拉马斯河边的渔民说："河流是什么，是我们的生活。"

那么直白地说河流就是生活，我们说过吗？好像不记得了，那似乎是很早以前……

细想想，我们现在不说河流就是生活，是因为现在我们身边的河流已经不能维持我们一般人的生活了，还是我们这些舞文弄墨的人，因为不是真正家在河边的人，所以总是从大的方面去想河流的功能，想把它的功能说得更全面一些、更重要一些呢？

我们说河流是大地的血脉，是从它生态功能的角度说的。克拉马斯河边的渔民说，河流就像我们的胳膊，断了胳膊我们的生活该有多困难？

在克拉马斯河边看印第安人打鱼时，"河流就是生活"，是他们挂在嘴边的一句话。不管你问到什么，说来说去，他们归根结底总是一句话："河流就是我们的生活。"

克拉马斯河养育了印第安人。他们说："我们不是反对修水坝，而是希望水坝不要影响我们的生活。我们也需要能源，但看是什么能源，影响我们生活的能源我们当然要反对。太阳能我们就喜欢。"

大山和大河也有它们的生活，对它们的野性我们人类只有面对、欣赏。印第安

美国国鸟

峡谷里的云海

满山的银树

的生活与江河的野性同在。他们知道怎样面对野性。他们从自然的野性中，寻找着自己的生活方式。

玛丽是为自己家乡的河流四处奔走、呼吁的一个行动者。在她家处处可以看到她对孩子的爱。她现在是美国很多媒体采访印第安人的对象。她对此的解释是，"我只是希望曾经养活了我的祖母、我的妈妈和我的克拉马斯河，还能养活我的孩子。我的祖先选择了住在这里，我也会住在这儿，我希望我的孩子也还能住在这儿，健康地住在这儿。可是自从 1918 年到 1964 年这里建了四个水坝后，河水脏了、鱼死了、人生病了，我的孩子还能不能健康地生活在克拉马斯河边，成了我要面对的巨大挑战。我不能不为之呼吁，为之努力，为之争取。"

在克拉马斯河边，我认识了一位叫默克的印第安老人。老人在克拉马斯河边生、在克拉马斯河边长，至今还以在克拉马斯河里捕鱼为生。老人会非常地道地打着鼓唱印第安人的号子，会

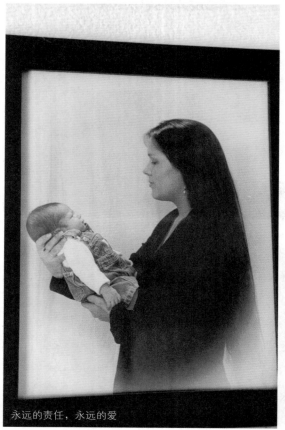

永远的责任，永远的爱

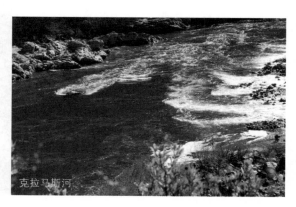

克拉马斯河

印第安老人默克

说，印第安人的语言已经消失了。从老人的话中，我听出了他的切肤之痛。

2009 年 1 月中旬，正值美国新任总统上任前夕。我问默克："你喜欢奥巴马吗？"他说有期待。但是老人告诉我他从来不参加选举。我问为什么？老人说："美国政府对印第安人不好，我为什么要选他们。"

我不知道这是老人的成见，还是美国政府对印第安人真的不够好。印第安人甚至不接受政府发给他们的打鱼执照。他们说，打鱼是我们的传统，已经几代了，为什么要有执照才能打鱼？

在我们的邀请下，老人拿起了鼓，给我们敲打了印第安号子。那浑厚而充满野性的声音，完全不像出自一个 79 岁的老人。

在克拉马斯河边，我们还目睹了一位城里的知识分子在乡间过的绿色生活。培育果树苗，

制作非常精致的印第安人打鱼的鱼钩。老人在印第安部落有非常高的声望。2008 年 12 月的《美国国家地理》中有一篇是写克拉马斯河的，老人和他的家人都出现在了杂志上。

那天，天已经黑了，穿过美国加州著名的红树林国家公园，在克拉马斯河的入海口，我们来到了老人的家。

老人告诉我，他还记得自己 7 岁时和叔叔一起在克拉马斯河边捕鱼的情形，真实地恍如昨天。老人一生有三年离开了家乡的克拉马斯河，那是战争期间，政府让他们搬到了山上。老人说，那时他还小，因此没有学到多少印第安的文化、传统，甚至语言，为此他遗憾终身。老人

我的家乡在河边

落日后

堆肥，接待生态旅游的游客，太阳能桑拿。可以看出来，她在大自然中生活得自得其乐。

今天，我们在克拉马斯河边的山上看到了日落的全过程，我拍了下来。这在大自然里当然是再平常不过的事，但对一个城里人来说，记录那火红的太阳在天边一点一点地改变颜色，一点一点地消失在天外、山中，让我对大自然的辉煌充满着无限的感叹和敬畏。

# 在伯克利大学看美国新任总统奥巴马上任

2009 年 1 月 20 日早上 7 点半，美国加州的伯克利大学大广场就开始了美国新任总统奥巴马就职典礼的电视直播。

8 点多的时候，可以说成千上万的人已经聚集在广场上等待着奥巴马宣誓的那一刻。加州的

观看奥巴马就职典礼的美国民众

伯克利大学校长

伯克利被称为是奥巴马竞选的票仓。今天这里群情激奋的场面，让人看到每一个人脸上都有的对奥巴马的期望。

奥巴马宣誓前，华裔音乐家马友友和另外三个音乐家演奏的乐曲，仿佛把人们带到了四十年前，美国黑人领袖马丁·路德金说的那句名言的情景中："我有一个梦想。"四十年后，这个梦想实现了。

这次在美国，深切地感受着美国的经济危机。商店关门了，老人的退休金缩水了，学生上学申请的奖学金没有了来源。而奥巴马这个名字，在这一刻，简直就是美国人的希望。

在加州伯克利大学的斯波瓦广场上，面对大屏幕看奥巴马就职典礼，对我来说印象最深的是，奥巴马在宣誓中说："我们将利用风能、太阳能和土壤驱动车辆，为工厂提供能源。我们将改革中小学以及大专院校，以适应新时代的要求。这一切，我们都能做到，而且我们都将会做到。"

在人挤人的广场里，伯克利大学的校长和夫人就坐在前面一个水泥台阶上。要不是他在接受电视台的采访，人们可能很难会想到，校长会这样和学生们一起观看总统的就职演说。

就职典礼结束后，我操起老本行拿着话筒随便采访了一些还没有从激动的心情中走出来的人们。好几位伯克利的学生，在我问到他们从总统的就职演说中，感受最深的话是什么时，他们和我有同样的感受——美国政府需要新的能源，需要不仅对这一代人负责，也要对下一代人负责。

美国新任能源部长、诺贝尔奖获得者朱棣文，是从伯克利去白宫上任的，在伯克利大学这是很引以为傲的事。一位在伯克利教书的华裔教师在强调了这点后，不断向我们表示奥巴马在就职演说中强调了对下一代的责任。

一位巴基斯坦籍的学生在接受我的采访时说，美国还要对世界上的一些国家进行帮助。

一位将大轿车停在伯克利校园里的黑人司机对我们的采访很有兴趣，他在我的话筒前说，今天新任总统的一番话让他知道，他的表弟从伊拉克回家的日子不远了。他的表弟今年 27 岁，在伊拉克已经四年了。期待结束战争的人，在伯克利的校园里人数不少。

另一位我们在校园里采访的黑人则差不多是把奥巴马演说中的这段话背了下来："因为我们知道，我们的多元化遗产是一个优势，而非劣势。我们国家里有基督徒也有穆斯林，有犹太教徒也有印度教徒，同时也有非宗教信徒。我们民族的成长受到许多语言和文化的影响，我们吸取了这个星球上任何一个角落的有益成分。正是因为我们民族曾亲尝过内战和种族隔离的苦酒，并且在经历了这些黑色的篇章之后变得更加强大更加团结，因此我们不由自主，只能相信一切仇恨终有一天都会成为过去，种族的划分不久就会消失，而且随着世界变得越来越小，我们相信终有一天人类共有的人性品德将会自动显现。在迎接新的和平时代到来的过程中，美国需要发挥自己的作用。"

新总统就职典礼结束后广场的地上

在所有的采访中，有两个词是每一个人差不多都要使用的：变化，希望。

和我一起观看今天奥巴马就职演说的《南风窗》记者阳敏认为，今天奥巴马的演说并不太打动她，就今天美国人对奥巴马的兴奋，她做了这样的分析：美国是一个年轻的国家，这次奥巴马的当选，年轻人的选票他拿得最多。一位 18 岁的来自厦门的学生说，如果不是奥巴马他不会参与投票。而奥巴马自己也只有 47 岁。国家年轻、投票人年轻、奥巴马年轻，这三个年轻，使得美国人更容易被奥巴马的激情所调动，对奥巴马的未来畅想更能迎合。而这三个年轻缺少哪一个，也成就不了今天的美国。

今天让我们没想到的是，在伯克利大学广场上看大屏幕电视转播时，电视里最后的镜头是新总统就职典礼结束后广场上的一片狼藉，垃圾遍地。这和我们传说中的"人家国家不像我们中国，一次升旗仪式后要从天安门广场拉出多少垃圾"的说法大相径庭。今天看到的美国华盛顿广场在奥巴马宣誓成为新一届总统后地上留下的垃圾让我问自己，美国人对奥巴马充满了那么大的希望，而面对美国国内的经济危机、环境问题、国际的战争、全球的气候变化，这位新当选的总统一年后还能让大家可持续地对他的政策充满信心吗？

## 写给新任总统奥巴马的一封公开信

奥巴马总统，首先祝贺您的当选和上任。

在我们中国早就有这个说法，如果中国人都像美国人那样生活，我们还需要 8 到 10 个地球。

这几年我常到美国采访、开会、讲学，在感叹美国人生活优越的同时，也看到过美国学校的厕所里每天到处乱丢的纸和美国办公室里那不灭的长明灯。如果是晚上坐飞机，经过的大大小小的城市，都像是灯的海洋。那一刻我总是情不自禁地要问自己，美国一个家庭、一个部门一个月用的电是中国人的多少倍呢？

2009 年在您就任总统的前几天，我在美国采访加州人是怎么保护河流的。在那里和一位老朋友见面时，得知她现在在一家大超市负责沙拉的制作和销售。她每天早上 4 点钟一上班就开始制作沙拉。各种肉、蔬菜、水果，经她的手每天准时摆在超市的柜台上，那么新鲜，那么漂亮。可是到了每天晚上，因为这些漂亮而新鲜的肉、水果、蔬菜很多都不能过夜，于是它们就被从柜台上拿下来丢进一个个大桶，一桶一桶地被倒掉了。

我问朋友，每天倒掉的肉和菜占你每天制作的百分之多少？朋友告之，肉每天差不多能卖出一半，另一半就全扔了。

我问朋友，知道每天都要扔，为什么不少做些呢？得到的回答是，因为每一个盘子要摆多满、多漂亮是有规定的，不能随意增加或减少。也就是说，每盘都要摆得冒出了尖，才被认为是好看，才被认为是符合标准。

朋友就职的这家超市在美国有 1800 家分店，每家都有同样的操作规程，隔夜的食品不能再出售。这个规定被认为不会造成细菌滋生影响人体健康。

过夜的一律倒掉，可以省多少事！

奥巴马总统，在您就职的时候，美国正经历着金融海啸。海啸的大浪不仅波及每一个美国人，也影响到了我们中国。今年中国的春节有多少在外打工的民工，节后还不知到哪儿去找工作。我们这个世界，因这一海啸，吃不上饭的人一定会更多。

粮食、肉、蔬菜对这些人来说意味着什么，可能不用我在这里赘述。而我要在这里重申的是，美国人随手就用、就扔的纸，来自我们这个已伤痕累累的地球的哪一片森林、哪一棵树，美国人知道吗？您知道吗？

也许您上台后要管的事很多，但作为一个中国热爱大自然的记者，我还是想问，您在竞选演说时说过，上任后，要把美国用的灯泡都换成节能灯泡，哪怕要先花一大笔钱，为的是今后

印第安的小餐馆

能节约更多的资源。但是，超市里的这些食品，您也认为隔夜后就只能倒掉吗？

我不知道超市里的这种做法是不是受到了美国法律的保护。如果是，我想再问问您，这个法律保证了美国人的健康，可伤害的却不仅是这个世界上那些还吃不饱肚子的人，还有无辜的大自然。地球上还有多少资源，能供我们人类如此挥霍呢？

这次来美国之前，我刚从我们国家云南的世界自然遗产三江并流的怒江采访回来，那里的傈僳族老百姓因为当地要修水电站，移民后新居里没有院子，从此再也不能养猪了。要是他们看到美国的超市每天要一大桶一大桶地倒掉那些经过挑选、加工的肉，他们又会做何感想呢？

美国是个大国，大国就应该有大国的风范，大国也是很多国家要效仿的榜样。您当选后，让世界人民效仿美国什么？希望不是那 1800 家超市每天要倒掉一大桶一大桶比较新鲜的肉和蔬菜、水果的行为。

从您的就职演说中，我们听到了您对新生活的畅想，也看到了美国人民对您的期待。对一个关注环境的中国记者来说，美国今天的浪费何时也能有所改变呢？这是一个中国人对您的期待。

# *13*

亚马孙与
亚马孙豚

从空中看巴西

花

向往已久的亚马孙之旅终于开始了。经过 10 个小时的空中飞行先到了慕尼黑，再经过 13 个小时的飞行到达了巴西的圣保罗。

我们此行的生态游，生态学家徐凤翔先生是这样定位的：带着生态的眼光，观察南美的生态景观；带着环保的期望，探究南美这片原生林中自然和谐的规律；带着对比学习的反思，以便回国后对我们祖国的生态恢复提出我们的建议；以我们的微薄之力参与保护大自然的行动。

2009 年 3 月 26 日，我们从圣保罗到达里约热内卢。一路上空中的俯瞰让我们开始体会到巴西的天之所以那么蓝、云之所以那么白，也许正是因为地面上的青山、绿树和弯弯的河流。

## 大西洋原生森林

3 月 27 日，徐凤翔先生在一片大树前悄悄地对沈孝辉说："我有一个观点想告诉你，我们现在用的原始森林这个说法不准确，我认为应该是原生森林。因为现在所说的原始，其实更强调的是原生的生态。随着世代更替，没有绝对的原始群落了，只有原生于大自然的变化中的群落。'原生'是相对于人工干扰没的'次生'而言。当然，这只是我的一家之言。"

我觉得徐先生讲得有道理，我愿意今后采用她的说法。徐先生另一个向如今学术界

水围城、城围山

大榕树裸露的根

提出挑战的观点是：生态平衡的说法不够科学，应为生态协调。

　　巴西亚马孙热带雨林的名气太大了，以至于人们很少知道巴西还有一片其生物多样性足以与亚马孙媲美的大西洋森林。

　　里约热内卢的特色之一，是水围城、城围山。而就在这被水、被城围着的山上，有世界上最大的城市森林公园，它已经被联合国教科文组织纳入了世界自然文化遗产。

　　沈孝辉告诉我们，里约人有这样一种说法："许多人没有时间走进大自然，对我而言，大自然就在我的窗前。"

　　在我们还没有走进大西洋原生森林前，徐凤翔先生就告诉我们：湿热地区林分的特点有三：一是垂直郁闭；二是组成丰富，乔、灌、草、花、果、藤分布密集。层外植物众多且以附生、寄生的居多。附生只是依附于外表，寄生则是根系生长于寄主植物内，以吸取寄主的营养为生；三是老茎生花，板状根、气生根等发育充分。

　　就在我们忙着拍照时，徐先生已经概测出了这棵大榕树的根有 35 至 38 条，最大的板根有 40 厘米粗。

　　里约热内卢的大西洋森林能保留至今，也是有一段故事的。

　　巴西"咖啡王国"的称号，远比巴西的大西洋森林有名气得多。巴西最初的咖啡种植就是从里约砍伐山林开始的。砍树种植咖啡的结果导致了土壤被侵蚀、水源出现断绝。

　　这样的结果，在我们中国今天的生活中是很常见的。

　　巴西国王佩德罗二世是个植物学家，他看到这种结果后十分心痛。于是在 1861 年下令禁止砍树种咖啡、并倡导保护和恢复里约的森林。

老茎生花

与水葫芦共生

当时有两个被后人称为生态英雄的人，他们从1861年至1873年在山上种植了10万棵树。

100年后，这些树不仅长成了参天大树，而且还让里约热内卢拥有了全球面积最大的城市森林，并成为拥有被保护最高优先权的全球八大热点地区之一。

目前，在大西洋森林里，特有植物约有8000种，特有脊椎动物654种，其中包括25个不同种和亚种的灵长类动物。

在大西洋森林里，在生态学家徐凤翔的引领下，我们见到了祖孙三代或更多代的一棵大菠萝蜜树。这棵树上大大小小的果实，在我们这些外行看来新奇无比。徐先生说，这样的家族在植物王国的原生森林里并不少见，问题是现在的原生森林越来越少见了。

老茎生花，这种现象多出现在热带。在其他气候条件下老茎开花是不容易的，但在热带森林中，这些老树焕发出的青春却创造着一个个奇迹。木瓜就是老茎生花后的果实。眼前的这棵大菠萝蜜，昭示着的正是这棵老树生命力的旺盛和繁衍能力的生生不息。

树上花园，在我们看来不就是树上开了几朵花吗？可植物学家告诉我们，这一丛花中的物种少说也有十几种之多呢，哪能不叫花园吗？

站在大西洋森林中，沈孝辉除了感叹它动植物的丰富以外，更强调的是如何使大西洋森林得以恢复，使动物种群基因得以交流。

巴西有一条法律规定，每个庄园和牧场土地上的天然林面积不得少于20%。如果自己的土

金刚鹦鹉

地上天然林不足 20%，就必须另行购置一块补齐。这些天然林作为庄园和生态保留地受国家法律保护。也就是说，庄园主和牧场主虽有这些土地的所有权，却没有开发权，等于买森林替政府进行保护管理。于是，这些庄园与牧场成了星罗棋布的天然林生态保护地，便理所当然地成为大西洋森林濒危植物的避难所和基因库了。

2009 年 3 月 27 日，我们在原生森林里看着老茎生花、树上花园的同时，徐凤翔先生的另一观点也引起了我们的思考。生态建设现在是我们政府官员常挂在嘴边的一句话。徐先生问我们：生态能建设吗？是呀，我们能说建设大自然吗？显然不行，如同我们不能改造自然、征服自然一样，建设生态我们同样不行。生态可以恢复。为什么以前我就没有想过生态建设到底是什么

意思呢？

我们人类认识自然需要过程。随着我们对大自然的认知，自然也在一点一点地让我们变得更有智慧起来。生态不能建设，我想这一定是继我们人类认识到自然不能改造后，向进一步认识自然迈出的又一步。

## 为水葫芦正名

我们这次的南美行，可以看到四大——大沼泽、大森林、大瀑布和大冰川。

潘塔那尔也叫大砍布湿地，那一片大湿地的面积有 19 万平方公里。

3 月 30 日，刚一出门我们就先后看到两只蓝鹦鹉在我们头上比翼飞过。当越野车向水边开

树上的蓝色鹦鹉

"水中含羞草"

去时，巴西的国鸟巨嘴鸟也被我们摄入了镜头。到了水边，准备上船时，一只鳄鱼又进入了我们的视线。

南美洲野生动物最主要的分布地有两个，一个是亚马孙，另一个就是潘塔那尔。

我们在这片湿地里坐船时，生态学家徐凤翔在船上边看边向我们讲开了：我们现在看到的是一个水系，有水生生物、沼生生物，也能看出树木对水的需求和适应。水系和湿地范围内的生物种类丰富，适应方式精巧。

适应方式精巧？这一评价我们在船上时就被徐凤翔一直挂在嘴上。为什么说是精巧呢？

我们最初看到照片中这一片小黄花时，徐先生认为，它虽然属于含羞草，但不能确定种，还是先拍下来回去再查查。我摸了摸它的叶子，叶片马上卷起来了，于是就不知天高地厚地给它们起了个名字——水中含羞草。

徐先生虽然没有轻易地确定这是什么种，但还是给我们讲起了这里的树种是沿水线分布的。在不同季节水位高低不同的情况下，它们还有很特殊的适应性，反映在根系越是靠近水线，它们的气生根、呼吸根、支持根越起到了根系组织内部细胞疏松、中空，便于气体交换的作用。

徐先生说的精巧，还表现在容水和排水功能方面。支撑在水土界面上生长的植物，如含羞草，它的茎是中空的，外面包了一层白色的绒毛。这样一来，它的调节空气的能力和浮力都不能不让人称奇。而在水波中，它的小黄花浮在水面上的形状、色泽，更是怎能不用多样和精巧来形容呢？

水葫芦在南美的这片水域里有两种，一种一串串地开着像喇叭花似的粉花，另一种开始我们以为是这种粉花开败后所剩的花棒，可后来凑近细看才发现，这像花棒一样的花其实也是由一朵朵小花组成的。

就在我们兴奋地看着这一簇簇、一串串的花在水中起浮时，徐凤翔先生又对目前生物界的另一种说法提出了疑问：水葫芦不应该有现在那么坏的恶名。为什么水葫芦在潘塔那尔就不是疯长，而且能与其他的浮水植物平分天下之美呢？水葫芦在我们国内的湖里、河里疯长，先要怪的是水出了问题。

我说，水葫芦是外来物种入侵，没有天敌，所以才会"干掉"其他物种，独霸水域，并让湖水连喘气的空隙都没有。

徐先生再次对我用的现在常用的词"入侵"表示了不满。

他说，什么叫"入侵"？这明明是政治用语，为什么要用到生物界？植物就是适者生存。在植物界，物种间是协调发展、适者生存。

要给水葫芦正名！徐先生说，因为水体流动性差，污染太多，所以造成水葫芦生长迅速，独占了水体，造成了厌氧环境，影响了其他物种的生存。因此我们不能一味地讲水葫芦是"入侵"物种，其实归根究底还是环境治理的问题。

在巴西的这片大湿地中，我们看到除了水系的流动使多种水生生物得以生存之外，还看到沿岸的树木和灌丛也可形成水体的郁闭，这在一定程度上也可起到限制水葫芦分布的作用。

不知我们这次在巴西湿地考察中对水葫芦的认知，是否能对我们国内水环境的治理起到一定的作用。

至于物种的"入侵"，徐先生认为也有因人在不同阶段的需要引种不慎所致。像水葫芦，当初引进是由于它生长速度快，可用做猪饲料。但任何物种的引进，首先要考虑到当地的生态条件与物种的长期适应能力。不能只简单地看到其短期效应，一旦问题发生就归责于它是"入侵"、有害的，这对一个物种也是不公平的。

我们在短短的两天时间里，近距离拍到的野生动物有十多种。我们每人还都试着钓了食人鱼，每个人也都有收获。

巴西法律除了规定建立庄园必须至少保留占地面积 20% 的原有天然林作为生态保护地，不准砍伐、不准放牧、不准狩猎以外，还要求即便是林木自然死亡、倒伏，也不准随便利用，而要任其自生自灭，以维护生物链各个环节的需要

巴西牛

狐狸

食人鱼

和森林生态的营养平衡。

在巴西的牧场上，也要求保留一些大树，供鸟儿在树枝上营巢，牛群在树荫下栖息。

沈孝辉说，巴西政府还规定，潘塔那尔的庄园只允许经营畜牧业，不允许经营种植业。他认为这条法律非常重要。因为如果允许发展种植业，为了集约化、机械化经营，就不仅要砍光土地上的丛林，连稀树也不能保留。而且，为了将湿地改造成耕地，势必要挖渠排水和筑堤挡水，那样的话整个潘塔那尔湿地将会面目全非。

正因为巴西政府有这样的政策，尽管数以千计的私人庄园几乎布满了这片辽阔的湿地，但它们既是牧场，同时又是野生动物的保护地。

如今的潘塔那尔，在旱季，当地人利用稀树草原饲养牲畜，在雨季，他们就把这种牧场交给大自然，使之还原为湿地。当地人宁愿自己的牧场年年在水中浸泡三个月，年年要把自己的牛群迁往高地，也不修堤坝，拒水于自己庄园之外。他们不与自然对抗，而谋求与自然适应的经营方式，不仅免除了各种灾害，同时有效地保护了潘塔那尔独一无二的生态系统，使之在全球众多湿地都在开发利用中发生退化并遭受破坏的今天，得以完整地获得保护和延续。

## 在亚马孙见亚马孙豚

2009 年 4 月 1 日，一到亚马孙州的马瑙斯市我就急着打听，我们能见到亚马孙豚吗？

绿家园从 1997 年开始关注长江里的白鳍

潘塔那尔的傍晚

豚。那时专家们还在说，长江里的白鳍豚仅存不到 100 只了。2002 年，人工饲养的唯一一只白鳍豚淇淇去世了。2006 年，全世界六个顶级的鲸豚类专家，使用目前最先进的科学监测仪器在长江里找了 38 天，最后宣布一只白鳍豚也没有找到。

2004 年，我在武汉参加国际保护白鳍豚研讨会时，采访了亚马孙豚、印度红河豚、恒河豚的专家，他们告诉我的是，他们那里的豚还有成千上万只。

2006 年，国际白鳍豚考察结束后，美国《科学》杂志上就有文章说中国长江里的白鳍豚灭绝了。不过，我们中国的科学家还不同意这个判断。

4 月 2 日早上，我们走到了亚马孙河边，它的宽阔，真是很难让人不把它和大海相比。

每年的 1 至 6 月是亚马孙的雨季，7 至 12 月是旱季。今年的 4 月，亚马孙的水已经很大了。"水大对看亚孙马豚来说不是个好消息。"导游说的这句话真让我们心里起急。

谁想到，我们上船后也就十多分钟，一只亚马孙豚就率先跳出了水面，接着就是一群亚马孙豚纷纷地跳出来，像是在为我们表演。我端着相机一个劲地按快门，可是这些豚的动作实在是太快了，没有经验的我拍了一张我认为是一只亚马孙豚的照片，可同行的人说只是疑似。

同行的沈孝辉却真真的是拍到了，而且还是那只亚马孙豚跃出水面的一瞬间。他拍到的豚虽然小了些，但要是放大看，那只豚跳出水面时背上的鳍和身体曲线与当年我在武汉中科院水生所拍到的白鳍豚淇淇倒还真是相像。

简直就像是我们和亚马孙豚有什么约定似的，我们的船在亚马孙河上又走了没多一会儿，一只粉红色的亚马孙豚（这种豚的颜色非常独特）又让我们每一个人再次真真地见识了这种奇特的动物。虽然这次我们谁也没有用照片记录下来，但它跃出水面时的样子，却印在了我们每一个人的脑海里。

导游说，她已经有一个月没有看到亚马孙豚了，我们的运气可真好。

亚马孙豚不好拍，但亚马孙黑白河的分明水色，却让我们拍得清清楚楚。

亚马孙的白河叫内戈罗河，黑河就叫黑水河。两河交汇的最深处有 210 米，最宽处为 40 公里——难怪我们看它像是大海。而亚马孙河的水量是长江的 20 倍。

从照片上我们可以看出，亚马孙的白河其实并不是白色，而是黄色的。这是由两岸红色的土壤所染就的。而黑水河的黑，则是或因于水边的矿藏、树枝的枯叶和太阳光的反射。

亚马孙的黑白水除了颜色不同以外，不同的还有水温。黑水为 26—27 摄氏度，白水为 21—22 摄氏度；它们在酸碱度方面一为酸性，一为中性；再有就是水的流速，黑水每小时为 2—3 公里，白水要快些，为 8—9 公里。黑白水的交融处长达 18 公里，而后黑水消失，再流淌 1700 公里后汇入大西洋。

没有地震，没有台风，没有战争，这是一条和平之河。

望着一望无际的亚马孙河，我的眼睛里几次噙满了泪水。同样是世界大河，亚马孙与长江

黑白水交汇

的命运多么不同！

从我 1998 年到了长江源开始关注长江以来，看到和听到的都是长江源头的冰川融化了，江水脏了，大江被拦腰截断了，江里的鱼没有了。

可眼前的亚马孙河，为什么就依然那么宽阔，那么清澈，那么自由自在。中国、巴西都为发展中国家，可我们两国人同样赖以生存的大河却那么不同。是不同于我们对待它们的态度吗？是因我们对它们的态度不同，它们所给予我们的就也不同吗？

一条河，不管是大河还是小河，其是否健康，水中及两岸生物多样性的程度到底取决于什么？看着阳光下河水滔滔的亚马孙，我一遍遍地问着自己。

"来亚马孙，每一次的感受都不一样。"我们的导游说。

一路上，生态学家徐凤翔学术上的批判精神实在令人敬佩。在进入亚马孙水淹森林后，徐先生便开始批判或反思起自己来。

在人们给湿地定义时，其中包括水深高于 6 米的湖泊。前两天徐凤翔还在质疑这点。她说湿地强调的应该是有水的地，而不是水。既然已经 6 米深了，那就是水，不能再算是地了。

要说湿地应是外国人的说法，我们中国过去没有用湿地这个说法时，用的是沼泽，东北的老百姓称它为水泡子。

看到这片水中森林和树上的水印后，徐先生感叹：这种类型的湿地，是由季节决定的。湿地的主体是沼泽和水位季节性涨落的滩涂。这

亚马孙河里的锯齿鱼

亚马孙的蓝蝴蝶

应该是亚马孙一种特殊的森林类型。不亲眼看到的话，人们不会想到大自然还有这样的不同和丰富。

在这片既幽静又活跃的森林里，我们充分感受着亚马孙这世界上最古老、最复杂、最活跃也最具生物生产力的生态系统。据科学家估计，亚马孙有物种 3000 万种之多，而且绝大部分还尚不为世人所知呢。

森林里的绞杀

绿鹦鹉

## 从空中看亚马孙

包一架小飞机，这在以前是我想也不敢想的。可是为了从空中拍亚马孙，我们5个中国关爱江河的人竟然就每人掏220美元在巴西的亚马孙州包了一架小飞机，从空中看了一个小时的亚马孙河及河两岸的绿色。

我们上了小飞机后的第一感觉不是害怕，是热。大家戏称，想上天就要先"桑拿"。飞机上没有空调，只有飞行员旁边有一个小窗口。飞机爬高到500米后便开始在空中盘旋。

一开始，飞行员并不知道我们的意图，以为我们只是想在空中看看亚马孙。不过飞了两圈后，我就急得开始指挥起他了。我用手指着下面那一片片的绿色，让他把飞机往那边开。这一指挥还真灵，他用对讲机说了几句我听不懂的葡萄牙语后，飞机真的就掉头向亚马孙的那片绿色飞去了。

如果说我们坐船进入亚马孙，看到的是"水淹森林"的话，那么从空中看到的就是亚马孙支流与干流的交汇，森林与湿地的交错，水、林、人的共存。

亚马孙起源于安第斯山脉，在它千回百转、掉头东去的万里征途中，一路接纳了9个国家的1300多条河川，形成了世界上流域最为庞大的水系，造就了世界上面积最为广阔的冲积平原。从空中观察，一条条支流是如何汇入亚马孙干流的，可以说是一览无余，而且它们之间的关系也"交待"得十分清楚。

沈孝辉告诉我们，有研究全球气候变化的学者指出，亚马孙流域的热带雨林区、西非热带的原生林区和亚洲印度洋季风区，是地球气候的三大发动机。全球空气流动和湿气分布主要是由这三个地区发动的。有一个这样的计算，如果亚马孙森林不复存在，地球上的氧气将减少三分之一，同时毁坏森林所释放出来的碳元素足以令全球温室效应增加50%。

树高

空中看亚马孙

现场讲解图示

在亚马孙的空中看下面的绿岛，"……丛林状。沿岸的水树交融，树绿的颜色和水蓝的颜色透亮。在阳光反射下，叶子油绿，水波如宝石蓝一般"。徐凤翔先生在飞机上虽然热得头晕，嘴里却还在朗朗地说着。

亚马孙两岸除了水系、城镇布局以外，其他都是绿绿的森林。徐凤翔告诉我们：热带雨林除了生物多样性丰富外，还有因湿热而使森林的生产速度快，从外形上看，高和大更是它的特点。

高：树高——森林的主林层都在40—50米高；灌高——很多灌木已经长成中小乔木状；草高——很多草可以长到4—5米；藤本长——一些豆科植物的藤长数十米至百米以上，在树冠和地表之间可上下往返盘旋多次。

大：树冠大、叶大、花大、种子大，有的豆科植物的种子大如柿饼。

这些都说明了热带雨林生命力之旺盛，生长速度之快。

一个小时的飞行，一个小时的从空中看亚马孙，一个小时的从空中看森林，让我们看得百感交集。

我在想，回去后一定要找个机会从空中看看长江。亚马孙河上没有一座大坝，至今依然保持着亘古狂放不羁的野性风貌。而我们的长江及其支流，除了被污染、被一段段地截流以外，它的两边已经没有亚马孙这样的绿色了。这样的长江，从空中看又会是什么样子呢？

蚂蚁窝

徐凤翔先生的感慨是："前两天我们在从潘塔那尔飞亚马孙的飞机上，我一直向地面上看树、草、城的布局关系。在那里，城市的建筑的确是掩映在树丛和绿地之中。而广阔的原野，是不整形的草地绿块，被深绿色的树木带包围和隔断。我的心里情不自禁地生发出'目光所及，未见裸土'八个字。怎么能这样美？这在我研究多年的藏东南也是达不到的。"

徐先生说，从单位面积来看，热带雨林的生物生产量并不高。一个单位面积上只有几棵大树，其他都是各个层次的草、灌、藤。和人工种

蚂蚁窝

年轻的满脸"皱纹",老了却满面平展。

的林子成行、成条相比,生物生产量显然是无法比的。但原生的森林有着很明确的质量优势、生物多样性优势及生态优势,这些都是人工林所无法比拟的。

## 亚马孙的旅游

2009年4月3日,从空中我们已经看到亚马孙宾馆就掩映在绿树当中。本以为让我们参观的这家旅馆,一定是有着印第安人的风情,哪想到走进去后,看到走廊墙上画的、房间门上挂

的,以及屋里的摆设,展现的都是亚马孙两岸的大自然。

我们在亚马孙河的一个临时性的浮船上吃中饭(亚马孙有半年枯水期、半年丰水期。水位的变化不但让游人每次来都有新鲜的感觉,当地人住的房子也是到了雨季就要拖走的),只见餐馆的墙上挂满了木材做的亚马孙的巨嘴鸟、金刚鹦鹉,还有用鱼鳞和羽毛做的耳环,用蓝色的玛瑙做的风铃。生态与文化,在亚马孙被融入了旅游中,其魅力更是得到了张扬。

一路上我们的生态学家徐凤翔都在重申着

她的观点：生态游一定要包括学习。生态游，要在自然的基础上锦上添花，不能给自然画蛇添足，画蛇添足就是俗。这一个俗字，让我想起了国内一些旅游胜地溶洞里的孙猴子和白骨精，到处卖的都是一样的仿制品……

亚马孙是动植物丰富的地方。游人到那儿去要欣赏美，但让游人了解自然、感受自然、认识自然、和自然交朋友，这也是亚马孙人的追求。

这种追求在亚马孙不是口号，也不是宣传，是在旅馆房间的门上画上亚马孙豚，在饭馆的墙上画上当地特有的鸟类，在大厅的各个角落里都让你知道你是身在亚马孙。

一张门，一个茶几，一把椅子，一个纸篓，在旅馆里住宿时，游人与当地的自然有着各种各样的接触。离开后，这又成了游客们对那里独特的回忆。而那些让人们买走的旅游产品表现的也是当地自然与文化的结合。

《国际生态旅游标准》将生态旅游定义为"着重体验大自然来培养人们对环境和文化的理解、欣赏和保护，从而达到生态可持续发展的旅游"。

沈孝辉说：当"生态"已经成为一个可以用来装点门面的时髦字眼，"生态旅游"也可以变成一种挣钱手段的今天，我们有必要还原其本来的意义，使更多的人了解究竟何为生态旅游，如何才算实现生

亚马孙旅馆

旅馆门上的亚马孙豚

水边餐馆的墙上

纸篓是美洲豹的花纹

水池旁是"青蛙"

椅子是当地的兽

鱼鳞做的印第安面具

态旅游。

徐凤翔说，"体验大自然"是生态旅游的基本方式和内容，要通过亲近自然、接触原住民来实现。有无这种"体验"是生态旅游与非生态旅游的主要区别之一。而体验又是在整个过程中的体验，并非只是在到达终点时的那一点体验。

在我们今天的旅游中，一些游客不清楚自己对环境负有的责任，把大自然作为一种商品，认为花钱就可享受自然。沈孝辉认为，这种物质享乐型的暴发户旅游，其实是一种低层次的旅游，甚至破坏了保护地的真实性和完整性。

亚马孙的这个部落现在基本以旅游为

印第安小姑娘

玩

家庭表演

表演打鱼

生。有人来了，他们先是把自己的脸上涂抹一番，接着就把游客的脸上也画上油彩，然后开始表演。他们表演的节目都和日常生活有关，有打鱼，有祭祀，也有婚丧嫁娶。

那天，印第安人的表演结束后，脸上涂有印第安人的彩画，胸前和手腕上戴有刚刚买的他

部落酋长

## 为南美最大的水电站伊泰普而建的生态园

我们一到伊瓜苏，就听说中国有无数水电工作者来过伊泰普，特别是我们要修三峡大坝以后，来的水电工作者就更不计其数了。学习、取经，是我们来的理由，可是究竟学回去了多少呢？起码有两点我认为是中国的电站应该学习但到目前还没有学到的，一个是为鱼而修的鱼道，一个是为被淹没的珍稀动植物而建的生态园。

巴拉那河是南美洲第二大河，世界第五大河，年径流量 7250 亿立方米，流经玻利维亚、巴西、巴拉圭、阿根廷和乌拉圭。伊泰普水电站建在巴西伊瓜苏的巴拉那河上。印第安语里，伊瓜苏的意思是"会唱歌的石头"。这里的伊瓜苏大瀑布，曾让美国总统罗斯福的夫人感叹："我那可怜的尼亚加拉与这里相比，简直就是厨房里的水龙头。"

这两个大瀑布我都见到了，我觉得它们各有各的特色。对我来说，我更关心的是伊泰普电站的修建对伊瓜苏大瀑布有没有影响。

2009 年 4 月 5 号在伊泰普水电站的生态园里，我向导游提出心中疑问，被告知"没有"。而陪同我们的一位中国导游却说，水电站建成使用两年后，曾经有几个大瀑布都干了。

伊泰普电站 1991 年建成时，并没有为鱼着想，所以也没有专门修让鱼通过大坝的设施。2002 年，因电站对鱼的影响，有洄游习性的鱼因大坝的修建无法"跳龙门"，这才修建了现在

们用羽毛、草籽、鱼骨做的工艺品的我们，随着印第安人打起的鼓乐一起跳舞跳了很久。不同皮肤、不同文化、不同宗教间的差别消失了，有的是对各自文化的享受、尊重和认同。在人的一生中，能有这种体验是真实的，也是快乐的，更是纯洁的。心里那份感动、那份深情，将会成为我们的精神财富。

伊瓜苏瀑布

公认有良好效果的让鱼洄游的鱼道。

在伊泰普电站淹没区的河里有 39 种鱼,现在差不多有 33 种鱼通过这三条鱼道成功地洄游了。能从这大约 10 公里长的鱼道通过的鱼量,占鱼总量的 70%。这是当地人告诉我们的。

伊泰普电站电力公司还出资建了环境博物馆,馆中保留下库区淹没前的"生态记忆"。可惜因为时间关系我们没有去这个博物馆。公司还为拯救淹没区的野生动物规划出了一处面积很大的保护地,成为从库区中迁移出来的众多野生动物的避难所。

这只美洲豹已经在它如今的家里走出了这样一条小路。而大自然中,它们的奔跑速度可是飞一般快的呀。还有食蚁兽,这么大个子的它们,一天要吃多少蚂蚁呀!住在这个避难所里,它们吃得惯人类给它们提供的饭吗?

今天在巴西,电力公司主宰水电开发的时代已经一去不复返了。由当地社区民众、环保部门、政府机构、非政府组织、律师和专家组成"多学科研究小组"与电力公司代表共同参与水电工程的社会影响与环境影响的研究,参与计划与方案制订的全过程。这不但可以有效地减少环

上海犬只能无数次地走在这条小路上

金刚鹦鹉

猫头鹰

境成本与社会成本，还可成为推动地区经济社会全面进步的有生力量。

我们国家从官员到专家有多少人参观了巴西的水电站，可真学到人家这种制度性改革的有吗？从我们现在已建和在建的大型水电站中是看不到的。

有水就有瀑布，如今的巴西拥有世界上最大的瀑布群。

## 南半球蓝色的冰川

阿根廷大冰川之所以有名，是因为它的海拔和纬度都不高，发源的雪峰海拔不过2000多米，抵达终端阿根廷湖时海拔只有数百米，人们丝毫不会感到有高山反应。这里是一个旅游者可以轻松接近的冰川，也是除了南极洲和格陵兰岛之外全球最大的终年积雪带。

从各个角度遥望怀抱冰川的雪山，会发现山顶上始终笼罩着气势磅礴的灰白色云块。这些云终年不散，它们不断地向高山上降雪，这就是冰川的源头。

1万年前，地球处于最后一个冰河时期末期。阿根廷的广大地区，包括巴塔哥尼亚高原上的卡拉法特镇，都完全处于冰川的覆盖之下。后来气候变暖，一方面加剧了冰川融化，另一方面使降水减少，切断了冰川的冰雪补充，使这一片冰川开始退缩，直至今天还在不断地加速退缩。整个南北巴塔

四川海螺沟冰川

阿拉斯加冰川

流入森林的冰川

哥尼亚冰原地区的47条冰川中，有44条在不断退缩。

莫雷诺冰川是世界最大的冰川之一，也是世界上少数仍然在成长的冰川之一。面积达275平方公里，出口宽度达5公里，位于首都布宜诺斯艾利斯东南方2800公里处。

据考证，莫雷诺冰川形成于2万年前的冰河时期，冰峰于水平面以上的高度约80米。这座冰川从阿根廷湖畔的山体上滑下时，把山脚下注入该湖的两条河流拦腰切断，逐渐积成一座巨大的冰坝。随着水压的不断增大和夏季气温升高，冰坝下部就冲开一个溶洞，洞穴越冲越大，最后引发冰坝的大块崩裂塌陷。这种大规模的冰川崩塌现象，按照以往的规律，每三四年会出现一次，可提前预报。因此每当冰川即将崩塌时，国内外的大批游客蜂拥而至，等待目睹这独一无二的自然奇观。冰川崩塌时，气势磅礴如排山倒海，巨大的轰鸣声数公里之外都可以听到。

1999年我在北极采访时，一位科学家告诉过我，年代越久冰川的颜色越蓝。

冰川的形成其实很有意思。原始形态的结晶雪花，在地面热力和自身压力的作用下，重新结晶变成颗粒状的粒雪，继而细粒雪经过合并再结晶，逐渐变成中粒、粗粒雪。底层的粒雪在上层粒雪的压力下，发生缓慢沉降压实，进一步重结晶而变成粒冰。在粒雪变成粒冰的过程中，融化的水沿粒雪颗粒间的空隙下渗，将底部的粒雪冻结起来，使原先存在于颗粒间的空气被封闭而成为气泡。粒冰含气泡较多，气泡的体积也较

虚实之间　　　　　　　　　　　　冰

大，看起来颜色泛白，故有"白冰"之称。粒冰继续受压的结果会排除一部分气泡，并使留在冰中的气泡被压缩得很小，逐渐变成泛着蓝色的块冰——冰川冰，块冰在重力作用下发生移动而形成冰川。冰川的形成还必须具备一个条件，就是积雪区的高度要超过雪线。

在阿根廷湖的整个冰川群中，最著名的当属莫雷诺冰川。之所以出名，是因为它周期性的大规模崩塌，并且人们还可以从陆地上近距离观看崩塌盛况。

说到美景，也不能不再说一下，美国和加拿大的科学家早已宣布，占世界冰储量91%的南极冰盖，1998年以来占总面积1/7的冰体已经消失。在靠近南极圈的秘鲁高寒山区，近年来冰川正以每年十几米，有时甚至几十米的速度消融，而在20世纪90年代以前，消融速度每年只有3米。

除此之外，据报道，非洲肯尼亚冰川已消失了92%；西班牙在1980年时有27条冰川，现在减少到13条；欧洲的阿尔卑斯山脉在过去一个世纪已经有一半以上的冰川消失了。2003年

入夏以来，席卷欧洲各国的热浪使当地的气温接近或超过了历史最高纪录。在瑞士，3900米高的费尔佩克斯雪山山顶的气温达到了零上5摄氏度，冰川的厚度下降到了近150年来的最低点。

一些科学家预计，到2050年，全球大约四分之一以上的冰川将会消失。

## 亚马孙在秘鲁

2011年1月9日我再次走进亚马孙。

随地球观察研究所和寻找身边的探路者的

冰川融水汇集在阿根廷湖

水晶般的晶

看冰川

考察，我们从秘鲁首都利马乘飞机，经过一个多小时的飞行，就看到了飞机下面的亚马孙及亚马孙雨林。

不过就在我还沉浸在这片绿色的兴奋中时，地球观察研究所亚马孙考察船首席科学家理查德告诉我们，他从1984年开始在亚马孙考察。这些年来全球气候变化对这里的影响是：2009年，这里遭受了100年来最严重的大涝。2010年时，这里又遭受了100年来最严重的大旱，有的地方水位下降了2米。我们这次考察有些地方连船都开不进去了。

亚马孙人家

位于南美洲的亚马孙河是世界上流域最广、流量最大的河流。全长6.296公里，源头海拔高度5.597米。

亚马孙河向大西洋排放的水量达到了每秒18.4立方米，相当于全世界所有河流向海洋排放的淡水总量的五分之一，从亚马孙河口直到肉眼看不到海岸的地方，海洋中的水都不咸，150公里以外海水的含盐量都相当低。

亚马孙河流域面积达690万平方公里，相当于南美洲总面积的40%，从北纬5度伸展到南纬20度，源头在安第斯山高原中，离太平洋只有很短的距离，经过秘鲁和巴西在赤道附近进入大西洋。

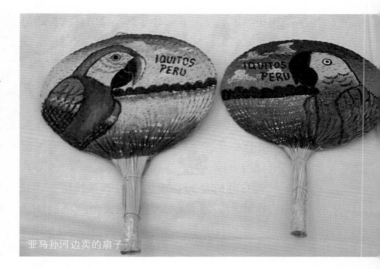
亚马孙河边卖的扇子

原来亚马孙河并没有一个总的名称，每条支流和每一段都有它自己的当地名称，在1502年以后，只是被叫做"大河"，后来在西班牙语中的意思是"纠缠"、"混乱"。

地球观察研究所的谌良仲先生说，亚马孙流域是地球上物种最丰富的地区，是真正的老大，地球上动植物的五分之一都来自亚马孙。

亚马孙河提供了养育人类生活的食品，如玉米、土豆、红薯、西红柿、花生、向日葵、菠萝、辣椒、可可豆。

秘鲁，在印第安语里就是"玉米之仓"的意思。亚马孙食品被引入世界，改变了历史，改变了世界。特别是高产的耐寒作物的引入，对人口的增加起到了重要的作用。

这些食品也引入中国，丰富了中国人的餐桌。如果没有辣椒，享誉世界的中国饮食又怎么能像现在这么有滋有味呢？说到这儿，人到中年仍然保持着一颗年轻心的谌良仲又来了一句："如果没有来自亚马孙的可可豆，就没有了巧克力，那情人节不就少了很多的浪漫吗？"

亚马孙为世界提供的还有天然橡胶。秘鲁的国树还提供了金鸡纳，使人类战胜了疟疾。

理查德说，我们的这次考察并不是要看全球气候变化是不是对亚马孙有影响，而是要研究全球气候变化对这里的自然会有哪些影响。我们研究的对象主要有五个：金刚鹦鹉、亚马孙豚、鳄鱼、陆地样带。陆地样带，是对一个地方生物多样性变化的持续关注。

我问理查德，现在的亚马孙豚怎么样？

理查德说，亚马孙豚比白鳍豚幸运。亚马孙河在这里也有两座炼油厂，但对水的污染不大；亚马孙河上没有大坝；亚马孙河里的各种动植物还非常丰富，亚马孙豚有足够的食物；这里也没有太多的船，所以亚马孙豚活得很健康。理查德还说，住在亚马孙河边的原住民，认为亚马孙豚是神圣的，绝对不能捕食。所以，亚马孙豚的数量一直没有减少过。

当然，全球气候变化对亚马孙豚会有什么影响，这也是近年来地球观察研究所要重点考察与研究的项目。

亚马孙流经的这个地方叫伊基托斯。理查德告诉我们，19世纪，这里的人与欧洲的联系比和首都利马还多。因为从水上出行，乘一艘大船就去了欧洲。当年这里盛产香蕉，所以很富裕，是非常热闹的地方。而要去利马，可要乘十几天的车才能到。

我们问理查德，我们这些考察中的志愿者除了做考察记录以外，还有什么工作要做？理查德说献血。看大家都愣在那儿了，他说，亚马孙有那么多蚊子，为了让它们也能生活下去，大家的血可就要让它们喝点啦。原来是这样。

英国作家和自然保护主义者杰拉尔德·达雷尔曾写到："每个自然主义者都知道，没有什么比热带雨林更能把人们的傲慢变成敬畏的了。"在大自然最后的阵地中，雨林是原始的地方，即使在白天也幽暗神秘。这里生存着难得一见的动植物，它们是"地球上最复杂、最美丽也最重要的生态系统之一"。

达雷尔还说，这些地方"正在被我们破坏，主要是出于贪欲。我们就像喝醉的猿猴闯进美术馆，野蛮、残酷而毫无头脑。美术馆的画可以重画，但热带雨林却无法重现。我们迅速毁灭着雨林，这正是地球未来的病症，因为广袤的森林是气候调节器、沙漠的阻止者，也是一个巨大的仓库，储藏着丝毫未动的自然资源"。

我们将考察要进入的，是今天人类所居住的地球上所剩无几的、还没有太多干扰的、真正的荒野地带。这也就意味着，那里没有网络，没有信号。

## 在生命图书馆里分类

2011年1月10日，我们乘车前往亚马孙边的拿托镇。将要带着我们在亚马孙上考察的阿亚普号船就停在那里等着我们。

开船后，理查德给我们讲了亚马孙热带雨林的形成与特色。

亚马孙热带雨林位于北回归线和南回归线

阿亚普号

之间，这片和赤道平行环绕地球的广袤地域，阳光炽烈，气候温暖湿润且稳定。亚洲南部、澳洲北部、非洲和拉丁美洲都有热带雨林，但亚马孙雨林是无与伦比的。

随着新的动植物种类的发现，其中一些秘密慢慢被揭示出来。但是，由于森林破坏和气候变化，许多雨林的健康正受到威胁。随着物种消失在森林之中，用一位档案管理员的话说："我们还没有对这座生命图书馆里的书进行分类，就把它们烧掉了。"

理查德用画图的方式，通俗易懂地把热带雨林里生物多样性的复杂性和相互依存关系给我们阐述了出来。比如，太阳能通过植物的光合作用，转化成生物质，为动植物提供能量和食物。与此同时，植物通过光合作用，把二氧化碳吸收进来，并释放出氧气。由于亚马孙地处赤道附近的热带地区，阳光充沛，加上亚马孙河的水量世界第一，其所制造的二氧化碳，是地球上最大的氧气来源，因此亚马孙也被称为地球之肺。同时，由于植物的光合作用固定了大量的二氧化碳，这里又被形象地称为地球的空调机组。

理查德告诉我们，亚马孙的水分白水黑水和清水。2009 年我在巴西马瑙斯采访时就看到了白水与黑水的汇合。

亚马孙的白水是从亚马孙支流马尔尼翁河流来，裹挟带着安第斯山脉的冲积物，营养比较丰富。

黑水是从萨米尼亚河热带雨林泛洪区流入亚马孙，因为流水把热带雨林里的有机质和树叶

黑白水的交融

里的单宁融解了，水的颜色就成为黑色，水的营养自然也是比较高的了。

清水，是从亚马孙流域北部山区流出，因为是古老的山脉，泥土早已被冲刷掉，目前的山体、河谷都是裸露尖硬的岩石，所以河水清澈而少有营养。

## 留住亚马孙的"肉铺子"和"建材市场"

我们保护森林，是从自身出发的。不仅仅是因为保护生物多样性，也不仅仅是因为应对全球气候变化，我们更应关注的是我们"家门口的超市"不要关门，不要没有了。这是理查德在我们考察船上给我们上的第二课，什么意思呢？理查德说，我们上船后经过的村庄是 1720 年发现的。如今远道而来的人，兴奋的是看到粉豚，看到金刚鹦鹉。而当地人希望见到的却是野猪和貘，因为野猪和貘等动物可以给他们提供肉食。这里的森林，是当地人的"肉铺子"；这里的湿

地，是当地人的"副食品商店"；亚马孙河又是当地人的"水产品柜台"；除此之外，森林也是当地的"建材商店"，除了提供房屋建材外，也提供运输工具独木舟；同时这儿也是当地居民的药店，提供各种草药。

理查德说他们在这里开展工作后不久就发现，当地人虽然十分依赖当地的物种，但他们也怕这些"肉铺子"、"建材商店"没有了。他们也来找科学家问："我们该打多少野生动物、多少鱼才能让我们打得更长久，而不会消失。"

这样的询问正是理查德他们要开展的村民参与式的保护形式。这一保护方式中，村民成了主要力量，他们和科学家们一起制订方案，一起商量怎么才不会过度采伐、过度打猎，过度捕鱼。

亚马孙这里的村庄都是用森林里的草和树建起来的。理查德比喻说：为什么当地人对保护工作越来越非常重视，就像人们在大城市生活，周围商店都关门了，你是不是要赶紧抢购呢？

理查德说在他们的野外生活与研究中，发现的另一现象也很有意思。就是在自然界，陆地上哺乳动物的应急机制是，被天敌捕多了，它们就会加快自己的繁育；捕得少，就少繁育，森林里最后的数量仍然是平衡的。可是人来了以后，它们又多了一个天敌，加上过度捕猎，那就要打破自然界本有的平衡了。

也有一些动物，本来就没有太多的天敌。像灵长类动物，它们就没有应急机制，它们也属于社会性动物，不会有适应能力，不会及时加快

繁育，数量就减少得很快。用我们人类的话说，就是它们本没有危机意识，打得过度了，超过野生动物本有的繁育能力，森林里这种动物的数量就会减少。一种动物的减少，必然还会影响到整个生物链。

在亚马孙流域，现在就有一种挪威鼠生长得很快。这种鼠有两大本事，一是，它们会跳上船找吃的，另外它们能天天生孩子繁育。不过要是它们跳进船里，当地人也有办法，就是把它们引进发动机排气管，让它们知道船有多厉害。这种鼠是外来物种。

理查德他们的科研工作，特别重视对野外动物的数量、行为的监测，要采集各种物种在有打猎行为和没有人类猎杀的情况下，在野外的不同反映，然后根据相关数据分析后再进行决策。

理查德说，这样的调查研究为什么要村民参与呢？让村民、猎户参与，是因为他们今年出去一星期打了几只，明年还能打几只，后年又能再打多少，这些数量在制定决策时都是要参考的。能打到的野生动物是可能会变少，也有可能是变多。此外，对河里面鱼类的调查，也会让当地人参与。长期下来，他们就能在和当地居民的互动中，了解野生动植物的动态。

在亚马孙流域，这项工作的做法是，记录打猎的单位时间，看在单位地方打了多少动物，包括打了多少鱼、多少猪。让村民们参与就是让他们打猎回来后登记今天在哪儿打了多少。一开始，他们也很认真地在表上记录了几个星期。可家里来了个客人，卷烟找不到纸，村民拿起记

录数据的纸卷支烟就抽了。后来就采取了食物记录法。让老婆、孩子帮忙清洗打来的动物。因为动物腐烂总是先从头开始，那么就以头骨计。公的、母的都分着计，全家人都参与。慢慢地村民们差不多就形成了记录野外数据的习惯。

理查德说，村民们在这个阶段之所以愿意参与，是因为他们看到了自然资源的利用需要管理。而野生动物栖息地保护好了，有健康的环境，动物和人都可持续生活。这以后，再转向栖息地的保护，目的是让当地居民更加可持续地利用资源。这样做的结果，也成了保护全球最重要的亚马孙的自然资源的方式。

亚马孙热带雨林的保护，是上世纪 40 年代由军政府开始的。一个将军发现当地象鱼很多，可作为军用物资储备。他决定把这个地区建成保护区。所以在第二次世界大战时这里就建了保护区。相比我国的第一个国家级自然保护区是 1956 年建立的，秘鲁在建立保护区方面还是蛮领先的。

到了上世纪 70 年代，军政府还政于民，自然保护区村民们可以进来了。到了上世纪 80 年代，保护区管理部门的保护是把村民赶出去，这样一来保护区和当地社区的冲突加剧。这就像是家门口的超市要关门了，大家都开始抢购一样。村民情急之下就要赶快打，能打多少打多少，濒危动物出口量也大增。一直到上世纪 90 年代也没有把村民当做保护主体。这里的土地世世代代本都是印第安人的，把他们赶出去的做法导致很多村民和保护区为敌，保护工作

非常难以实施，还曾经发生过一个居民因其打猎工具和猎物被保护区工作人员没收，而杀了该工作人员的恶性事件。因此，这种管理方法，社会经济代价也大，社会也不稳定。"人家的免费'食品店'让你给关掉，那人家肯定要和你对着干了。"理查德说。

社区参与的方式是，保护区里有的动物能打，有的不能打，有的可打少量的。这样做是把村民当成主力，是为当地居民提供可持续的生计，而村民也不再把保护者当敌人了。结果既是保护了生物多样性和热带雨林，也保护了村民的生活，自然也得到了保护，特别是热带雨林受到了保护。目前，这种参与性的保护方式已为全球所采用。

在这样的野生保护方式实施后，理查德他们发现，他们所制定的栖息地保护战略，其实和当地印第安人早有的对野生动物捕猎的划分及神山的保护巧合地一致。

这种参与式的方式，政府也高兴。秘鲁的政权效仿英国式，要选票的。村民们和官员发生冲突官员就拿不到选票了，就要下台。现在官员们也一起工作，保护区官员当然高兴，谁也不愿当仇人。

在秘鲁洛雷托省，现在政府要把另外 6 个地方也划成保护区，这也是村民的要求。为什么呢？因为他们一方面看到了保护区的可持续发展，另一方面发现石油公司、木材公司也在盯着这片亚马孙热带雨林，老要来侵占地盘。村民们要求政府把他们的家列成保护区，为的是免费的

"水产店"、"肉铺子"和自家花园，不会被石油公司和木材公司抢占。

所以，参与式的保护是村民、保护区、官员大家都高兴的保护方式。选票也上来了，三方共赢。

## 亚马孙的日落与日出

在亚马孙河上看日落，简直可说是看空中的"大戏"，或是一场天空中的"时装秀"。有时，你一见天空中的云没有形成火烧云，太阳就下山了，便以为不会再有多么精彩的表演了。

在亚马孙看日落，真是应了那句老话："好事还在后头"。太阳已经消失在地平线下了，"大戏"却越来越精彩。

这场空中"大戏"我们是从傍晚5点37分拍到6点51分的。从时间表上可以看到，一分钟就是一个"节目"，一分钟就是一件色彩斑斓的时装。那一刻，在亚马孙船上的我，除了大饱眼福以外，还有深深的遗憾。在中国，在中国的大江大河上，今天还能看到这样空气清新的天空吗？还能看到天与水这样的交融吗？太难了！是大自然没有恩赐于我们，还是我们自己不珍惜大自然？

2011年1月11日的早上，不到5点亚马孙的天空就开始泛出了红色，又一场空中"大戏"即将上演。我们三个来自中国的野外科研志愿者先后跑到甲板上，端起相机，又开始了新一天的对亚马孙的记录。

日落时分

空中对话

入夜时分

就在我一个劲地把镜头对准天空这个大舞台时，水面上突然出现的"旋律"让我有了一种错觉，我不是在亚马孙河，是在亚马孙沙漠。那金色的起伏，分明是一个个"沙丘"。

大江大河谁都见过，沙漠千姿百态的造型也不是啥稀罕物。可是，像亚马孙这样水中金色的"沙丘"谁见到过？特别是在工业飞速发展的今天，大自然的本来面目被我们人类做了太多的"整容"，这就更显得稀奇罕有。

就在我尽情地欣赏着水中的"沙丘"时，亚马孙的"旋律"突然不仅回响在我的耳边，而且展现在了我的眼前，那么舒缓，那么悠扬……那记载华彩乐段的"五线谱"伴着水的和声，将我带入了亚马孙的音乐世界。

看到亚马孙"沙丘"的这天，我有生以来第一次拍到了亚马孙豚。

## 记录跳出水面的亚马孙豚

2011年1月12日早上5点半，我参加了此次亚马孙参观考察的第一个项目，记录金刚鹦鹉的数量。考察的方式是在亚马孙支流的萨米亚河上，每500米一个点，每个点观察监测15分钟，数出在这个位置，这段时间能看到多少金刚鹦鹉。这个调查要得到的不是这个地区鸟类的丰富程度，而是鸟类的密度。

可能是因为时间太早，选择参加这一记录的志愿者只有我一个。坐上小船，随着鸟类工作者辛迪亚和船工（兼任向导），我们划进了亚马

"大戏"开场

幕

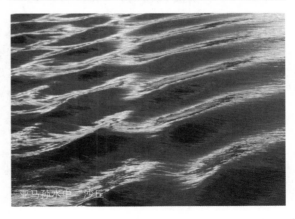

亚马孙水中"沙丘"

亚马孙的晨光

记录的就是它们——金刚鹦鹉

河边的林子

孙的支流萨米里亚河。

2009年在巴西采访时，我看到过一树的金刚鹦鹉。今天，我们要记录的是飞翔中的金刚鹦鹉。

我们所在的秘鲁亚马孙洛雷托雨林，位于亚马孙流域的西部，庇护着地球上一些最大的哺乳动物、鸟类、鱼类和植物的多样性。

作为一名地球观察志愿者，我们将要在位于帕卡亚—萨米里亚国家级自然保护区的萨米里亚河上对野生动物的数量进行监测，帮助收集关于有蹄类动物、金刚鹦鹉、大型灵长类动物、野生鸟类，大型猫科动物、其他大型哺乳动物和大型鱼类的数据。协助研究人员寻找动物，确定动物种群的大小和组成情况，确定距离参数，登记数据表信息，测量动物体重和尺寸大小，并进行动物膳食分析。随行的中国地球观察研究所首席代表谌良仲说，我们这样做其实也是参与了当地土著村庄研究野生动植物资源的可持续利用和以社区为基础的生态保护计划。

至于为什么选择这些动物作为标志性的调查对象，理查德说，能被选择作为标志物种，一是人们不打这种动物，而狩猎动物不能作为标志物种。当地土著人认为粉豚就像人类一样。传说粉豚会装扮成英俊的少年勾引姑娘。如果有女人怀孕了，又说不出是谁的孩子，就会说是碰到了粉豚。这是个很有意思的借口，其中隐含的就是人和豚之间的关联。

作为标志性物种的第二要求是，这种动物可以长距离迁徙。这点要的是此种动物能适应各种环境。比如，才在船上一天，亚马孙豚大家就都见到了。

作为标志性物种的第三个条件是容易看到、容易被发现，见不到的没有指标性。

在洛雷托地区，一共有五种常见的金刚鹦鹉，我们记录的也正是这五种。其中红腹、蓝黄、琉璃金刚和金刚鹦鹉一般会在上午飞越河流和湖泊，到达为其提供食物的树木上面，然后在夜间回到自己的栖息地。金刚鹦鹉的种群状态可以指示森林生态系统的健康情况，因为它们的食物是水果，而且如果某个地区内的森林环境既健康又能够提供丰富的食物，那么它们就会长期在这片区域内生活。如果金刚鹦鹉的数量下降了，这意味着森林生态系统开始出现恶化，而其数量的增加则表明生态系统的健康状况处于恢复之中。

当地人不打金刚鹦鹉，而不过让金刚鹦鹉更加平安的，也有赖于2001年以后美国对收养这种宠物征收了极高的税。在旅客的行李里要是扫描到它们，那可是没有"好果子"吃的。这导致金刚鹦鹉交易量急剧下降，从而起到了保护金刚鹦鹉的重要作用。金刚鹦鹉可长距离迁徙，如果森林中没有足够的果实，它们就会飞往别处觅食。

1月12日早晨，我们记录的金刚鹦鹉是46只。

接下来的9点到下午1点，我要去记录的就是我此行最希望看到的亚马孙豚。2009年我在巴西的亚马孙河里看到过它们，可是没有拍到，昨天我拍到了，但是游在江里的亚马孙豚，没有拍到跃出水面的，人就是这么"得寸进尺"。

亚马孙粉豚是亚马逊豚河豚里体型最大的一种，成年雄性可达2.55米，185公斤重，雌性体型略小，约为2.15米长，150公斤重。虽然其身体肥胖沉重，但却极为灵巧：头部可全方位转动，有宽阔的三角形尾翼，背鳍很低，从腰部到尾部的形状，像鳗鱼一样修长苗条，而尾鳍就像鸭蹼一样，犹如一个宽大的船桨。其游泳速度并不很快，却能在泛洪区水中是森林间穿行自如，非常灵巧。亚马孙豚的喙和下颚又长又坚固，鼻子小且柔软。它的身体可由肌肉控制。幼年豚的颜色为深灰色，年长的河豚则完全为粉色或背部为暗深色。

在雨季丰水期，当各种鱼类大量来到泛洪区时，亚马孙豚采用集体围捕和进食的战略。其他时间，它们则以5到8只个体组成的"小家庭"为单位，由一个强壮的成年雄性河豚带领。在河流交汇处，曾有人见到过多达35只河豚。有时候与灰豚一道集体围捕猎物。

亚马孙灰豚背部的颜色为浅灰色或蓝灰色，腹部颜色接近深粉或浅灰色，背部颜色和腹部颜色之间，在尾蹼到嘴角的连线处，有明显的分界，而侧面在尾鳍和背鳍之间的颜色很淡。背鳍的形状为三角形，在鳍顶部有些许钩状物。它们的嘴巴，长而细。海中的成年雄性灰豚的体长2.1—2.2米，在淡水中则较小，约为1.52米。

灰豚是非常社会化的动物，相互之间有着密切的社会关系。雌性成年灰豚的体型较雄性略

在玩中

大一点。由于它们实行一妻多夫制，所以其社会结构可能以母系为主。

不知是我们的运气好，还是亚马孙河里的豚真的是成千上万（这是 2002 年我在武汉参加白鳍豚研讨会，采访一位巴西科学家时他的形容）。今天在亚马孙，这句话得到了应验。

当然多豚，并不见得我们就能拍到，能拍得好。因我们是要在豚跃出水面呼吸时才能看清它们的头。而等我们肉眼看到它们出了水面，再去"瞄准"并按下快门时，人家早又回到了水里，只留下水中的圈圈涟漪。不过数量较多，练手的机会就多。开始我是一张一张地拍，后来就连拍，再后来，索性相机不离眼睛，对准一个地方不撒手。这样一来，虽然你不知道它这口气喘完了，下一口气会从哪儿出来换，但因为它们并不是单个活动，所以这只出来后，很可能会有下一只豚接着出来，这就让我将它们"逮"个正着有了可能。

这只被我"逮"个正着且为此得意得不行的亚马孙豚，当时我并不知道拍到没有，在相机里存了好长时间我都没敢看，一是怕真真地眼见了那一跳，那么好的机会要是没有拍到，自己真是太笨了；二是也想留个悬念，好的东西不妨放在最后看吧。

我拍到了，拍到了亚马孙粉豚跳出水面的那一刻！

2011 年 1 月 12 日，接下来我拍到的亚马孙豚也是足可以让人们好好认识它们的。中国古人是有古话"乐极生悲"，这话在我拍到亚马孙豚后也撞上了。当时激动万分的我，拍得眼镜上全是汗，摘下眼镜，挂在了胸前的衣服上。可是接下来从船上这边跳到那边时，一不留神，只听到"咚"的一声响，我那既有近视，又有散光，还有老花的眼镜，离开我追随亚马孙豚去了。

当时急得我想跳下水去找。可是我们一上船，就被告知不许游泳，用理查德的话讲，水中的世界是很凶险的。是个弱肉强食的地方。我看看两个船工，他们也无奈地向我看着，露出虽然不是我的急，却也是一脸的无奈。我们的船停在那了一会儿。我还是认为水性好，可以下水试试。

同行的豚类专家威廉说，这里的水深有七、八米。见我还没有死心。他马上又说，我们的船看着是停了，其实是在慢慢移动的，我即使能潜水，可这么大的范围，怎么可能找得到呢？

没招了的我突然问当时和我一起在船上拍亚马孙豚的招秉恒。我说"要是只有一个选择，你是要眼镜，还是要拍到的那么好的亚马孙豚的照片。他笑着说，"眼镜。"

我知道，他这是说给我听的，怎么可能是要眼镜呢？他知道了我的选择一定是要照片。我关注河豚从 1997 年到今年要说也有 14 年了呀。

从这个思路想，还有什么可说的呢？今天我们在不到 3 个小时的时间里，我们在亚马孙河上数到的亚马孙豚是 60 只。

1 月 12 日，在亚马孙河上我参加的最后一个考察项目是去监测凯门鳄。晚上 9 点到 12 点

凯门鳄

的这个活动，是坐着船专家用手电把光打在河边寻找的。在巴西的亚马孙，我们也有一天是这样打着手电看野生动物的。当地人说，因为有些动物就是夜行动物。

黑夜中，给我们开船的是当地人。那么小的鳄鱼，不知他是怎么就能找得到。捕到以后，先是量了它的身长，又称了它的体重，还从它的肚子下面用小夹子掀开一具特殊部位，是公还是母。这种做法鳄鱼为了科研和可持续发展也只能接受了。不过在我们看来，还是有点于心不忍。

在亚马孙的洛雷托地区的大型河流和湖泊中，一共生活了三种凯门鳄：黑凯门鳄、常见凯门鳄和钝吻凯门鳄。

曾经，人们杀害凯门鳄获取它们的皮来作为制造鞋类、手袋、腰带和其他物件的材料。据说当年美国肯尼迪总统的核弹按钮包就是用黑凯门鳄鱼皮做的。《濒危物种国际贸易公约》禁止捕猎和买卖后，在洛雷托地区的许多河流当中，鳄鱼的数量正在恢复，现在可列为比较常见的动物了。

热带雨林里的根，有些树根就露在外面。

## 在亚马孙热带雨林里"献血"

2011 年 1 月 13 日上午，我们四个来自中国的志愿者参加的都是对鱼类的调查。亚马孙的食人鱼，我在巴西的亚马孙河里钓上来过。今天在秘鲁的亚马孙支流萨米里亚的那像墨汁一样黑的黑水里，食人鱼多吗？能像在巴西的亚马孙河里那样，对初学者来说都是很容易钓上来吗？

上午 9 点半，我们从阿亚普号考察船换到的一艘小船上出发了。

我与向导阿里费来多一起划着小船去撒网时，想象着在电影上看到过的，收网时鱼一条条地往上蹦的场面。亚马孙这个鱼类的天堂也会让我们拍到这个画面吗？等我们撒网归来，留在船上的人已经拿起了鱼竿，有模有样地钓开了。

就在我们尝试并感受着在亚马孙中钓鱼的乐趣时，下雨了，我们急忙躲到热带雨林中的大树下。这里的大树对我们来说，除了能躲雨，还有就是它们根部的奇特。那一条条垂在大树四周的气根，像不像一条条雨丝、一条条雨线下在这片原生态的树林里。

我还在细细地看着热带雨林里的树根时，向导阿尔费来多把我们叫到一棵大树下，指着密密的树枝和树叶让我们看。

原来他发现了趴在树枝上的一条蛇。偌大的一片林子，那么密密麻麻的树叶，这位生长在亚马孙村庄里的男人怎么就能看到一条和树枝颜色几乎是相同的蛇呢？是他和动物之间有某种相通吧，不然怎么可能呢？

阿尔费来多左指右指了好半天后，我们才终于看到了大树上众多树枝间趴着的那条蛇。

雨下了停，停了下。最后钓鱼的收获是，我钓到两条，美国志愿者艾米一条，其他的人都没有钓到。这里的鱼难钓得被我们认为是太聪明了，我们的鱼竿一放到水里就能感到被咬住了，但这鱼能很快吃掉我们放的鱼饵，然后逃之夭夭。

接下来做的是要把网上捕到的 69 条鱼称量一遍。布查认为我们今天捕到的鱼数量不算多，种类加上我钓的两条只有四种。

布查告诉我们，今天我们对鱼类的监测，主要是要确定鱼类的种群数量和种类丰富程度，我们将会在主要河流、河渠和湖泊当中各个不同的位置撒下 30 米长而且网眼大小不同的渔网，然后按照预先设定的时间让渔网在水中停留。对于渔网当中所有捕获到的鱼，要确定它们的种类、称它们的体重，并测量它们的大小。每次同样强度的捕鱼劳动所获得的鱼类数量可以反映鱼类的实际种群密度或者种群数量。如果每次同样强度的捕鱼劳动所捕获到的鱼类数量在减少，这就说明人们在过度地捕捞鱼类（鱼类种群数量在下降）；如果每次同样强度的捕鱼劳动所捕获到的鱼类数量保持稳定，这也就说明鱼类的种群数量基本上保持了稳定；如果每次同样强度的捕鱼劳动所捕获到的鱼类数量在逐渐上升，这就说明鱼类种群数量也在上升。这种分析每次同样强度的捕鱼劳动所捕获到的鱼类数量的办法，既可以作为不同渔业地区之间的比较方法（没有渔业的地区，只有少量渔业的地区和渔业发达地区），又可以作为对所选择的研究区域的长期观察办法。

在亚马孙河，再次考验了我对自然的认知。开始看到我们捕到的满满一桶鱼，我想的是晚上有鱼吃了。甚至还想，我要自己做这些鱼。可是我们捕到的这些鱼并不可以吃，而是要一条一条地记下它们的身长、嘴长、体重等数据后，重新放回水中。

在以人为本的社会中，我们的思维方式，真的需要到大自然中来经受锤炼。

亚马孙野生动物的陆地样带考察，主要是调查有蹄类动物、灵长类动物，和猎禽。观察人员将沿着陆地样带行走，一一记录下所观察到的动物所处的地点到该样带的垂直距离。这种考察方法之所以可以采用，其假设的前提是发现动物的可能性取决于该动物所处位置到样带的距离。观察人员必须在动物看到自己而被吓跑之前测量出该动物离样带的距离。这就意味着，观察人员必须努力在动物发觉自己之前先看到它。

阿尔费来多在学我们看到的动物的叫声

森林中的小青蛙

为避免喂蚊子，我把自己"武装"到牙齿，走进林子的科学家帕伯罗·珀塔斯生于秘鲁亚马孙，青年时期在雅瓦里河流域的一个小农村社区里度过的。帕伯罗为世界卫生组织的秘鲁灵长类

雨林中的猕猴桃

雨林中的棉花

大自然的作品

动物学项目研究夜间猴子的活动，由此开始了他的研究生涯，也开始了他广泛地从事以社区为基础的养护和保护区管理工作。

帕伯罗告诉我们，在野外，观察人员还要记录下该动物的初始位置到样带的垂直距离。因为如果该动物看到了观察人员而移动了自己的位置，那么记录下来的数据就有误差了。这种考察方法的前提假设是，所有动物都是独立分散于各自栖息地的。

帕伯罗说，但是由于在一个喜好群居的动物群当中，单个动物不是独立的，它们的行动取决于该动物群中同类们的行动，所以群居动物群体必须被视作抽样调查当中所称的抽样单位，由此我们可以计算动物群体的密度。这一方法假设动物的栖息地都是独立分散的。但此举的前提是，动物群体的社会物种必须被视为抽样单位。由此，动物群体密度就可以计算了。

帕卡亚—萨米里亚国家级自然保护区是秘鲁最大的保护区之一，跨越2万多平方公里的热带雨林。这座保护区是一个罕见的具有丰富珍稀野生动植物资源的地区，一片独特的洪水森林，它是地球上拥有最丰富的生物多样性资源的地区之一。

有一点遗憾是，我们今天没有看到什么大型动物。虽然一直能听到猴子的叫声，特别是听刮风般到红吼猴的叫声，但是我们并没看到。我们看到的最大的不是什么野生动物，而是蚂蚁窝。帕伯罗告诉我们，这座小

亚马孙雨林里的猴

山是靠蚂蚁们的肩膀扛起来的，而且里面会有很多蚂蚁们生活所通道。

照片中是亚马孙监测项目本应该看到的野生动物。第一排中间红色的就是红吼猴。

我今天最大的感受就是向蚊子做了无偿地"献血"。虽然我全身捂得严严实实的，但谁想到袖口那儿系好了的扣子缝隙竟也让它们见缝插针地吸了个够，着实让我体会到了上船第一天理查德说的"志愿献血"。

据记载，吼猴是拉丁美洲丛林中最有趣的一种猿猴，在动物分类学上属于哺乳纲、卷尾猴科。它体长0.9米，像狗那么大，加上一米多长的尾巴，在南美猴类中，可算是最大的代表了。这种猴的身上披有浓密的毛，多为褐红色，且能随着太阳光线的强弱和投射角度不同，变幻出从金绿到紫红等各种色彩，十分美丽。

最引人注目的是吼猴的巨大吼声。这种猴子的舌骨特别大，能够形成一种特殊的回音器。每当它需要发出各种不同性质的传呼信号时，它那异常巨大的吼声便不停息地响彻于森林树冠之上。有时会有十几只在一起，用它们特有的"大嗓门"发出巨声，咆哮呼号，震撼四野，这吼声在1.5公里以外都能清楚地听到，吼猴的名称也是由此而来。可以说，这两天在亚马孙热带雨林中，我们可真是领教了这种猴子的叫卖之响彻云霄、震撼四野。

吼猴多分族而居，每族包括3只成年雄猴、三只母猴、三只仍吸乳的幼猴和四只未成年的小猴。家族中的雌猴为雄猴共有，雄猴操持全族的领导权和防卫责任。幼猴与父母一同栖息到性成熟之前，逾此即被本族逐出。当它们还未加入新族前，先要渡过一段"光棍"生活，每天独栖于林中。

因为热带雨林食物充足，所以吼猴的领地比较小，只有40—50公顷。吼猴也同其他猴类一样，都有自己的领地。吼猴同类间相处融洽。如果有敌害或异族走近领地，雄猴便以齐声吼叫或其他行动将侵犯者赶走。它们的团结性和斗争性，在悬猴科中堪称第一。吼猴也有一个众多族别。据不完全统计，美洲森林中有吼猴五六种，最著名的有红吼猴、熊吼猴、披肩吼猴等。每个家族都有自己的领地。边界上有两只吼猴守卫，通过吼叫相互警告对方，不得擅自越过边界。一旦两组相邻的吼猴遭遇在领域的分界处，便会爆发一场惊天动地的"吼战",而胜利往往属于吼声响和吼叫时间长的一方。吼猴的这种策略，显然比其他用爪牙争斗的动物文明多了。它们以仪式化的战斗取代了直接的肉体冲突，会降低种群内部的损耗，减少受伤或死亡。

有意思的是，吼猴是全素食者，各种各样的树叶、果实、坚果和种子它都吃。吼猴每天要花三到四小时进食。它常常用尾巴倒悬在树上，直接用嘴啃食树枝上的叶子和果实，或者用尾巴将食物拉过来，而不是用前肢采摘。森林里的树叶果实大多含有生物碱和毒素，吼猴有很好的辨别能力，总是挑选其中含毒量最小的部分，如叶柄、嫩叶和成熟了的果实来吃。吼猴栖息在树上，从不轻易下树，即使是口渴时，也只是舔些潮湿的树叶来解渴。

有人说，吼猴是地球上吼得最响的动物之一。

动物有多种多样的适应生存的行为。这在亚马孙热带雨林里是有着十分突出的代表性的。比如说，美洲豹常在池塘边伏击猎物，因为它们知道鹿或者其他小动物会来喝水。美洲小野猪听到地上"咚"的一响，会赶忙凑过去，因为它们知道树上又掉下来一个可口的大水果。

与此同时，生态学家们通过研究发现，植物也有诸多的适应生存的行为，虽然与动物的相比，这些对策不那么引人注目，但它们却同样巧妙和富有情趣。

让我们看一看植物是如何"摆布"其种子传播者：雨林里许多水果的种子呈梭形，外被光滑的果肉，果肉与种子紧紧连在一起，这样，种子便会在动物吞食果肉时顺口"钻"进后者的肚子。对动物来说，这些种子是果肉的"污染物"，因为它们不能给动物提供任何营养和能量；但对植物来说，种子被动物吞下并带到新地方是它们传宗接代和种群扩展的途径，而果肉不过是吸引动物的诱饵罢了。

同样是为了吸引动物传播种子，有的植物甚至进化出骗术。雨林里有一种高大的豆科植物，荚果成熟时开裂，红黑相间的种子暴露在外，在阳光下特别醒目。远处的鸟以为这是可口的水果，飞过来叼走，待它意识到被欺骗而将种子丢弃时，后者已被移到几十米以外的地方了。

还有更高明的骗术：法国研究灵长类食性的国际权威拉迪克教授在产自非洲丛林的一些水果中发现了"假糖"，这些假糖的化学成分原本是蛋白质，但吃起来却有甜味。他认为这也是植物吸引动物传播种子的招数，因为很多灵长类动物都喜欢吃有甜味的水果。

雨林里有形形色色的干果，其果实和种子都是无臭无味的，但这些没有"招摇撞骗"手腕的种子仍会遇到"好心"的传播者——啮齿类动物和蚂蚁。我们都知道，在温带地区，松鼠和花鼠在秋天有贮藏食物的习性，那是为越冬作准备。不过，一些植物早已进化出相应的对策，种子一旦遇到合适的环境便宜会很快生根发芽。一位摄像师就拍到了非常戏剧性的一幕：一只刺鼠将一个硕大的种子埋在树根下，过了一段时间，等它再来寻找"口粮"的时候，种子已经发育成数十厘米高的小苗了。

在整个地球的热带雨林里，大约 70% 的植物依靠动物传播种子。一位美国热带生态学者曾系统地研究了南美热带雨林里水果的大小、颜色与其种子传播者的关系，他发现雨林里的水果可以分成两大类：体积小的红色水果和体积大的黄色水果。前者的种子传播者是鸟类，后者的种子传播者是哺乳类。

大自然就是这样随着生命的进化将自身编织成一张错综复杂的网，所有的环节都直接或间接地相互关联着。不仅动物与动物之间存在着食物链关系，植物与植物之间有相生和相克，动物和植物也是相互依赖、协同进化的。大自然似乎为每一个物种都做了精心的安排！大自然真是古朴的美、绝妙的诗、醉人的梦、神奇的谜！

## 亚马孙印第安部落里的原住民

这户人家就住在亚马孙的热带雨林里。我们停下船，帕伯罗用西班牙语和他们聊了一会儿得知，他们每十天半个月便换一个地方捕鱼。不过捕到的鱼和过去比还是少了些。

他们的生活在我们看来是艰苦的，但也是丰富的。有牙膏，有啤酒，有蚊帐，也有与他们朝夕相伴的猴子，亚马孙豚和黑领鹰。

自称现代人的我们，离不开的是各种自认为的生活必需品，而亚马孙人离不开的是大自然。

2011 年 1 月 15 日下午，我们的考察活动是走进科卡马印第安部落，近距离接触原住民。

印第安人的家

自己做的工艺品

亚马孙人家

既是水果，也是粮食

阳具

2009 年我也走进过亚马孙，但是没有走进过印第安人家。2008 年我和香港亚洲电视台一起在美国克拉马斯河采访时，走进过印第安人家，但那是美国的印第安人。今天我们要走进的可是秘鲁亚马孙热带雨林里的科卡马印第安人家。

给我们学亚马孙野生动物叫声的向导阿尔费来多有七个孩子。他们这儿主要的生活来源是打鱼，也要种庄稼和果树。不过，他也非常喜欢亚马孙考察船的工作，带着外面的人进林子，他一天还能有相当于 40 块人民币的收入。我问他，希望你的孩子将来还生活在林子里吗？这位印第安父亲说，孩子们已经开始上学了。这里的年轻人有不少也去了城市。孩子们的明天由他们自己选择。

今天一到印第安部落，大人孩子就围着我们转，他们对我们也充满了好奇。因语言不通，他们只是看着我们笑。

这种植物我们不陌生，印第安人却给它起名叫"阳具"。

与社区的结合是亚马孙热带雨林保护项目的重要内容。所以这些印第安人也接受了外面世界的生活。每当有外来的人，他们也会摆出自己用鱼鳞、树皮做的各种工艺品。

和印第安部落里的人聚会的屋子，孩子们正排成排地表演着。每个人都有自己的节目。他们的节目形式一样，内容相同，都是学一种家门口林子里动物的叫声。不同的是，一大排孩子所学的动物叫声没有一个是重样的。

美洲土著居民中的绝大多数为印第安人，

"我学得像吗？"

分布于南北美洲各国，传统上将其划归蒙古人种美洲支系。印第安人所说的语言一般总称为印第安语，或者称为美洲原住民语言。印第安人的族群及其语言的系属情况均十分复杂，至今都没有公认的分类。

考古学家和人类学家认为，印第安人的祖先和中国人有着一样的体质。也有专家认为认为，印第安人的祖先来自中国北方，大约是在4万年前从亚洲渡过白令海峡到达美洲的，或者是通过冰封的海峡陆桥过去的。他们与亚洲同时代的人有某些相同的文化特色，例如用火、驯犬及某些特殊仪式与医疗方法。语言为北美洲蒙古人种印第安语。

印第安人以前被称为红种人，因为他们的皮肤经常是红色的，后来人们才知道这些红色是由于他们习惯在面部涂红颜料，所给人留下了错误认识。

印第安人有4万多年的文化，产生了许多不同的民族和语言，在历史上曾建立过四个帝国，最重要的是中美洲的阿兹特克帝国和南美洲的印加帝国。印第安人发明过玛雅文字，对天文学研究的造诣也相当深，还为世界提供了玉米、土豆、番薯、西红柿、辣椒、南瓜、菠萝、烟草、可可和橡胶等作物和药材。没招谁、没惹谁的印第安人，却遭到了殖民者的迫害、杀戮，印第安文化也遭到毁灭，致使现在残存的古代文明资料已经不多，但目前对古印第安文明的研究越来越引起考古界的关注，美洲国家也开始下大力发掘古代印第安文化。

亚马孙豚在呼吸（帕伯罗拍摄）

要说印第安人婚俗与他们的饮食习俗和服饰习俗一样都是多种多样、千奇百怪的。有"点心求婚"、"抢婚"等多种婚姻习俗。婚姻习俗是印第安人世代沿袭下来的习惯，有着浓郁的地域文化特点。一般来说，几乎所有印第安部落都反对乱伦行为，同时也大都意识到了近亲结婚的危害，反对近亲结婚。

印第安人的丧葬习俗，不仅能够体现人类对自身的认识程度，同时也能反映人类不同的生活观念、生命观念和灵魂观念等。印第安人的丧葬习俗多与其宗教信仰有直接的关系，反映出了印第安人在不同世界观的支配下，对于现实社会人生的态度和对未来的憧憬。

我们没有赶上亚马孙印第安部落里的婚礼，

在水边起飞

也没能亲眼见见他们那里给逝去的人举办的仪式，只能自己想象并在今后的记忆中咀嚼、回味、发现了。

## 全球气候变化对亚马孙生态的影响

2011年1月16日早晨，我们结束了此行的考察项目，开始返航。

坐在阿亚普考察船的船头，我一边领略着亚马孙河两岸的风情，一边写着每天都在写的《绿家园江河信息》。我想最后体验一下亚马孙河，最后在亚马孙河上记录下我在亚马孙这里看到和感受到的大自然。

吃过早饭，首席科学家理查德为我们此次的考察活动做了总结，其中特别强调的是全球气候变化对亚马孙生态环境的影响。

理查德说，在这次考察中监测到的鱼类品种较少，数量也不多。因为河水才开始涨，本次科考在这一时间野外监测到的信息和数据非常重要，回去后要分析一下，与往年相比较的数据之差以及为什么比往年少。

另外，这次监测到的亚马孙豚，在河口处也比往年少，但在萨米里亚河段的河豚数量还行。几天来的数据分别是：60、54、26和23只。

金刚鹦鹉这次监测到的数据比较多，结果也符合热带雨林中果实正在成熟季节，鸟儿们有丰富的食物的情形。

陆地样带调查，数据正常。不过理查德说，要想得到更明细的数据，两个星期的考察效果会更好，而我们这次只有八天。

这次监测到的凯门鳄的数量也比往年少。在科学家们看来，可能是今年涨水慢，也可能是凯门鳄去了别的地方。

理查德说，尽管这次监测到的数据不够理想，野生动物大型哺乳动物也比以往少。特别是河口地区动物少，这和上世纪80、90年代的过度打猎尚未恢复不能不说有着一定的关系。不过理查德也一而再再而三地说，亚马孙流域自从12年前引入社区管理方式后，野生动物的数量总体上来说正在恢复。

理查德说，1992年有一部纪录片说，要按当时的砍伐量不加控制的话，到2010年，亚马孙热带雨林会被砍伐殆尽。然而现在情况还不错，热带雨林的生态环境，正如大家此次亲眼在亚马孙看到的实际情况，这是我们开展生物多样性保护工作的成果。

在即将离开亚马孙上岸的时候，我心里又浮起了前一天在亚马孙河上数亚马孙豚时的感悟。

那天和我们一起在亚马孙考察船上的还有72岁的美国志愿者罗伯特。我举着相机时刻准备着进入角色，而罗伯特却连小相机也没有拿出来，只是专注地数着我们看到的亚马孙豚。科研助理威廉更是不管我们因看到了而高兴地大叫，还是看到了没拍到大声发出叹息，都笑眯眯地看着水面。

走了一会儿威廉叫船停在了河里，我们静静地等着亚马孙豚的"表演"。可是只有远处间或有一只两只豚从船边游过，露出水面又迅速地回到了水里。眼看有一只就在我们船的上前方跃出了水面，可是快门响起后所记录下的只是这只豚在水上留下的一圈圈涟漪。

在我们焦急不耐的时候，罗伯特倒一直在那里不急不慢地向威廉报着数，前面不远处有粉豚一只，船尾有灰豚两只。威廉默默地记下来。

我们的船工再次开船时，已经是往回走了。在遗憾中我突然发现，没有豚看时，我看到了亚马孙及其两岸的种种——天空中飞行着鸟、岸边的树、还有那一幢幢茅草盖顶的小木屋。

在河上监测了三天河豚，在不止盯着看它们时我才发现，水中及两岸的景致是那么丰富。而在只盯着河豚时，两岸的其他则全被我视而

亚马孙河上

不见了。

放弃了唯一，把视线所及放大一些、再放大一些时，我不禁感慨，眼中若只看到局部，忽略的就不仅仅是其他的细节，还有全局。

在大自然中的这一感悟，其实是大自然给予我的。平时我们也会说，在大自然中学习，读万卷书，行万里路。但有多少时候我们是抱着学习的态度走进自然的呢？更多的时候我们是去欣赏，去享受，走进自然是要去发现什么可以为我所用、可以掠取。

自然给人的启迪是潜移默化的，是需要灵性去感悟的，也需要时间。细想想，人与自然在我们的祖先那里早就有了的"师法自然"一说。我们现代人越来越觉得自己是高级动物，当我们自

认为自己无所不能，科学能主宰一切时，我们才狂妄地认为人定胜天，人可以要改造自然。

当我因在一门心思只想看到亚马孙豚而焦虑时，大自然竟然在一点点地调整着我的心态，让我在放松中得到平静。让我换个角度去审视身边的自然。

这时的放弃，对我来说得到的是丰富。丰富的不仅是我的眼界，还有思想的升华。

我庆幸自己能有在大自然中学习的机会，在大自然中修炼。就在我体味着在大自然中得到的这一心得时，我思想之活跃远远超过了我只看到了亚马孙豚的那一刻。

朋友们羡慕我能有那么多机会走进大自然。每当听到这些时，我更想和朋友们说的是，当你真的放下架子向自然学习，用心去感悟大自然时，你就会接到来自大自然的更多的邀请。

徜徉在亚马孙河上，思想极为活跃的时候，我发现在如此富饶的水乡，却住着那么少的人。

以我们中国人的思维方式，这里应该是非常适合人类生存与居住的地方呀！地球上大气中氧气含量的三分之一是由亚马孙热带雨林制造的；亚马孙的水量，占地球表面上流动的淡水的五分之一以上。可我们在亚马孙流域考察的一个星期里看到的人，却真可以用寥寥无几来形容。而全世界每五个人中就有一个中国人。

亚马孙，是造物者的自留地。是造物者要留住的一片属于自己的自然。这里没有经济繁荣、没有社会发展、没有激烈竞争。

在八天的考察中，和我们四个中国志愿者在一起的还有三位美国志愿者和一位英国志愿者。其中美国夫妇罗伯特和苏珊已经是第五次、第七次参加这样的科学志愿考察活动了。几位英美志愿者在就要离开考察船时都说了这样的话：人生充满了梦想，我们在实现着自己的梦想。

而我这次在亚马孙拍到的自然，在亚马孙进行的探索，在亚马孙得到的感悟，我都会带回去，讲给朋友们听。

（此篇感谢生态学家徐凤翔、地球观察研究所中国首席代表谌良仲的修改）

# 14

## 尼罗河畔的生态文明

新桥

特洛伊古城

绿家园从 1996 年在北京莽山森林公园领养树和 1997 年在内蒙古沙漠种树开始了自创的生态游。2008 年春节的生态游第一次游到了尼泊尔，也开创了独具特色的国际生态游。独特在生态与文化的结合，及"大巴课堂"上随行专家的讲课。

## 博斯普鲁斯海峡

2010 年 3 月 5 日至 20 日，绿家园生态游在土耳其伊斯坦布尔的博斯普鲁斯、达达尼尔海峡领略了海峡的要塞之势，在特洛伊古城边沐浴了爱琴海的海风，在撒哈拉沙漠旁看到了尼罗河与红海，也在地中海边拍到了落日中的夏宫。

欧亚大陆桥边伊斯坦布尔的古建筑最先把我们引入了这片地理位置独特，气候条件宜人的游人向往的乐园。

形状各异的现代化建筑，华丽肃穆的清真寺宣礼塔（传音塔），飞跃于博斯普鲁斯海峡之上的跨海大桥，《荷马史诗》中的特洛伊城遗址……迷人的自然风光，丰富的文物古迹，如果不是亲眼目睹，真是难以想象土耳其怎么就能享有

"旅游天堂"的美誉。

而我们的导游也有一个很浪漫的名字——罗密欧。

土耳其大陆西起巴尔干，东至高加索，向北延伸至黑海，南部濒临地中海，在欧洲国土面积仅次于俄罗斯(30.1万平方英里)，位居第二。它的气候温和，地形复杂，从沿海平原到山区草场，从雪松林到绵延的大草原，这里是世界植物资源最丰富的地区之一。

土耳其大陆长达5000英里的海岸线上点缀着数处保存完好的爱琴海和地中海海滩。巍峨的阿勒山高达17725英尺，山顶终年积雪覆盖。此外，土耳其还是一个河流湖泊众多的国度，底格里斯河和幼发拉底河均发源于此。

我们这些来自北京的人，除了对土耳其自然与文化的丰富了解甚少，对那里季节与气候冷热的估计也不足。已经是3月份了，我们以为天气会比较暖和，但所带的衣服全穿上了还是觉得——真冷。

土耳其的气候类型变化很大。东南部较干旱，黑海被薄雾笼罩；地中海和爱琴海地区冬季温和，而多山的东部地区积雪期长达数月，异常严寒。一般来说，土耳其的夏季长，气温高，降雨少，冬季则带来了降雪和冷雨。

博斯普鲁斯海峡和达达尼尔海峡是战略性的水上通道，将爱琴海和地中海同马尔马拉海和黑海相连。

博斯普鲁斯海峡和达达尼尔海峡对我们中国人来说并不陌生，因为我们小学的地理书上就有对这两个重要海峡的介绍。当年我只是背这两个海峡的名字，知道它们重要。但真的站在海峡边我才知道，如今在博斯普鲁斯海峡和达达尼尔海峡，土耳其监管着所有舰船的进出，包括从俄罗斯为数不多的不冻港开出的舰船，都要通过这两个海峡前往爱琴海和地中海的海域。我们的导游罗密欧说："我们要是把海峡封上，俄罗斯的航母就只能在他们自己的黑海里玩玩了。"

伊斯坦布尔除了有"扼黑海咽喉之重地"的称呼，也是土耳其最大的城市和港口，2003年统计人口已超过1200万。作为欧亚两洲分界线的博斯普鲁斯海峡从城中穿过，将这座古城一分为二，伊斯坦布尔也就成了全世界唯一一座地跨欧亚两洲的城市。

罗密欧告诉我们，古人对地震的防御从那雕塑下垫着的红砖上可见一斑，它是几千年前工匠为减缓地震所采取的防范措施。没想到那时的减震水平已能达到这样的程度了。

土耳其人对中国的友好与好奇又是大大超出了我们想象的。在参观老皇宫时，我们遇到了一群学生。那一刻，我们举着相机拍他们，他们拿着手机拍我们，真是有意思！

土耳其有9000年的历史。几个宗教伊斯兰教、犹太教、基督教在这里都留下了深深的烙印。

欧洲、亚洲由一条海峡分隔，又由两座大桥连接。博斯普鲁斯海峡又称伊斯坦布尔海峡。博斯普鲁斯在希腊语中是"牛渡"之意。传说古希腊万神之王宙斯曾变成一头雄壮的神牛，驮

两个尖塔就是传音塔

能够抗地震的石柱

着一位美丽的公主从这条波涛汹涌的海峡游到对岸。海峡便因此而得名。

博斯普鲁斯海峡沟通黑海和马尔马拉海，海峡中央有一股由黑海流向马尔马拉海的急流，水下又有一股逆流把含盐的海水从马尔马拉海带到黑海。因鱼群季节性地通过海峡往返黑海，故渔业颇盛。

罗密欧告诉我们，那些在海边钓鱼的人是周末被老婆赶出家门的。老婆要在家做事，先生最好不要在旁边唠叨、抽烟，所以就被赶出家了。在海边抽烟没人管，男人们就乐得每个周末都到海边垂钓。多有意思的解释，多有意思的垂钓和消遣的理由。

博斯普鲁斯海峡是沟通欧亚两洲的交通要道，也是黑海沿岸国家出外海的第一道关口，是罗马尼亚、保加利亚、乌克兰及俄罗斯国家与地中海国家衔接的主要通道。

博斯普鲁斯海峡大桥于 1970 年动工兴建，1973 年建成。整座桥长 1560 米，桥面宽 33 米，可同时并行 6 辆汽车，沟通了欧亚两洲的交通和运输，方便了两洲人民间的交流。

为了保卫跨越海峡南端的君士坦丁堡（今伊斯坦布尔），拜占庭诸皇帝和以后的鄂图曼帝国诸苏丹沿海峡两岸，特别是欧洲一侧，先后修建了许多城堡，其中最有代表性的是阿纳多卢费内里和鲁梅利希萨勒两座城堡——第一次世界大战中，鄂图曼帝国战败后，海峡的控制权由一国际委员会接管，1936 年始重归土耳其管理。

这张水渠的照片是我在行进的车中拍的。虽然有些不清楚，但它却十分值得说一说。名为瓦廉斯的水渠是罗马帝国皇帝瓦廉斯于公元 375

大风中的爱琴海

年命令建造的。瓦廉斯水渠距地面 64 米,渠高 20 米。它原长为 1 公里,现在只保留下 800 米。水渠的下部主要由大石块垒成,上部则由小石块砌成。建造水渠的这些石块大都是从古卡凯东城的城墙上拆下来的。

2010 年 3 月 9 日,我们来到了爱琴海畔。风很大,慢慢露出头的太阳把弯弯曲曲的海岸线描绘得宛如披着一层有姿有色的纱幔。

爱琴海位于希腊半岛和小亚细亚半岛之间。南通地中海,东北经达达尼尔海峡、马尔马拉海、博斯普鲁斯海峡通黑海,南至克里特岛。

爱琴海海岸线非常曲折,港湾众多,共有大小约 2500 个岛屿。爱琴海的岛屿可以划分为七个群岛:色雷斯海群岛、东爱琴群岛、北部的斯波拉提群岛、基克拉泽斯群岛、萨罗尼克群岛(又称阿尔戈 – 萨罗尼克群岛)、多德卡尼斯群岛和克里特岛。爱琴海的很多岛屿或岛链,实际是陆地上山脉的延伸。正是这些岛链将爱琴海和地中海分开。许多岛屿具有良港,不过在古代,航行于爱琴海上并不是很安全。这里的许多岛屿是火山岛,出产大理石和铁矿石。希腊的克里特岛是爱琴海中最大的一个岛屿,面积 8000 多平方公里,东西狭长,是爱琴海南部的屏障。爱琴海岛屿的大部分属于西岸的希腊,一小部分属于东岸的土耳其。

爱琴海属地中海气候,冬季温和多雨,夏季炎热干燥、蒸发旺盛。这里盛行北风,但每年 9 月到次年 5 月有时刮温和的西南风。

爱琴海因处于亚欧板块与非洲板块挤压

尼罗河

古水渠

碰撞的地带,为地壳不稳定区,多火山、地震发生。

## 世界最长的河——尼罗河

从土耳其到埃及,我们的两位导游虽然都没到过中国,可他们中文好得都能和我们说段子了,其热情程度更是让我们随时都感到心里热乎乎的。阿拉伯世界的人民和中国人的友好在那里随时随地都能感觉到。

埃及的导游给自己取了个中文名字——阿

金字塔

近距离接触金字塔

2010年3月9日，我们从埃及乘火车去阿斯旺，也是尼罗河的最南端。埃及供外国人坐的火车虽小，但软卧车厢里和我们的硬卧差不多，服务员负责把晚餐和早餐送到包厢里，包厢里还有自来水可用。我们就是乘着这样一列火车到达了阿斯旺。

尼罗河流域分为七个大区：东非湖区高原、山岳河流区、白尼罗河区、青尼罗河区、阿特巴拉河区、喀土穆以北尼罗河区和尼罗河三角洲。英国探险家约翰·亨宁·斯皮克1862年7月28日发现了尼罗河在维多利亚湖的"源头"，当时计算的河流全长为5588公里，后发现最远的源头是布隆迪东非湖区中的卡盖拉河的发源地。

"尼罗河"一词最早出现于2000多年前，关于它的来源有两种说法。其一是认为来源于拉丁语"nil"，意思是"不可能"。因为尼罗河中下游地区很早以前就有人居住，但是瀑布的阻隔使得中下游地区的人们认为要了解河源是不可能的，故名尼罗河。其二是认为"尼罗河"一词是由古埃及法老尼罗斯（nilus）的名字演化来的。尼罗

鹰。他一见到我们就说，他们为自己的祖先骄傲，而我们中国人可以为现在骄傲，因为我们的国家现在更强大。

沙漠就是沙漠，这里的天和砖的灰色是一样的。不过，2010年3月20日，当我们从撒哈拉大沙漠回到北京时，正赶上了北京的沙尘暴，同行的人说，这是撒哈拉舍不得我们也跟着回来了。

尼罗河畔

河，阿拉伯语意为"大河"。"尼罗，尼罗，长比天河"，是苏丹人民赞美尼罗河的谚语。

尼罗河是一条流经非洲东部与北部的河流，与中非地区的刚果河以及西非地区的尼日尔河并列为非洲最大的三个河流系统。现在公认的尼罗河的长度为6650公里，是世界上最长的河流。2007年虽有来自巴西的学者宣称亚马孙河长度更胜一筹，但尚未获得全球地理学界的普遍认同。尼罗河有两条主要的支流，白尼罗河和青尼罗河。发源于埃塞俄比亚高原的青尼罗河是尼罗河下游大多数水和营养的来源，而白尼罗河则是两条支流中最长的。

白尼罗河发源于赤道南部东非高原上的布隆迪高地，干流流经布隆迪、卢旺达、坦桑尼亚、乌干达、苏丹和埃及等国，最后注入地中海。支流还流经肯尼亚、埃塞俄比亚和刚果（金）、厄立特里亚等国的部分地区。流域面积约335万平方公里，占非洲大陆面积的九分之一，入海口处年平均径流量810亿立方米，所跨纬度从南纬4°至北纬31°达35°之多。

尼罗河最下游分成许多汊河流注入地中海，这些汊河流都流淌在三角洲平原上。三角洲面积约2.4万平方公里，地势平坦，河渠交织，是古埃及文化的摇篮，也是现代埃及政治、经济、文化的中心。尼罗河下游谷地和三角洲则是人类文明的最早发源地之一，古埃及即诞生在此。至今，埃及仍有96%的人口和绝大部分工农业生产集中在这里。因此，尼罗河被视为埃及的生命线。

象形文字中记录着埃及人当年的生活

几千年来，尼罗河每年6—10月定期泛滥。其特点是，尼罗河在苏丹北部通常5月即开始涨水，8月达到最高水位，以后水位逐渐下降，1至5月为低水位。虽然洪水的发生是有规律的，但是水量及涨潮的时间变化很大。

产生这种现象的原因要归于青尼罗河和阿特巴拉河，这两条河的水源来自埃塞俄比亚高原上的季节性暴雨。尼罗河的河水80%以上是由埃塞俄比亚高原提供的，其余的水来自东非高原

墙上的神话与现实有关系吗?

湖。洪水到来时，会淹没两岸农田，洪水退后，又会留下一层厚厚的河泥，形成肥沃的土壤。尼罗河干流的洪水于6月到达喀土穆，9月达到最高水位。开罗于10月出现最大洪峰。

早在四五千年前，埃及人就知道了如何掌握洪水的规律和利用两岸肥沃的土地。8月份河水上涨最高时，淹没了河岸两旁的大片田野，人们便纷纷迁往高处暂住。10月以后，洪水消退，留下了大量尼罗河的河泥。在这些肥沃的土壤上，人们栽培棉花、小麦、水稻、椰枣等农作物，在干旱的沙漠地区上形成了一条"绿色走廊"。埃及流传着"埃及就是尼罗河，尼罗河就是埃及的母亲"等谚语。尼罗河确实是埃及人民的生命源泉，它为沿岸人民积聚了大量的财富，缔造了古埃及文明。将近6700公里的尼罗河创造了金字塔，创造了古埃及，创造了人类的奇迹。

现如今，埃及90%以上的人口分布在尼罗河沿岸平原和三角洲地区。埃及人也像我们中国人称长江、黄河为母亲一样，称尼罗河是他们的生命之母。

尼罗河3月中旬的热，是我们这些从北京去的人需要承受很大的挑战。从土耳其初到开罗，我们就穿上了夏天的衣服。可到了阿斯旺，37、38摄氏度的高温，又让刚刚在家乡感受初春的我们就要适应挥汗如雨的酷暑。

其实，尼罗河流域中几乎没有一个地区有着真正的赤道性气候。大部分地区受信风影响，这是流域普遍干旱的原因。尼罗河干流自喀土穆向北至阿斯旺是在沙漠中穿行，这使两岸有狭长的植被带，在土壤条件允许的地方，邻近河岸的土地依靠河水得以耕作。从阿斯旺向北至开罗，河两岸是肥沃冲积土形成的泛滥平原，宽度逐渐增加到19公里左右，这一地区全靠灌溉种植。

"尼罗河赋予两岸土地以生命：只有尼罗河泛滥以后，才能够有粮食和生命。大家都依靠它生存。"这是镌刻在尼罗河畔岩石上的赞语。尼罗河是运输旅客和货物的重要水道，也是人们旅游观光的好去处。尼罗河中鱼类很多，著名的有罗非鱼、大尼罗河鱼等。此外还有鳄鱼、软壳龟、巨蜥和蛇。

很久以来，尼罗河河谷也一直是棉田连绵、稻花飘香。在撒哈拉沙漠和阿拉伯沙漠的左右夹峙中，蜿蜒的尼罗河犹如一条绿色的走廊，充满了无限的生机。因为我们去的季节和尼罗河大坝修建的缘故，这次我们并没有拍到稻田和棉花地的飘香、连绵。

尼罗河有很长的河段流经沙漠，河水水量在那里只有损失而无补给。

因为多年来对中国江河的关注，第一次见到尼罗河时我感慨颇多，有遗憾，也有庆幸。遗憾的是，随着全球气候变化，我们中国青藏高原上的长江、黄河的冰川正在融化，河水正在干涸，尼罗河也没能幸免。庆幸的是，尼罗河边的文化已经成为神庙里的壁画和雕塑，而我们中国江源的藏传文化还在民间，在人们的日常生活中。

纸莎草是古埃及文明的一个重要组成部分，古埃及人对纸莎草十分崇拜，把它当做北方王国的标志，现在也成了当地重要的旅游产品。

纸莎草

记载历史的壁画上面的横道，是修阿斯旺大坝时搬迁的痕迹。

纸莎草的阿拉伯语发音为"伯尔地"，是尼罗河三角洲生长的一种类似芦苇的水生莎草科植物，属多年生绿色长秆草本，切茎繁殖，叶呈三角，茎中心有髓，白色疏松。茎端为细长的针叶，四散如蒲公英。纸莎草茎部富有纤维，把硬的外层除去后，将里面的芯剖为长条后排列整齐、连接成片就可以造纸。

从中国的甲骨文到埃及的纸莎草，文字伴随人类走过了漫漫数千年的文明之旅。"一字千金"、"洛阳纸贵"的动人传说至今还在向人们讲述着文字的伟大力量。

古代埃及人将纸莎草纸用于书写和绘画，使得当地的文化更加灿烂辉煌。古埃及的纸画以线描为主，力求勾画准确，线条中间平涂色多，绚丽明朗，富于装饰意味；而使用的笔也是用纸莎草茎削成的，茎秆柔软，虽线条缺少丰富的变化与表情，却显得简洁、凝重和古朴。

今天埃及纸莎草和埃及香精的制作与传承，靠的就是这些遗迹。

写这篇风情游时，中国西南正经历着大旱。有人说这是因全球气候变化造成的，也有人说是人为造成的。尼罗河上的阿斯旺大坝倒也给了我们一些启示。

## 尼罗河上的阿斯旺大坝

2010年3月10日，绿家园生态游走到了阿斯旺大坝。这里是现在埃及旅游的一个景点。中国的很多水电专家都到阿斯旺大坝取过经。这个

修建大坝以后的尼罗河支流

大坝在世界上的影响是非常大的，但是对于这个大坝利弊的争论更是多得铺天盖地。

我们的埃及导游在向我们介绍阿斯旺大坝时，既说了它的利，也说了它的问题。但他强调的核心思想还是埃及的发展离不开阿斯旺大坝，因为这个大坝的灌溉使得埃及的沙漠变成了良田。

在埃及普通民众中，和我们中国一样，对

水电站的认识都是江河当然要为人类服务，不然水就白白地流了。不同的是我们最主要的利用是发电，埃及是灌溉。至于我们人类对江河的改造会使大自然发生什么变化，会对我们的未来产生什么影响，一般老百姓是不会想那么多的。

阿斯旺位于埃及首都开罗以南、尼罗河的东岸，这里有尼罗河在埃及境内的第一座大瀑布。一些专家认为"阿斯旺"这个名字来自于努比亚语 assy wangibu，它既有趣又有预见性，意思是"大量的水"。但另一些人则认为，它有"巨大的蠢家伙"之意。有人这样形容：大坝在阿斯旺以巨大的躯体横截尼罗河水。

如今，尼罗河上横跨着两座水坝，第一座为旧坝，也称低坝，第二座是高坝，即新坝。1889年，英国殖民者为了控制尼罗河洪水，提高棉花等农作物的灌溉力，修建了第一座水坝。1912年和1933年，又对水坝做了两次加高。当水坝准备第三次加高的时候，很多人都提议应另建一座超高型大坝。1952年，埃及发生了政治改革，为建新坝提供了有利的条件，建造大坝被认为是一种爱国的行为。

1960年1月9日，第二座阿斯旺水坝破土动工，1970年7月23日完工，1971年1月举行竣工仪式，历时10余载，耗资约15亿美元。大坝由主坝、溢洪道和发电站三部分组成。主坝全长3600米，坝基宽980米，坝顶宽40米，坝高111米。所使用的建筑材料约为4300亿立方米，其体积相当于胡夫金字塔的18倍，被称为世界七大水坝之一。

埃及导游是这样介绍阿斯旺大坝的："我们现在往右边看就会看到全世界最大的人工湖，这个湖的面积有6000平方公里，长度为500公里——350公里在埃及，150公里在苏丹。这个水库里面的水量是1689亿立方米。这个建筑所用的石头比埃及胡夫金字塔多了17倍。埃及85%的电力都依靠于这个水坝。还有，现在我们吃的水果、蔬菜、小麦因有水灌溉到了沙漠，才得以在那里长成。再有，本来埃及吃鱼要进口，现在是出口鱼了，因为我们在水库里养了很多鱼。第四，过去是一年一次收成，现在一年会收三四次。过去是尼罗河泛滥了才可种植，现在不管尼罗河有没有泛滥，水库里的水都能够满足我们每一年的要求。

"阿斯旺大坝也有一些不好的影响。尼罗河的泛滥，一年一次，可把比较肥沃的泥沙土带过来，现在泥沙被大坝拦住了，所以尼罗河东西两岸的土地不会再增加了。"

阿斯旺水坝

塔克拉玛干沙漠

壁画因大坝搬迁
留下的断纹

"另一不好的影响是本来这里有很多很多的神庙，1902年阿斯旺低坝拦截尼罗河水时，菲莱女神神庙部分被淹没。60年代在菲莱岛南面筑起高坝后，神庙几乎全部被淹没。为了保护这些珍贵文物不受毁损，从1972年开始，在联合国教科文组织的帮助下，埃及政府在神庙四周筑起围堰，将堰中河水抽干，然后将这组庙宇拆成45000多块石块和100多根石雕柱，一一编号后，于1979年8月在离菲莱岛约1000米处的阿吉勒基亚岛上按照原样重建。1980年3月10日，菲莱神庙在新址上重新正式开放。至今神庙的墙上还留有当年水淹的痕迹。神庙搬家，跟古代所在的地方不一样了，这对我们古老文化的保存不能不说是造成了不好的影响。"

30多年来，阿斯旺大坝的作用和影响引起了世界各国专家的激烈争议。一方面，它在蓄洪、灌溉、发电、航运和养殖等方面产生了较大的效益；但另一方面，阿斯旺水坝的正向效益不断减少，大坝在生态环境方面的影响，尤其是带来的灾难性后果，是建坝决策者和建造者所始料未及的。反对之声主要是在这样一些问题上，像百度网上就罗列了下面这些：

## 1．自然风景资源和文化资源的损失

因阿斯旺水坝而搬迁的埃及著名古迹阿布辛贝，虽然得到了保护，但已经失去了原来的风貌，其价值和意义大减，这些损失是无可挽回的。

## 2．水库蓄水连年减少

大坝拦截的淤泥都充塞在水库中，据估计，纳塞尔湖在500年后终将失去储水的功能。1987年，阿斯旺水坝内的水位比原来设计的60米高度减少了3米。

## 3．水渗和蒸发严重

阿斯旺水库的渗水率和蒸发率日益增高。在水坝建成前，就曾有专家对此提出警告。据埃及水利部统计，现在水库的"垂直"渗漏为60亿立方米，"平行"渗漏为10亿立方米，每年共渗漏70亿立方米，蒸发损失水量每年为100亿立方米。另外，埃及季风使水的蒸发率增加了40%，即40亿立方米，以上两项共损失水量达210亿立方米。

## 4．农田变得贫瘠

阿斯旺大坝修建之前，一年一次的尼罗河洪水将上游约1亿吨含有腐殖质的泥沙带到下游，使下游的农田非常肥沃。可自从大坝建成以后，洪水不再发生了，截流建坝使泥沙改道，下游的农田因缺乏肥料而逐渐变得贫瘠。

## 5．农田盐碱化与水涝严重

大坝周围约有35%的农业耕地受到盐碱化

的影响，盐碱率每年增加 10%。

### 6. 两岸的绿洲遭灾

尼罗河的泥沙和有机质沉积到水库底部，使尼罗河两岸的绿洲失去肥源，土壤日益盐碱化，两岸绿洲的生物多样性也受到了破坏。

### 7. 水产品产量下降

阿斯旺水坝拦截了鱼儿的食料，由于缺乏来自陆地的盐分和有机物，沙丁鱼的捕获量减少 1.8 万吨，下游的水产品产量由每年 1.8 万吨下降到每年 500 吨。

### 8. 海岸线退缩

往日尼罗河携带的淤泥等沉积物对地中海水位的增长起着阻碍作用，今天河流在入海处已经没有泥沙作补充，海岸线在海水的侵蚀下不断缩进，三角洲的水土流失现象日趋严重。拉希德和杜姆亚特两河河口每年分别被海水冲刷掉 29 米和 31 米。海水倒灌使一些村庄被海水淹没。

### 9. 血吸虫病、疟疾流行

大坝的阻隔使尼罗河下游的活水变成相对静止的"湖泊"，为血吸虫的繁殖提供了温床，人民的身体健康受到了威胁。

### 10. 蝗灾严重

由于大规模种植农作物，造成生物物种单一，破坏了生物物种的多样性，这使专吃庄稼的蝗虫没有了天敌，一到各种条件适宜，蝗虫就铺天盖地地向农田袭来。

自然与文化的留存，很多情况下是息息相关的。古埃及人制定了世界上最早的太阳历。公元前 4000 年，埃及人就把一年确定为了 365 天。

在古王国时代，当清晨天狼星出现在下埃及的地平线上，也就是天狼星与太阳同时升起——天文学上称为偕日升——时，尼罗河开始泛滥。泛滥的时间非常准确，简直就像钟表一样，古埃及人把这一天称为一年的第一天。那时观测天象的祭司清晨密切注视着东方地平线，就是为了找到那颗天狼星。天狼星和太阳同时出现了！很快这一消息从下埃及传到上埃及，进而传遍整个埃及。那时尼罗河两岸的庄稼该收的大部分都收了，但还应该清理一次。然后，就静静地等着那浩浩荡荡的尼罗河水夹带着肥沃的泥土来吧。古埃及人按尼罗河水的涨落和庄稼生长的情况，将一年分为 3 个季节，即泛滥季节、播种季节和收获季节。

与黄河、印度河、幼发拉底河不同，同样是孕育了古老文明的河流，尼罗河的泛滥极有规律，每年洪水何时来、何时退，古埃及人很快就掌握了。每次洪水泛滥都会带来一层厚厚的淤泥，使河谷区土地肥沃，庄稼可以一年三熟。但洪水之后，土地的边界全部被淹埋，重新界定土地边界需要精确的测量，于是在埃及产生了一个特殊的职务——土地测量员，这些土地测量员就是现代测绘学的鼻祖。洪水是可怕的，自古以来，人们总是把洪水和猛兽联系在一起。然而，尼罗河两岸的埃及人民不仅不将尼罗河泛滥视为不幸的灾难，而且还虔诚地盼望其泛滥，并于其泛滥之时予以隆重的庆祝。那时人们喜气洋洋，河面上无数穿梭，人们在船上唱歌跳舞。

关于水利设施，在古埃及的双神庙里，阿

古代的水文站（俞新兵摄）

鹰带我们看的那口深井，真让我们即使看了还是感到难以置信。那是几千年前古代埃及人的水文站。井壁上是盘旋而下的台阶，深井与尼罗河相连，通过观测深井内的水位就可以了解尼罗河水的涨落。

阿鹰告诉我们，不能小看这口井。在古埃及，每年要收多少税，是要看这口井的水位来决定的。井里的水位高，尼罗河就会有洪水泛滥。有洪水泛滥，就会有好收成。有好收成，税就要收得高。

不是亲眼看见这口井，不是听介绍，真是难以想象古埃及人会用这种方式进行劳动所得的分配。

然而今天，尼罗河被大坝阻隔，历史被水库淹没，河水因江河的改变在减少，水文的节律消失了。天狼星照样升起，而河水已不再冲动。当我了解到这些时，自然想到了我们中国的都江堰。它最精华的部分是四六分水——洪水时，六成水流入外江，枯水时，六成水流入内江，灌溉成都平原。还有靠水的流量设计的飞沙堰，这些世界大坝至今都难以解决的问题，我们的老祖宗2260多年前就解决了。可随着一座大坝的修建，都江堰水的流量被人为的控制后，李冰父子精心设计、用了2000多年的水利设施也不得不宣布退休了。现代人追求的是高消费，是快速发展。以此看来，今天很多前辈留下的自然与文化遗产遭到破坏，和我们这代人对生态与文化间的关系有了不同的认识，不能不说有很大的关系，可谓"今非昔比"。

## 努比亚人与尼罗河

努比亚是对埃及尼罗河第一瀑布阿斯旺与苏丹第四瀑布库赖迈之间地区的称呼。

努比亚人属于尼格罗人种，肤色呈黑色，而埃及人是棕色皮肤，所以传统上把在埃及进行统治的努比亚法老称为"黑法老"。

水是这样打上来用的

这个处于非洲东北部的曾经辉煌的古王国，几个世纪前骤然消失在历史的长河中。今天，尽管没有哪个国家或者政治团体的名字叫"努比亚"，但这个民族依然存在。在尼罗河上，自卢克索以南的上埃及努比亚地区，除了黑色的皮肤和坚毅俊朗的外表之外，努比亚人的祖先还给现代的努比亚人留下了很多辉煌的历史：黑法老们与埃及人一样，修建了那些历经 5000 年依然屹立不倒的神庙和金字塔。这些辉煌的古迹再一次向现代世界展示——努比亚人自古以来就是尼罗河之子。

努比亚人的家里

尼罗河是努比亚人的生命线。不过，这条生命线很窄，仅在尼罗河水泛滥所至的地方有一条绿色地带。而灼热的努比亚沙漠离河岸只有不到 2000 米。几个世纪以来，努比亚人就在这条狭窄的绿色地带用泥土建造他们的村庄，今天埃及境内的努比亚人依然如此。

努比亚人家的灶房

努比亚人对美的领悟与灵巧的手工，不仅仅表现在他们的漂亮房子上，还有那些精美的陶器。努比亚人掌握着独特的赤色陶器技术，后来被传到下埃及，从而使这种陶器成为整个尼罗河地区古代陶工艺术的代表。

努比亚人喜欢色彩斑斓，墙常常也成了他们的画布，上面画着各种生动的图案。看着这些，很容易把人拉回到历史的长河中。努比亚人家的内墙喜欢用蓝色。用他们的话说，天太热了，把墙刷成蓝色会带来视觉上的凉爽。

正像有人说的：尼罗河的水依然像几千年前一样在流淌，但岸上已经沧海桑田。曾经辉

三桅船在尼罗河上

小小牵马人

沙漠里的人家

不知是不是专为我们摆出的姿势？

煌无比的努比亚黑法老已经消失在历史的长河里。

今天尼罗河上的三桅船最早出现在3000年前，至今也没有什么变化。它非常适合在这条温和的生命之河上行驶。尼罗河的水由南到北流向埃及亚历山大港的同时，北面来的风却朝着南方吹。因此，这种船可在尼罗河上自由上行或者下行。这一特性为古代努比亚人成为黑非洲内陆与地中海世界贸易的霸主起了决定性的作用。

《埃及：灵魂在祈祷》中说："今天，桅帆船的货运功能显然已经被英国人开发的铁路以及现代的公路所代替，然而很多努比亚人还是使用这种古老的帆船在尼罗河上捕鱼。"

夜色走近时，努比亚沙漠炎热的白天正在消失，尼罗河水也显得越发温柔。撑船的两个努比亚人和我们告别离去，身影越来越小。不知靠今天的经营，他们是否能让自己的文化代代相传。

## 撒哈拉沙漠人家

撒哈拉沙漠是世界最大的沙漠，几乎占满非洲北部全部，东西约长4800公里，南北在1300公里—1900公里之间，总面积约860万平方公里。撒哈拉沙漠西濒大西洋，北临阿特拉斯山脉和地中海，东为红海，南为半旱的热带稀树草原。

在撒哈拉沙漠里烙饼

我想，台湾作家三毛对我们中国人认识撒哈拉做出了重大贡献。她的作品《撒哈拉的故事》、《哭泣的骆驼》曾影响了一代中国文学青年。

我们走进的撒哈拉大沙漠是在红海边。一开始看到沙漠与大海同在时，我还是在车上欣赏，当置身于沙与海同在的那一处海岸时，我心中对大自然的赞叹真是不能不用上那两个字——折服。

撒哈拉沙漠位于非洲北部，气候条件极其恶劣，是地球上最不适合生物生长的地方之一。阿拉伯语中撒哈拉意即"大荒漠"。

沙漠里的生命是顽强的，生活在沙漠里的人更是坚强的。当我们的车走在撒哈拉沙漠腹地中时，车窗外几处只剩下残垣断壁的房基突然进入了我们的视线。根据我的经验，这附近会有水源，或曾经有水源，因为只要有水，就会有人住。

果然，我们的车没有再多开一会儿，今天要到的贝都因游牧部落就到了。他们就是撒哈拉大沙漠腹地的人家。虽然这里被称为：地球上最不适合生物生长的地方之一，但即使是在这样的地方也有水，而有水就会有人。

我们在沙漠腹地拍到的沙漠也不是一马平川、一望无际的，而是有山，也有石。

在水系方面，有几条河源自撒哈拉沙漠外，为沙漠内提供了地面水和地下水，并吸收其水系网放出来的水。尼罗河的主要支流在撒哈拉沙漠汇集，河流沿着沙漠东缘向北流入地中海；有几条河流入撒哈拉沙漠南面的查德湖，还有相当数量的水继续流往东北方向重新灌满该地区的蓄水层。撒哈拉沙漠的沙丘储有相当数量的雨水，沙漠中的各处陡崖也有渗水和泉水出现。

没有去撒哈拉沙漠之前，我们想象的撒哈拉沙漠就是一个字：热。其实我们错了，那么大的沙漠，是要用"环球同此凉热"来形容的。此行让我们非常感慨的还有撒哈拉沙漠的丰富。

撒哈拉沙漠的植被整体来说是稀少的，高地、绿洲洼地和干河床四周散布有成片的青草、灌木和树。在含盐洼地发现有盐土植物（耐盐植物），在缺水的平原和撒哈拉沙漠的高原有某些耐热耐旱的青草、草本植物、小灌木和树。

撒哈拉沙漠北部的残遗热带动物群有热带鲇和丽鱼类，均发现于阿尔及利亚的比斯克拉和撒哈拉沙漠中的孤立绿洲；眼镜蛇和小鳄鱼可能仍生存在遥远的提贝斯提山脉的河流盆地中。

撒哈拉沙漠的湖、池中有藻类、咸水虾和其他甲壳动物。生活在沙漠中的蜗牛是鸟类和其他动物的重要食物来源。沙漠蜗牛通过夏眠之后存活下来，在由降雨唤醒它们之前，它们会几年保持不活动。

虽然撒哈拉沙漠（不包括尼罗河谷）大如美国，但是它的居民估计只有 250 万，每平方公里还不到 0.4 人。偌大的面积空无一人，但是只要瘦瘠的植被能供养牲畜，或有可靠的水源，散落的人群便会在这世界上最艰困的生活环境和岌岌可危的生态环境里生存下去。

那天，我们一行人在沙海中、沙丘上又是跳又是照地疯了好一会儿后，开始了我们这一天最有意思的活动——与生活在沙漠中的贝都因游牧民族老乡们打交道。

从两个女孩一见到我们的那份热情，到等着我们骑的骆驼和牵骆驼的人，我们感受到的除了他们也对我们有些好奇以外，就是如今靠旅游为生的他们的"现代化"生活。

贝都因民族是以氏族部落为基本单位在沙漠旷野过游牧生活的阿拉伯人。"贝都因"为阿拉伯语译音，意为"荒原上的游牧民"、"逐水草而居的人"。他们喜欢生活在沙漠、荒原、丘陵和农区边缘地带，以牧养为生。不同地域的贝都因人饲养的牲畜不同，分为骆驼游牧、山羊游牧、牛群游牧。而埃及的贝都因人以饲养骆驼为生，他们饲养的是单峰驼，看上去比中亚及蒙古地区的双峰驼清瘦，但耐渴力很强，可四五天不喝水，而且奔跑起来更快，世界上的赛驼奔跑一般用的就是这种单峰驼。

在沙漠范围之内，去之前我听说那里的灌溉情况允许有限地种植海枣。但是我们在那里时，却尝到了贝都因妇女为我们烙的白面饼。

沙漠落日

在这里度假

我们期待的沙漠晚餐，除了这张烙饼以外，还有他们为我们抬来的一桌饭。这桌饭和我们在埃及期间吃的一样，有米饭，有西红柿，也有水果。这恐怕也是旅游对这里的改变，或说是发展，或说是"幸福"的生活。

2010年3月14日，太阳西斜时，我们恋恋不舍地和贝都因人说再见了。三个小男孩和我们告别的方式，真是既特别又有趣。坐在车上，眼瞅着霞光把天都染红了，我举起相机，隔着车窗拍下了这张撒哈拉沙漠的夕阳。

## 从红海边火山的爆发到海底扩张的联想

红海的英文是 Red Sea，法文是 Mer Rouge，阿拉伯语作 al Bahr al Ahmar。它是世界上海水最热的海，也是最年轻的海。

红海是非洲东北部和阿拉伯半岛之间的一处狭长海域，面积约45万平方公里。红海由埃及苏伊士向东南延伸到曼德海峡，长约2100公里。曼德海峡连接亚丁湾，然后通往阿拉伯海。红海最宽处为306公里。西岸的埃及、苏丹、厄立特里亚和东岸的沙特阿拉伯、也门隔海相对。在北端，红海分成了两部分：西北部为水浅的苏伊士湾，东北部为亚喀巴湾。

红海的命名有很多解释。之所以会有这么多说法，我的理解是缘于它的不确定性。每一个给它起名字的人，都会站在自己的视角去看这片海域。有这么多的视角，是不是也说明了它的多样、它的丰富呢？

红海是直接由希腊文、拉丁文、阿拉伯文翻译过来的，和海水的颜色没有关系，红海并不是红色的。其他可能的来源包括：季节性出现的红色藻类，附近的红色山脉，一个名称为红色的本地种族，指南边（对应黑海的北边），红地的海（古埃及称沙漠为红地）等。

也有科学家说：红海的海滩是大自然精美的馈赠。清澈碧蓝的海水下面，生长着五颜六色的珊瑚和稀有的海洋生物。远处层林叠染，连绵的山峦与海岸遥相呼应。

我们一行人在红海游泳时，亲眼看到了海底的自然世界，真是大开眼界。我们戴的只是一个有着一尺来长出气口的潜水镜。刚戴上时我还想，只潜这么一点，能看到海底的多姿多彩吗？

其实，只要在海水里能睁开眼睛，你就能看到红海里的丰富。早在1923年，就有人对红海海岸作过这样的描述："世界上只有这个地方才会有如此金黄色的山和五光十色的海中溶洞，这些溶洞是东方和热带地区间的纽带。"

红海的特异还包括了它的"热"。地球海洋表面的年平均水温是17℃，而红海的表面水温8

风中的红海

月份可达 27—32℃，即使是 200 米以下的深水，也可达到约 21℃。更为奇怪的是，在红海深海盆中，水温竟高达 60℃！红海地处北回归高压带控制的范围，腹背受北非和阿拉伯半岛热带沙漠气候的影响，气候终年干热，所以水面总是热乎乎的。海底扩张使地壳出现了裂缝，岩浆沿裂缝不断上涌，海底岩石就被加热了，所以海水底部水温特别高。红海是世界上盐度最高的海域，且没有任何河川之水注入红海。红海地处沙漠地带，雨量稀少，年蒸发量高，但这可以用由亚丁湾通过曼德海峡东部水道流入的海水来弥补。

游泳时，对红海的咸我们是有所领教的。而且看海底世界时，我还不小心被珊瑚划破了腿、扎破了脚。后来听说，身体触摸到珊瑚礁石很危险，有个中国女孩就曾因为用手触摸珊瑚，手上被扎了三个眼，船老大告诉她那礁石有毒，必须对伤口做处理，结果是用滚烫的水往手上浇，女孩忍住了，才没有出现其他问题！

我们离开红海的那天，海上刮起了风，把海水刮得波浪滔天。每当热风快速地向东面吹过来的时候，候鸟也迁徙到了红海岸边，这里立刻成为了鸟的天堂。

我们在红海边时，见到来这里最多的是俄罗斯人。我们随便和一位游客聊天，她说今年俄罗斯的冬天太冷了，有钱有闲的人就会跑到这里来度假。

这位叫娜塔莉亚的女士知道我们中国大禹治水的故事。她说这个故事在俄罗斯知道的人很多。在红海边的交流，还包括我们一起唱起了《莫斯科郊外的晚上》、《山楂树》和《小路》。

每个国家都有自己的历史，这些故事有的会伴随人们的一生，这些故事也会像我们一样漂洋过海。

## 亚历山大的灯塔

2010 年 3 月 17 日，我们的车向尼罗河的另一端亚历山大开去。这样，我们此行从博斯普鲁斯海峡到爱琴海、红海，又要一睹地中海的风采了。

1999 年，我们绿家园在山东荣城看大天鹅时，曾有专家告诉我们海河之间的湖应该称为潟湖，大天鹅最喜欢在这种食物营养丰富的地方觅食。2010 年 3 月我们在进入亚历山大之前，先看到了这片长着芦苇的水域，当地人划着装满芦苇的船在水中前行。

埃及的金字塔是世界奇迹，这可能谁都知道。不过，世界公认的古代七大奇迹有两个都在埃及，除了吉萨金字塔，另一个名列第七位的亚历山大灯塔。亚历山大灯塔不带有任何宗教色彩，纯粹是为人民实际生活而建，它的烛光在晚上照耀着整个亚历山大港，指引着海上的船只。

草船

亚历山大灯塔的遗址在埃及亚历山大城边的法洛斯岛上。公元前330年，不可一世的马其顿国王亚历山大大帝攻占了埃及，并在尼罗河三角洲西北端即地中海南岸，建立了一座以他的名字命名的城市。在以后的100年间，它成了埃及的首都，是世界上最繁华的城市之一，而且也是整个地中海世界和中东地区最大、最重要的一个国际转运港。

说到这座灯塔的来历，还要说到公元前280年秋天的一个夜晚，月黑风高，一艘埃及的皇室喜船在驶入亚历山大港时触礁沉没了，船上的皇亲国戚及从欧洲娶来的新娘全部葬身鱼腹。这一悲剧震惊了埃及朝野上下，埃及国王托勒密二世下令在最大港口的入口处修建导航灯塔。经过40年的努力，一座雄伟壮观的灯塔竖立在法洛斯岛的东端。它立于距岛岸7米处的石礁上，人们将它称为"亚历山大法洛斯灯塔"。

当亚历山大灯塔建成后，它以400英尺的高度当之无愧地成为当时世界上最高的建筑物。它的设计者是希腊的建筑师索斯查图斯。1500

年来，亚历山大灯塔一直在暗夜中为水手们指引进港的路线。一位阿拉伯旅行家在他的笔记中这样记载着："灯塔是建筑在三层台阶之上，在它的顶端，白天用一面镜子反射日光，晚上用火光引导船只。"

这座无与伦比的灯塔，夜夜灯火通明，兢兢业业地为入港船只导航，给舵手带来了一种安全感。

公元14世纪，亚历山大城发生了一场罕见的大地震，摇晃的大地以巨大的力量摧毁了这座古代世界的建筑奇迹。这座亚历山大城的忠诚卫士，这顶亚历山大城的王冠，就这样消失了。又过了一个世纪，埃及国王玛姆路克苏丹为了抵抗外来侵略，保卫埃及及其海岸线，下令在灯塔原址上修建了一座城堡，并以他本人的名字命名。埃及独立之后，城堡改成了航海博物馆。

1996年11月，一组潜水员在地中海深处发现了据说是亚历山大灯塔的遗留物。

如今，凡是到亚历山大来的人，这个公元2世纪建的罗马剧场也是一定要看的。现在它还有14排白色大理石的座位，约能容纳800名观众。剧场的圆形屋顶现已不在了，只有六七根柱子依然在阳光下伫立。在剧场北边一点看到一个罗马时期的浴室的遗迹。

12世纪，由于尼罗河支流干涸，亚历山大通往其他地方的水路中断，它渐渐沉寂下去。在总督穆罕默德·阿里及其后继者的努力之下，亚历山大才逐渐恢复了往日的生命力。

亚历山大是埃及第一大港口、地中海第四

大港口，它也是埃及第二大城市，被地中海环抱。由于离欧亚大陆都很近，亚历山大受到欧洲尤其是希腊的影响很大，目前尚有 50 万希腊人居住在这里。这也是埃及最开放的城市，有"地中海新娘"的美称。在这里可以看到欧洲罗马文化和阿拉伯文化的交融。亚历山大城也是埃及古代文明的一个中心，在希腊—罗马时代，亚历山大城取代底比斯成为了埃及的首都和政治、经济、文化中心。

今天，湛蓝的地中海也存在生态问题。自

上世纪 70 年代末起，埃及报刊多次惊呼，从亚历山大到西奈阿里什之间 300 多公里的海岸，正遭到海水越来越严重的侵蚀。上世纪 70 年代，拉希德河口的海水平均每年向陆地推进 140 米，1979 年竟达 1000 米。10 年间共前进了 3 公里，"吃"掉了 13 平方公里的土地。拉希德城处于危急中，三角洲的面积在日益缩小。

关于海岸遭侵蚀的原因，专家们一致认为，几千年来尼罗河河水挟带大量的淤泥顺流而下，形成了广阔的三角洲平原，并缓慢地继续向地中

亚历山大城堡

地中海

亚历山大古剧场

海水侵蚀的建筑

海延伸。阿斯旺高坝建成后，淤泥被阻积于纳赛尔湖内，造成海水反过来向陆地蚕食。

我第一次见到地中海是在意大利的都灵，后又在希腊、西班牙和西西里岛见到过它，每一次都会有初次相见的新鲜感。

地中海海底是石灰、泥和沙构成的沉积物，以下为蓝泥。海岸一般陡峭多岩，呈很深的锯齿状。这里水下地壳破碎，地震、火山频繁，世界著名的维苏威火山、埃特纳火山即分布在本区。

地中海的沿岸夏天炎热干燥，冬天温暖湿润，被称做地中海性气候。因为这个气候，橄榄树等树木多生长在沿岸。地中海沿岸的植被，以常绿灌木为主，叶质坚硬，叶面有蜡质，根系深，有适应夏季干热气候的耐旱特征。这里是欧洲主要的亚热带水果产区，盛产柑橘、无花果和葡萄等，还有木本油料作物油橄榄。

由于海水中所含海洋生物必需的磷酸盐、硝酸盐比较贫乏，地中海鱼类资源不很丰富，只有小规模的捕鱼业。这里最主要的鱼类有沙丁鱼、鳀鱼、蓝鳍金枪鱼，亦出产贝类、珊瑚、海绵和海藻。

亚历山大图书馆曾是世界上最大的图书馆，建于公元前 259 年。当时的中国大约正是竹简流行，老子、孔子等诸子百家思想开始流传的年代。

亚历山大图书馆曾是人类文明世界的太阳，它与亚历山大灯塔一起，是亚历山大城各项成就的最高代表。

通过各种正当不正当的手段，亚历山大图

墙上是象形文字和各国文字

书馆迅速成为人类早期历史上最伟大的图书馆：拥有公元前 9 世纪古希腊著名诗人荷马的全部诗稿，并首次在图书馆复制和译成拉丁文字；藏有包括《几何原本》在内的古希腊数学家欧几里得的许多真迹原件；有早在公元前 270 年就提出了哥白尼太阳和地球理论的古希腊天文学家阿里斯托芬的关于日心说的理论著作；有古希腊三大悲剧作家的手稿真迹；有古希腊医师、有西方医学奠基人之称的希波克拉底的许多著述手稿；有第一本希腊文《圣经》旧约摩西五经的译稿；对医学也有贡献的古希腊哲学科学家亚里士多德和学者阿基米德等均有著作手迹留此。此外，当时古埃及人及托勒密时期许多的哲学、诗歌、文学、医学、宗教、伦理和其他学科均有大批著述收藏于此。极盛时据说馆藏各类手稿逾 50 万卷（纸莎草卷）。

另外，由于四方学者纷纷云集此地，古希腊地理学家、天文学家、数学家和诗人埃拉托色尼，古希腊文献学家亚里斯塔克等不少历史名人都曾出任过亚历山大图书馆的馆长。而诸如哲学家埃奈西德穆，数学家、物理学家阿基米德等睿智圣贤也均在此或讲学，或求学，使图书馆享有"世界上最好的学校"的美名，并在整个地中海世界传播文明长达 200 至 800 年。

亚历山大图书馆的消失同样充满了神秘色彩。现今人们只知道传说中它先后毁于两场大火。关于第一场大火流传比较普遍：公元前 48 年，罗马统帅恺撒在法萨罗战役中获胜后追击庞培进入埃及，进而帮助当时的女王克娄巴特拉七世争夺王位，并在与其兄弟作战时放火焚烧敌军的舰队和港口。这场大火蔓延到亚历山大城里，致使图书馆遭殃，全部珍藏过半被毁。

传说中的第二场大火发生在公元 642 年，整个过程持续了约 6 个月。这些在埃及纸莎草上书写的历史中有所记载。

现在的亚历山大图书馆是 1995 年后重建的。它向地中海倾斜的外部圆形建筑据称是既怀念古时的圆形港口，又让人联想到宇宙的模样。钢架玻璃的屋顶和柱顶的四棱透镜使透入的光线弥散，且随日光的移动而不断变化。图

尼罗河在开罗

苏菲舞

书馆的墙体由 2 米宽、1 米高的巨石建成，6300 平方米的石头墙上刻满了阿拉伯文字、图案、符号，此外还有音乐和数学符号，以及世界各种文化的文字符号；这些图案均系手工凿刻而成。通过国际社会各国的帮助，亚历山大图书馆现在征集到了大量珍贵图书、典籍、手稿、书画和影像制品。这其中包括中国捐赠的如《中国通史》、《中国药物大全》、《二十四史》等极有收藏价值的书籍。

夜晚的亚历山大是安逸的。不管是坐在街边，还是坐在室内，人们抽水烟、打纸牌，正体现了我们中国人爱说的词——祥和。

绿家园"爱琴海、尼罗河生态文化风情游"真可谓是在享受自然与文化的"大餐"。

在埃及，我们本想能拍到有"大漠孤烟直"意境的落日，但是沙漠里的太阳常常是在离地平线还很远时，就被黄色的天空"吞食"了。

但是，那里的风情一定会永远留在我们的记忆中，因为那里的文化与自然都给了我们许许多多的启示。

# 15

永不妥协
在哥本哈根

2009年12月6日的哥本哈根机场，展示着正在那里召开的《联合国气候变化框架公约》缔约方第15次会议世界气候变化峰会的相关内容，那是一些国际环保组织在机场贴的宣传画。其中最引人注目的是各国首相在2020年已经是老人的面目，他们一个个低着头，对那时的人表示着歉意："如果我们早十年关注环境，这个世界也不会是现在这个样子。"

全球的气候在变化，原因何在？我们人类能做些什么？各国政要及关注环境的人都来了，他们又将会对已经变化着的全球气候产生什么影响？几张变老的首脑画像，和他们那句道歉的话，能警醒前来参会的人吗？

我是从挪威乘火车到丹麦的。在瑞典转火车时，一位西装笔挺，很有风度的男士和我一起等着下车。我问他是去哥本哈根吗，他说是。我说也是转火车吗，他说是去换飞机。我说没有多远的路了，火车也就三个小时，还要乘飞机？他说飞机快些。

下车后，望着这位高大的欧洲男士匆匆走远的身影，我想起网上曾见到有好事者统计：会议期间将有超过1200辆豪华轿车奔驰在哥本哈根街头，附近的机场也将在高峰时期迎来140多架私人飞机。据粗略估计，此次会议期间产生的二氧化碳排放量将达到4.1万吨，与英国一个十几万人口的城市同期的排放量相当。

2009年12月6日，我是在雨中走进哥本哈根的。已经是12月了，这个卖火柴小姑娘生活的、有着寒冷冬天的地方，却在下着冬雨。这就

地铁里"阻止气候变暖的雕塑"

是全球气候变化下的哥本哈根。前两天我在挪威时，那儿也是阴雨不断。靠近北极圈的挪威，以往12月早就大雪过膝了，现在却是淅淅沥沥的阴雨。

在全世界都关注着哥本哈根全球气候变化大峰会时，丹麦人又是怎么看这次大会的呢？到哥本哈根一坐上出租车，我就拿这个问题问司机。英文讲得不太好的他用手给我比划着打架的姿势，然后蹦出一个英文单词：困难。我猜这位丹麦的出租车司机的意思是，哥本哈根会是一个"打架"的会，要想开出什么结果，不容易。

"是不容易，但开还是非常必要的。"在哥本哈根，我住在研究亚洲性别问题的老朋友米晓琳家，她是这样认为的。

丹麦是一个有着不少著名雕塑的国家。安徒生童话中"海的女儿"，几乎全世界家喻户晓。这次的丹麦街头，又增添了不少专为哥本哈根峰会而创作的雕塑："正在融化中的地球"、"北极熊"……主会场外面的雕塑，是一个2050年的老人。

喜欢创新的丹麦人根据自己首都的名字

"哥本哈根"（Copenhagen），还发明了这个新词——"希望哈根"（Hopenhagen）。

2009年12月7日一大早，我和同行的为杨勇的发言做志愿翻译的美国朋友艾坚恩就往哥本哈根全球气候峰会会场赶。在哥本哈根的地铁站里，首先映入我眼帘的是这样一个地球。

在这个地球雕塑上，也有用中文写的"阻止气候变暖"。

地铁座位上，一张别人看过的报纸头版上即是关于此次大会开幕式当天的消息，哥本哈根报纸的头版。在哥本哈根，大会期间所有交通对参会人免费开放。我们虽然在网上已经知道今天消息的注册要到12点才开始，可还是想去试一试。而未到会场已看到各路人马正做着宣传。

融化中的"美人鱼"拿着时钟的两位女士，展示着气候变化带来的紧迫感。我在会场外为北京电视台的新闻节目做连线采访时，把手机伸向了一群敲着鼓做宣传的人。希望《北京新闻》的观众从这声音中也能感受到一些哥本哈根的气氛。

街上到处都有一个大大的球这里装的是一吨二氧化碳，丹麦人号召每人每年减少制造一吨二氧化碳。

"北极熊"在丹麦市政厅广场上。2009年8月我曾到过这里。那天蓝天白云，加上古老的建筑和清澈的河水，让我们每一个到这里来的绿家园生态游的志愿者感受着景色的美。可今天，阴云下的，老人、孩子、"北极熊"，让人感受着的是这里的另一番景致。

时间紧迫

街上冰做的北极熊

报纸头条全世界几...

在"北极熊"雕塑旁，世界自然基金会（WWF）的宣传张贴画中说，未来12天里，欧洲名城哥本哈根所发生的一切，也许都将影响未来数年里的全球气候政策，甚至影响人类历史。

在市政厅前，我举起话筒随机采访了几个街上的人。他们中有当地人，也有前来参会的人。可以说每个人心里或多或少都对这次大会存有疑虑，但每一个人对这次大会又充满着希望。一位德国女士对我说，每个来的人都带着那么大的热情和能量，这就是开会的希望。

在哥本哈根河边我拍到了孩子们画的画，画中展示了孩子们眼中全球气候变化中的动物、全球气候变化中的地球。从这些画里，我既看到了希望，也心生悲哀。

一队士兵从哥本哈根市政厅走向皇宫，这是这里每天例行的仪式。我拍下他们的照片时，心里想的是当年皇家卫队的成员们会想到他们的后代有一天会迎来这样一群为地球上的温度而操心的人们吗？

拍过这支卫队后，我在街边采访了一位推着自行车的老人。我问他是否对哥本哈根大会抱有希望。他说，这要看中国、印度、美国的立场和做法。因为这三个国家现在是碳排放大国。我说，那丹麦人能做什么呢？他说丹麦那么少人口，做得再好也改变不了世界气候的变化。不过老人也说："当然这也不是说我们就不做，这样的大会在我们国家开，我们应该更有所触动"。

这次《联合国气候变化框架公约》缔约方第15次会议世界气候变化峰会推动的三个主要目标为：每个国家减少二氧化碳排放的数字；达成减少气体排放的共识；发达国家为发展中国家减少气体排放提供支持。

想达成一份让各方都满意的协议当然是不容易的。发达国家的"诚心减排"是否能取得发展中国家的信任，美国、日本和欧盟至今仍然对中国至少40%的减排目标心存不满。

"为达成一个明确统一的新协议，各国需要拿出合作与妥协的精神。"《联合国气候变化框架公约》（简称《公约》）秘书长埃博尔日前表示。

全球气候变化对我们普通老百姓到底有什么影响？

曾任中国气象局局长的秦大河回答记者提问时说的是："有科学家认为，极端天气变化的增多，和气候变化有关。"学者说的极端天气变化，是普通人能够感受到的，比如百年不遇的

当地孩子们画出的全球气候变化

大风、干旱，甚至比过去来得更早的大雪。2009年北京11月初就下了三场特大的大雪，这对我这个老北京来说真是罕见。

注册进会场时，排3个小时的队不算长的。会场里，用杨勇的话说：就像一个大市场，每个摊上的人都在"推销"着自己国家所面临的环境问题和在做的保护环境的事，以及各自所需要的帮助。

大会第一天下午，我参加了在中国新闻中心召开的吹风会，国家发改委副主任解振华向中国的记者们讲了这次中国对大会的希望和我们将要承担的责任。

解振华说，中国目前达到的减排水平，是发达国家在像我们这样的发展水平时，不可能达到的排放指标。他还说，我们是在发达国家并没有对我们有资金支持和技术转让的情况下，自己就达到了这样的目标，这应该是国际社会有目共睹的。

中国的官员在此次大会上显然是大忙人，记者们没问几个问题，解振华就又赶去参加另外两个重要会议去了。

在有众多中国记者参加的记者会后，我和杨勇接受了凤凰卫视记者的采访。我讲了绿家园"江河十年行"采访到的全球气候变化对中国江河的影响。杨勇则把他20年来持续考察记录世界第三极青藏高原受全球气候变化的影响，在他拍的照片"冰川的退缩"前，作了一个科学的解读。

大会召开的第一天，和我们一起在中国展

杨勇在接受凤凰卫视的采访

台上介绍自己组织的北京大学教授吕植接受记者采访时说："气候变化，不仅仅和南极的冰、北极的熊有关，更是你身边的事儿，你怎么出行，怎么吃饭，都有关。"我很喜欢她这句话，也会把这句话告诉更多的人。

## 中国代表团正在艰苦的谈判中

2009年12月8号，对中国企业家来说，是在哥本哈根的一个重要日子。这一天，万科总裁王石代表阿拉善SEE生态协会、中国企业家论坛、中城联盟、中国企业家俱乐部，向国际社会发表了中国企业界"哥本哈根宣言"。宣言中庄严承诺将进行以下行动：

设立企业气候变化战略，长期指导企业发展方向；

在减少生产和商务活动中的碳足迹方面进行努力和尝试；

积极参与国际国内各种与企业和产品减排相关的活动；

积极推动企业设立具体的企业减排目标，这种目标包括绝对减排目标，或者可以定量的相对减排目标；

尽力支持并参与气候变化减缓和适应活动，积极履行企业的社会责任。

宣言中还说：我们真挚希望这次哥本哈根缔约国大会能够体现我们人类社会的合作精神和睿智，制定一个具有法律约束力的协议范围。

王石是代表中国企业家哥本哈根观察团的二百余名中国企业家会员发表此宣言的。

中国企业家代表团在哥本哈根的这一举动，体现的是中国企业家在应对全球气候变化中的态度。用王石的话说："2009 年 11 月 26 日，对我来说是极为兴奋的一天，因为这一天我们国家向世界宣布了新的减排指标。这也给了我们企业家更大的发展绿色经济的空间。"

宣读了宣言后，有记者问万通总裁冯仑，作为一名中国企业家到哥本哈根最强烈的感觉是什么？他回答："全球气候变化真是个大事，不然怎么会来这么多人，在一起讨论得如此激烈。"

企业家如何面对日益严重的气候变化带来的影响，无论是中国企业家还是各国企业家都还有艰难的路要走。哥本哈根不仅仅是发表宣言的地方，也是走出一条新路的开始。世界在看着我们中国。

开幕两天了，中国代表团都在干什么？8 号早上，记者来到中国官方在大会设的展台，两位国家环保部的值班人员用很简单的话就回答了记者的问题：谈判。

会场里非正式的谈判

有什么亮点，或值得一说的吗？

据国家环保部的官员透露，这次在册参与谈判的中国谈判官员就有 50 位之多。此外还有一些没有注册，但也在参与谈判的官员和专家。这两天还不断有专家继续从中国来到哥本哈根参与到谈判中。据中国展台的官员说，美国来参加谈判的人更多。

之所以每个国家都要有庞大的谈判队伍，是因为谈判的议题包括减缓、适应、资金、技术、能力建设和共同愿景六大方面。其中减缓谈判中还有 6 个小议题。每个议题都要有人盯在那儿，有时甚至一句话都要讨论个底儿掉，这样涉及国家利益的谈判，当然是哪个国家也不敢掉以轻心的。

此次中方参与哥本哈根气候大会谈判的政府部门包括中国科学院、中国工程院、科技部、农业科学院、国家环保部、中国气象局和计划生育委员会。国家计生委在阐明有关中国人口政策时，特别强调的是在人均减少碳排放中，中国计划生育起到的作用。

中国各谈判组在外交部和发改委的牵头中，参与了 11 个议题的谈判。一个议题 1 个半小时。在中国官方设的展台前，参与谈判的发改委能源所的徐华清告诉记者，他参与的谈判就是有关发达国家和发展中国家各自减排的指标。有进展吗？记者追问。得到的回答是两个字："没有。"

发展中国家对发达国家不能实现资金技术转让的承诺，提出今后要如何落实；发达国家对包括中国在内的发展中国家的排放指标则有着更大的期望，这都使得未来几天的谈判依旧艰难。

卡特拉在接受采访

在哥本哈根召开的世界气候变化峰会上，小岛国图瓦卢的官员是大家采访的热点人物。用图瓦卢环保署官员的话说："这些天有很多记者关注我们，甚至有人同情地对我们说，50 年后你们的国家将要沉没在大海之中，你们怎么办呢？"

从 1993 年至今的 16 年间，图瓦卢的海平面总共上升了 9.12 厘米，按照这个数字推算，50 年后其海平面将上升 37.6 厘米，这意味着图瓦卢至少将有 60% 的国土彻底沉入海中。有科学家认为，图瓦卢将成为首个沉入海底的国家，因为涨潮时图瓦卢将不会有任何一块土地露在海面上。

2009 年 12 月 8 日，图瓦卢大会发言人、国家环保署协调人卡特拉面对记者的提问时说："对于图瓦卢老百姓来说，如今难道就已经开始生活在恐慌中了吗？我们的回答是，确实有些老百姓已经开始恐慌。我们政府需要向民众做出科学的解释和向公众提供如何面对的具体措施。这次来，我们是带着很大希望的。因为大家都看到了我们面临的威胁，不会不管我们吧。"

卡特拉说："听说这次会议上《京都议定书》就要停止使用了，这让我们很着急，我们认为《京都议定书》对我们小岛国的条款是有意义的。如果重新制定条款，我们不放心。虽然《京都议定书》的条款发达国家的承诺并没有完全实现，但毕竟是有法可依的，所以这次我们也要呼吁继续实施《京都议定书》上的条款。"

"你们这次来有什么具体措施吗？"记者问卡特拉。他是这样回答的："我们太弱小了，光靠我们自己来面对这样大的灾难显然是不行的，面对强大的国际社会，我们一个小国的声音也太小了。我们小岛国的人要发出同一个声音，团结起来才有力量。这次来，对我们来说还要解决另外一个问题。现在全球绿色资金向我们提供援助还需要我们有一半的配套资金，可是像我们这样的小国上哪儿去找那一半的钱呢？如果没有那一半，就永远也拿不到援助，这也是此次来我们希望向国际社会提出要求的。"

"如果拿到钱，你们会用这些钱做些什么呢？"

"提高我们国家民众的教育水平，保护我们的文化传统，当然还有人民的生活水平。当然，我们自己也要珍惜我们自己的家园，虽然我们没有什么工业，但我们也有污染的问题，也有过度使用资源的问题，这个我们要和世界各国人民一样，教育国民从自己做起，从小事做起，这是我们的责任。"

没有异族的侵略，没有任何暴力事件发生，好端端一个国家的国土就要彻底沉入海中。图瓦卢人的恐慌，不是一个国家的恐慌，在这种恐慌中受到警醒的也不应只是参加哥本哈根大会的人。

## 美国立法宣布二氧化碳为有害气体

在哥本哈根世界气候变化峰会的会场里有一排电视墙，每一台电视上是一个"地球"，"地球"上面有一些密密麻麻的亮点，用手一点，地球上那个国家受气候影响的现状就会在屏幕上演示出来。

会场外

电视墙

可是，我在"地球"上面找了半天也没有找到中国。

为什么没有我们中国的？北京大学教授吕植告诉我，几年前联合国向各国征集受气候变化影响地区30年来生物多样性的监测数据。我们中国提供了，却因数据不符合要求而没能被录入。在哥本哈根峰会的这个地球上，连非洲的一些小国都有，可我们中国这么大的地域却是一片空白。

美国国家环保署署长丽萨·杰克逊在大会

美国科学家在会场里解读全球气候变化

第二天的吹风会上强调，她上飞机不久前，按照法律程序决定，在美国二氧化碳被认为是有害气体。这就使得美国联邦政府有权控制碳排放。和我们一起来参会的美国志愿者艾坚恩认为，这是一个很重要的决定。

2007 年，美国最高法院曾命令联邦政府研究二氧化碳是否为有害气体，可是小布什政府一直拖着不做。直到奥巴马上任后，新任政府才开始积极地从事这项研究，最终做出以上决定。有人认为，这一法律让联邦政府有权控制二氧化碳的排放，也使奥巴马在 18 号的哥本哈根会上做出承诺有了具体依据。

丽萨·杰克逊说，此举还会让美国大公司的老板和老百姓知道控制碳排放应有一个高度的政治共识，不容改变，某些利益团体继续反对控制碳排放和控制碳交易是无用的。可是一些共和

党领袖也要到哥本哈根来公开表态：奥巴马在哥本哈根说的，不一定能表示美国政界在这个问题上达成了共识。这就是美国的政治。

美国环保署署长今天也利用吹风会的机会，介绍奥巴马上任 11 个月来做出的面对全球气候变化的措施和行动：一是用了 800 亿美元开展了清洁能源的研究和推广；二是制定出严格的提高机动车耗能标准规定；三是规定排放量大的行业要公开它们的碳排放量，以便透明监督及控制减少二氧化碳的排放。

这几天大会里有一种声音：欧盟对中国的减排承诺有质疑。下午我们找到欧盟工作区，和那儿的工作人员提出了采访要求后，她简单问了一下我们要提的问题。很快，刚刚当选的欧盟轮值主席瑞典首相办公室秘书长里杰兰德博士就走到我们跟前。里杰兰德博士也是一个高山组织委员会的主席。

我先向他提出，这次大会为什么对中国更多提出的是减少碳排放，而我们中国也是受气候变化影响的重灾区，大会上却少有人提及。

里杰兰德说：中国冰川的融化，应该说是引起国际社会关注的。虽然没有技术支持，但合作是在建立观测网站的领域里。当然只是和国家层面的合作，不过和国际 NGO 的合作也越来越多。这些工作主要由在尼泊尔工作的科学家负责联系。

我问里杰兰德："您怎么看中国目前在减排上的挑战？"

里杰兰德没有直接回答我的问题，而是给

我举了个例子：1990 年瑞典也开始进入经济高速发展阶段。与此同时，人口也从过去的 700 万增加到 900 万。这时，瑞典采取的是增加碳排放税收的办法，以解决经济发展和环境保护的矛盾。

里杰兰德说，当时如果没有这个举措，便宜的排放当然难以制止。在这个问题上，价格的作用高于技术的能量。能源太便宜，哪儿能有节约的动力？瑞典解决这个问题，靠的不是法律，更不是自觉。

可现在发达国家迟迟没有对发展中国家提供技术转让和资金支持。如果是真的有诚意承担责任，应该履行签署的协议呀。我把这个大会上最有争论的问题也提给了里杰兰德。

里杰兰德说，这是知识产权的问题。这次大会希望能通过由政府购买知识产权的办法，转让技术，这虽然不容易，但应该去做。

采访欧盟轮值主席办公室秘书长后，我最深的感觉是，在一个大家庭里，得寸进尺是一种生活态度，你敬我一尺、我敬你一丈也是一种态度。谈判是有尊严的，但友谊也是无价的。国际社会难道只能针锋相对吗？用我们一句俗话，"从自我做起"，应是一个良好的开端。

## 民间环保组织在国际峰会上

在这次哥本哈根的世界气候变化峰会上，与政府间激烈的谈判相比，NGO 论坛不但没有那么严肃，而且丰富多样。

NGO 在游行

年轻人在会场上的呼吁"请给我们机会"

哭泣的"大树"

12月10日，我到美国中心想采访美国代表团的代表，却碰上了几个美国大学生正在和华盛顿的中学生通过电子视频对话。在哥本哈根的美国大学生是代表美国一家民间环保团体到哥本哈根来的，华盛顿的中学生在老师的组织下坐在他们的教室里。

先是华盛顿那边的孩子每人讲了自己眼中的全球气候变化，有说冰川退缩的，也有说乌龟灭绝的，江河的污染和极端天气都是孩子们眼中的气候变化。

有一个问题吸引了我。华盛顿那边的一个小姑娘问："如果哥本哈根协议没有签署，你们会做些什么？"哥本哈根这边的美国大学生对着电视镜头问："你们谁知道太阳能？"华盛顿的学生都举起了手。"谁知道风能？"那边的孩子又都举起了手。在哥本哈根的大学生这时说："我们不会妥协。我们回去后要给议员写信、打电话，给他以压力，让他发展清洁能源。

一个华盛顿的中学生问在哥本哈根的大学生："你们到哥本哈根后和你们去之前想象的一样吗？"

一位大学生说："最没有想到的是全世界会有那么多人在关心全球气候变化，全球气候变化是那么大的问题。也没想到在这儿结识了全世界那么多想要为应对全球气候变化做事的人。我们现在有了一个网络组织，包括印度、中国和非洲很多国家的年轻人，将来我们要一起做事。还有就是这里吃剩下的饭可用去堆肥。我回去后要开辟一个菜园子，种有机食品。"

哥本哈根连线华盛顿

另一位大学生说："我最没想到的是这里有那么多人骑车上班。这里有自行车道，而美国的路都是大宽马路，都是为汽车修的。我们应该向丹麦学习。"

征得组织者的同意后，我也向华盛顿那边的孩子问了两个问题，一是，"你们知道全球变化对中国的影响是什么吗？"

华盛顿那边的一位孩子回答："工厂的污染。"

我接着问："你们知道中国的长江吗？孩子们的手都举了起来。还有一个孩子大声说：世界第三大河。"我再问："你们知道长江里的白鳍豚吗？"没有人举手了。

这些天来，在谈判大厅外，我一直看到有一大群年轻人坐在门外，每人手里举着个纸板，上面写着：请给我们机会。围观的人总是很多。坐着的学生不说话，轻声地哼唱着歌，围观的人中，也有跟着一起低声唱的。

这几天，我也看到一些民间组织的人把自己装扮成一棵弯着腰的大树。上面写着"请给我们生存的空间"，在会场里慢慢地走。

民间组织不能像政府间的谈判那样达成协议，制定必须执行的条款和法律依据。民间组织做的是倡导，是行动，是用自己的理念去影响更多的人。在哥本哈根大会上，各国政府间的协议最终是否能达成，现在还是一个未知数。而NGO的影响却正在蔓延。

## 全球气候变化对世界第三极的影响

2009年12月11日下午，中国地质学家杨勇《世界第三极面对全球气候变化》的主题发言，在WWF的帐篷里举行。前两天听说去那里听的人不多，可是因为我们事先没有注册上在大会边会上的发言。而WWF给了我们发言的机会。

出乎意料的是，尽管我们早到了半个小时，但见偌大的帐篷里，一半的座位上已经坐着人了。

临时插入的讲演虽然没有上到会议的日程

杨勇的发言由美国志愿者翻译

安排里，但看来我们这两天发的电子邮件和打的招呼还是起到了一定的作用。

有两位巴西人被我们立在那儿的，长江源冰川正在消融中的照片所吸引，他说，现在亚马孙面临着巨大的挑战，比如雨林的消失、生物多样性的减少、对全球气候造成的影响，可是人们还没认识到，巴西政府也不重视。他们说全球气候变化对中国来说是机会，中国在大力发展太阳能、风能，技术与商品都在走向世界，可是巴西在这方面什么都没有做。

知识分子是不是总是站在批判的角度看问题？为什么看自己或身在其中时问题看得更清楚，看别人的优势又不免简单？这是规律，还是偏见？和两位巴西学者聊完后，我问自己。

哥本哈根大会第一周的最后一天，谈判终于出现了一些新的亮点，欧盟决定从2010年到2012年，每年拿出24亿欧元，日本也将拿出200个亿，用于帮助发展中国家应对全球气候变化带来的影响。谈判虽然还在艰难地持续，但这两个新的表态，还是给了那些对大会最终结果越来越持不乐观态度的人们以新的希望。

12月11日晚上，一位香港环保界的人士参加中国、美国大学生的聚会后，兴奋地告诉我，现在中国的年轻人；特别是在国外受过教育的人，学会和国际社会打交道了，这非常重要。可是一位也参加了这次聚会的中国年轻人却对我说，聚会后能干什么，她还很迷茫。在她看来，这种聚会，不能只定目标，还应给出行动的方式。

## 全球气候变化的 "B 计划"

在哥本哈根召开的全球气候变化大会上，除了正艰难谈判的"A 计划"以外，还有应对全球气候变化的"B 计划"。这也被称为捕捉二氧化碳的计划，包括在全球范围内建立高科技塔台，收集大气中二氧化碳分子和在海水中播撒富含铁元素的营养物质，促进浮游植物生长。这些浮游植物能通过光合作用吸收二氧化碳，它们死后会沉入海底，二氧化碳也随之埋藏。

快追

格陵兰岛的冰川因气温上升快速消融，造成了海平面升高，一些地区的降雨模式改变诱发了大面积饥荒，给老百姓造成了恐慌，这让一些科学家认为有了能体现自我价值和拯救地球还是要靠技术的可能与理由。

对"B 计划"的反对之声这两天在哥本哈根大会上随处可以听到。

偌大的地球，若干穷国、小国有可能，有能力花巨资去实现在沙漠地区覆盖大面积反光片，在同温层散播白色硫酸盐颗粒，模拟火山灰反射阳光，以及在太空安置巨大反光镜，拦截 1% 至 2% 的入射光线吗？发达国家的科学家有计划花这个钱，他们的政府、他们的人民有掏这个腰包的可能吗？再退一步，就是有人出这个钱，这一计划又会不会引起那一地区生态系统和降雨模式等的改变？有人能说得清，或说是走出实验室在一定程度、一定范围内试验吗？

在太阳能和风能已经广泛使用的今天，生产太阳能设备时所产生的污染还没有解决，风能发电那巨大的"风扇"还在扼杀那一地区天空中自由飞翔的小鸟，如此在广袤的沙漠上覆盖大面积的反光片，不光让人觉得花这笔钱是天方夜谭，也为这样的计划是不是又一轮的改造自然、征服自然而担忧。

要应对全球气候变化，最好的办法我认为是少花钱，重新拾起中华民族的美德：勤俭持家、知足常乐。至今我们很多少数民族还在固守视大自然为神的传统。这个神不是要供着的，而是要给它以尊严。我们的老祖宗留下来的刀耕火种、游牧生活，为什么在人类文明发展进程中让我们的先人代代延续至今。而我们工业文明发展至今不过几百年，人类继续生存下去的可能却遭到了挑战。

## 走在游行队伍中的议员

2009 年 12 月 12 日，有人说这是丹麦广场有史以来人最多的一天，而且这些人来自世界各地，有些人甚至是专程来参加游行的。

我采访的第一个人经过问过后知道竟然是比利时议员。议员也和民众一起上大街游行？对于我的好奇，这位议员的解释是："下个星期我就将坐在正式的谈判桌旁，我要知道民众的呼声。我也认为这么多人来自不同国家，有不同背景、不同诉求，他们的声音将要来的各国首脑不应该不听听。"

原来，这位比利时议员，参加游行是在为下周参与的会谈做准备。

他们来自小岛国

台湾青年在为当地的黑熊呼吁

采访议员

我问这位议员对中国的看法，他说这次中国政府是带着重大的承诺来参加哥本哈根大会的，让人感动。这对中国来说有多不容易，你们中国人比我们更知道。不过，话说回来，应对全球气候变化没有中国的积极态度，那不行。

从下午1点开始，有8万多人参加的游行在大广场上开始举行。前两天我来这里时，看到的宁静完全被改变了，静静的河水边站满了人、走满了人。

游行开始前，主席台上有来自乌干达的一位母亲，她举着手说："我希望我的孩子还能有水喝。"站在台上和这位母亲一起发出喊声的，基本都是深受全球气候变化影响的受害人。

这样的大游行能影响到正在"吵架"的谈判桌吗？

"我们国家的命运，掌握在谈判代表们的手中。"这是小岛国的人民走在丹麦街头向世界各国人说的话。他们的队伍在广场上不断地壮大，歌声传得也越来越远。走向他们的人们手拉着手、围着圈，表达着对他们的同情与支持。

一群穿着北极熊"外衣"的美国老人来自阿拉斯加。在游行队伍中他们说的是，全球气候变化不是未来，就是现在发生的事情。而胸前背后挂着 SOS 牌子的台湾青年希望代言的，是台湾的黑熊。这些年轻人或许有着不错的生活，但他们却在自己的生活中开始关注野生动物。

现在就开始行动，留给后代一个适合生存的空间。这是更多的参与者在街上的呼吁，包括一些专程前来参加游行的欧洲年轻人。

8 万人的声势不能不算是浩大。当然也难免有过激的，各国电视台跟进做的电视节目中，我也看到警察带走了其中的一些人。但是更多的人前来加入这一行列，并不仅仅是为了自己。

游行队伍中，法国、德国、美国的年轻人特别强烈的呼吁，是给他们国家政府参加谈判的代表施加压力，要为全球气候变化承担责任。

说到小岛国的生死存亡，说到包括我们中国、尼泊尔、印度共有的喜马拉雅山，说到非洲的生态难民，他们心中充满着的不光是同情，还有行动的渴望。

我们来啦

我们的责任

大会谈判桌上，代表国家利益时寸步不让与妥协之间的度，是要靠谈出来的。游行则不同，靠的是激情，是影响，是唤醒。在大街上走着时，是随处可以感到的。

世界气候变化峰会中的大游行，在某种程度上又像是一次大聚会。每个人都在用自己认为最能引起人们关注的方式发出声音，吸引着人们。唱着、跳着是一种表达，"奇装异服"也是一种"说话"。更有意思的是，怕冷的人在街上推来了烧着木柴的火盆，这放着火盆的车一来，

画未来

救命

就有人把手伸了过去。

对于这次大会谈判的艰难，参加游行的人说："没有超乎我们的预料。"一位美国学者说，他们的谈判专家要对国会负责，也要让美国老百姓高兴。而一些发展中国家面临着的生存危机更是刻不容缓的。

让人高兴的是，发达国家老百姓发出的呼声，不比发展中国家的声音小，这在哥本哈根大游行中也是随时都可感受到的。他们以如此大的热情加入游行的行列，是要给本国的政府施加压力，是要促使大会最终能达成协议。

会上、会下，穷国、富国，负有责任与义务的国家与正在遭受气候变化影响的人们合力，能不能在哥本哈根达到翻开人与自然和谐相处的新的一页，积极争取，耐心等待，这周就会有结局。但今后要走的路，既不能仅靠一次大会和一次大游行奏效，也不会只掌握在谈判家的手中。应该说，这和我们每一个人将如何对待已经伤痕累累的地球有着密切的关系。

日落之后，游行者举着火把、拿着救生圈向哥本哈根全球气候大会会场走去。今天外面大街上在游行的时候，大会会场里的电视机旁都围着很多人。我回到主会场，走到电视机旁，发现电视机里转播的场面不是主会场内，而是大街上。

在谈判正激烈地进行着时，这些来自民间的表述，能影响到各国的谈判专家，这是所有参加游行的人的希望。

照片中这个孩子长大以后，不知会怎么评

价他们今天参加的游行。

## 在哥本哈根学习游戏规则

前几年我曾陪一位比利时记者到内蒙古采访。他住的房子厕所漏水，他找了几次服务员也没给修，结账时他便拒绝付钱。我问他为什么。他说这次付了，下次还会不给修，要是有人为此不付钱，下次他们就要认真对待。漏水是多大的浪费，我们这个地球已经这么缺水了。

这位比利时记者结束在中国的采访之前，我们一起到北京一家很大的音像商店，他要买一盘中文版唱的《一路平安》。我问售货员后，得到的回答是没有。怎么会没有呢？我就自己在一盘盘磁带中找，很快就在一盘磁带中找到了这首歌。这位比利时记者买了磁带后，还非要拉着我去见店老板不可。为什么？我又不明白了。这位比利时记者告诉我，这样的服务态度应该让老板知道。记者不光要宣传文明，也要捍卫文明。

这次在哥本哈根开会，我再次感受着在我们看来太不灵活了，而在老外看来却是原则的事。

哥本哈根第一天的注册要排队。这次和我们一起去哥本哈根的一个在中国工作多年的美国人和我们一起排队注册。上午我们去时被告之，中午12点才开始NGO的注册。这时已经进去的中国朋友给我发短信说：你们可以闯进来。

同行的美国志愿者说："要闯你去闯，我12点再来"。这时朋友又来了短信：你们就说是官

员，就可以进。我看了看美国人，还没有张嘴问他是不是进去，他已经说了："要进你进，我要到12点再来。"

下午1点多我们到了大会会场，排队之长，没有两三个小时看来是进不去的。哥本哈根的冬天下午3点天就黑，当时下着小雨，风也是冷飕飕的。正在我们排得腿都站酸了时，两个从厦门来的中国人看到我们，拉着我往前去，他们说他们快排到了，让我们到他们那儿去。那个美国人又是那句话："要去你去，我就在这排着。"在他看来，这是道德问题。

这位美国人就愣是排了3个小时的队进去的。我因为是记者，知道记者不用排队就先进去了。进去后和中国人说起这位美国人的坚持，没有一个中国人认为他这么做有必要。后来我告诉了美国人，他却还是那句话："这是道德问题。别人都在那里排队。"

还是这位美国人，12月11日下午，是中国地质学家杨勇在世界自然基金会（WWF）帐篷里介绍全球气候变化对中国第三极的影响的讲演。中午的大会还没有结束，他却坚持要自己先走，在他看来，去发言一定要提前到，一点都不能马虎。这家伙和朋友约时间，常常是最多只等十分钟，过时就不候了。

在哥本哈根采访时，预约人，特别是名人、重要的人，很不容易。我在采访中，有几次都看到一起等着采访的人已经快轮到他了，可他约的下一个人的时间也到了，他只有放弃已经等了半天的重要人物。因为是约好的，不能因为自己的

丹麦的街头公园

原因改。这在他们认为是最起码的为人原则，不管是大人物还是小人物。

大会第一周发生过我们中国官员被拒门外的事。其实在会场门口被拦住的还有欧盟随身带着两个保安的官员。因进门卡没有读对信息，官员就在一边等着。一位官员着急要加塞进门，嘴里做着解释。可是保安没有同意，示意她请排队去。

这次大会注册后，每人拍照做的进门卡之简陋，比我们自己在家打印出的质量还不如。纸薄得戴了没两天就皱了。这和我以往参加国际会议制作的精美进门卡形成了鲜明对照。应对全球气候变化的大会，从一个进门卡做起，这给来参会的人留下了难忘的印象。

在哥本哈根，碰到较真的事有，碰到认真做事的也有。大游行那天，我因忙着采访，没有弄清楚是从哪儿出发就出门了。走进路边酒馆打听时。店里的服务员走到电脑前，从网上找到信息，给我打印出来的不光有地图，还有游行的路线和每一个时段的安排。临出门还听到他对我说："好运。"

把加塞儿认为是不道德；把不遵守约定，认为是对人的不尊重；把职守做到"六亲不认"；把别人的事自己能帮上忙的，就帮得认认真真。在哥本哈根碰到的这些细节，在我们国人看来可能是有点死心眼，可在那里，这些就是游戏规则。

如果我们也能多些这样的死心眼，大会主会场电视墙上，标有世界各地区生物多样性数据的电视中，我们中国的数据还会因不合格而空着吗？

2009年冬天，在哥本哈根我也听到了一些对中国的评价。

在哥本哈根大会中国展台前，每天都有人过来问这问那。两位巴西人对中国在气候变化中抓住了商机很是羡慕。他们说：清洁能源所使用的硬件，中国的产品现在已销往世界各地。

德国一位清洁能源研究者在中国展台前说，他们曾花大价钱开发清洁能源的产品，并高价出售给中国。那时，他们眼睛是抬得高高的。可是近年来，中国不但自己生产出了这些产品，而且价钱便宜很多。这让他们开始后悔，当初为什么要花那么多钱开发这个产品呢？

一位印度记者在交谈中说，全球气候变化对中国来说是个大礼物，我们的企业家在哥本哈根发表宣言表示自己对碳排放的态度和行动，这

街头公园里的树

哥本哈根的小河

在大会上还没看到有其他国家的企业家这样做。我们已经开始绿色建筑和清洁能源的开发，从哥本哈根回去后，他一定要在印度报纸上写文章介绍这些。

12号大游行时，比利时议员对中国政府在哥本哈根大会前对减排的承诺十分赞赏。但他和大会上很多人一样也有着同样的担忧：要看行动。现在中国承诺的是减少碳排放的总量，可在

高速发展进程没有降下来的时候，碳排放要想降下来并不容易。

美国资源研究所的黛碧会讲中文，她亲眼见证了中国改革开放以来的变化。她认为中国现在是"两个中国"，在77国加中国的团队里，中国起着重要的作用。可是中国现在也还有着几亿生活在农村的，日子过得还很艰难，或者说还没有脱离贫困的农民。黛碧说，对于这样一个中国，说是发展中国家，大家承认。可是对于经济快速发展，到处都是中国制造的商品，这样的中国就应该是发达国家了。

在黛碧看来，怎么让人们把这"两个中国"放在一起看，中国自己应该在国际舞台上表现出大国的风范。哥本哈根峰会前，中国政府做出的承诺是得了高分的举措，可在开会时，中国的一些科学家在谈到自己领域应对全球气候变化时，

强调外援多于自己的贡献，又让国际社会觉得少了些老大哥的样子。

对于哥本哈根峰会会场里电视墙上"地球"中没有中国受到全球气候变化影响的数据，一位美国朋友说，做事要有规则，信息要公开，环境保护需要公众参与。中国现在已经开始在做了，但还要加大力度，从每一件事做起，少说多做，而且做得要认真。

在大的谈判中，国家利益是第一位的。可在大会期间了解一下自己的短处，也未尝不是一种态度。

# 后记

## 保护环境从关爱故乡的河开始

汪永晨

我们身边的环境虽然还并不尽如人意，天空中的阴霾，水中的污染，都时时在提醒着我们，保护环境的任重而道远。但也是在我们身边，保护环境已不仅仅是口号，而成了中国民众的行动。

2011年6月，北京科技大学学生王京京每周六上午，在"绿家园乐水行"中，带着志愿者们一条一条地监测北京的河的水质。到2012年5月，一年的时间里，共监测了北京40条河的水质。6月14日，这个由民间环保组织监测的数据在《第一财经》上公布后，立刻引起方方面面的关注。虽然，这次对北京河的监测以劣五类的水质为多，只有少数河水达到3类水的标准。但所引起关注的程度，又真真地让我们看到了希望。

民间环保组织发起的乐水行，是从2007年开始的。现在，不但北京每周末有三支乐水行的队伍，由公众和专家一起，利用假日感受家乡的河流之美，关注家乡的河流之痛。如今，杭州乐水行、广州乐水行、襄阳乐水行、昆明乐水行、南京乐水行和兰州乐水行，也相继由当地的民间环保组织发起，带领着市民一条一条地行走在家乡的大江小河旁。

市民在河边的这种行走，不但引领着人们对河流的关爱，对所在城市的水环境，也是一种舆论的监督和决策的推动。目前，北京一些河段正拆除着河中水泥的硬衬，让河流逐步恢复生态的自然。这一现状的改变，与民间环保组织多年的呼吁，有着密切的相关。

城市中的河流从自然到人为、从清澈到浑浊，是世界上许多大都市都有的经历。由于河流与人们的生活密切相关，改变其状况只靠政府的行政命令显然并不十分有效。一定需要信息公开，需要公众的共同参与。

纽约的哈德逊河上，曾因污染之严重着过火。后来，美国的律师们自动组织起来，靠公益诉讼帮助老百姓打官司，让污染企业不得不整治了被他们污染的河段。从此还在全美国成立了河流保护组织"Waterkeeper"，这个组织现在已经发展成为国际组织。

美国爱运河边的一个母亲从自己的孩子得了血液病开始，组织家在河边的妈妈们和当地的化工厂讲理，向当时的美国总统卡特提出抗议。最后终于搬离了被污染的水域。到我1996年采访时，全美已经有了800多个妈妈环保组织的分支机构。

从柏林出发坐火车一个多小时就到了著名的城市波茨坦。波茨坦流淌着的一条大河叫冉科帕茨运河。政府因扩宽河道，要砍河岸的大树。住在河边的艺术家们在河边的树上挂起了一个个纸板做的"小人"。这些"小人"有做奔跑状的、有在"呐喊"的，结果就是这些挂在树上的艺术品，让开发商的锯子停了下来。我2008年11月去采访时问他们花了多少时间了？他们告诉我10年了。德国的波茨坦，对我们中国人来说不陌生。1945年在宣布战胜了纳粹德国后，7月26日，以中美英三国的名义发表了勒令日本无条件投降的《波茨坦公告》。这些年和那里的朋友通信，知道当地的护河行动还没有结束。

今年3月在法国马赛召开的第六次世界水资源论坛的开幕式上，来自马里的阿黛尔兄妹面对全世界的高官说："你们知道在烈日下，一群人等在水井旁四五个小时还打不到水喝的渴吗？那不是你们酒足饭饱后感到有些口渴的渴，而是真的没有一点水喝了的渴。我们到这里不是听你们发言的，是想回去后能喝到水！"

中国民间环保组织绿色江河，现在每年为长江源的冰川定位。他们要告诉国人和世界的是，我们中国的母亲河，世界第四长的大河长江，受全球气候变化的影响，源头的冰川正在融化，源头的大河在干涸。改变这一现状，世界各国都有责任。绿色汉江建立十年了，带着家乡的人保护南水北调要给北京送水的汉江。希望汉江的水不管哪一段都是干净的；公众环境研究中心的年轻人制作的"中国水污染地图"让企业家知道你们要是污染了周边的河流就会被标识在地图上。

一个民间组织对河流水质的监测，是市民对江河的热爱，更体现着公众的社会责任。民众的参与和社会责任感的唤醒，能不影响到公共的决策吗？

　　寻找江河，是我从1998年第一次去了长江源姜古迪如冰川，开始关注江河的14年来走过的中国的大江大河写照。写《寻找江河》时，"80"后的生态学家徐凤翔不但和我一起走在大河上，一路走，一路讲历史讲生态，书稿出来后的2012年大年初一，还在一个字一个字地帮我核对书中的数据与事实；杨勇现在是绿家园发起的《江河十年行》的专家，我和他一起走长江源时曾在海拔5700的冰缝里一个人走了12个小时。上上下下地爬实在走不动时我开始想：是不是要在雪白的冰雪地上写两句话："因为杨勇我来了，因为杨勇我留下了"。当然没有写成。那天天都完全黑了我和杨勇汇合时他只说了四个字：你真伟大；《寻找江河》他也是一个字一个字地帮我看了我与他一起走过的一条条江河；还有范晓，自从2008年汶川地震后，他就在以一名地质工作者的责任研究着都江堰上面的紫坪铺大坝和大地震的关系。美国《科学》杂志为此一而再，再而三地采访过他。"紫坪铺水库也许真的诱发了汶川大地震——紫坪铺水库与汶川大地震关系的研究进展综述"是他顶着各种压力用四年时间的研究后写的一篇文章。那么忙的他在我问道：能帮我看看我写的几篇地质问题比较多的文章吗？他二话没说就把一大摞稿子拿走了。

　　我们叫他老牟，在张口要么是老师，要么是官称的时代，老牟是我们朋友们二十年没改口的称谓。老牟叫牟广丰。他从上世纪70年代就为成立中国政府的环保部门立下汗马功劳，现在还在国家环保部负责环境影响评价。他是我两本《绿镜头》序的执笔者。为了第二本的序我给他打电话时他正在住院，中国的环境问题，让他工作得心力交瘁。我提着厚厚的，沉沉的书稿给了他后没两天他打来电话：你还得再容我两天，我要仔细看了才能写。

　　这本书的美编是我从上个世纪当记者就认识的北京大学出版社首席美编林胜利。他接过书稿后不但给了我很多技术上的帮助，且从不提钱。

　　我常说，没有朋友就没有今天我对环境保护的"死磕"劲头。如果借用那句俗话，军功章里有我一半也有我家先生一半的话。我想，这种分配的比例一定不够。我俩儿最多占一半，另一半一定属于这些年和我一起走江河，寻找江河的朋友们。我不敢写下其中的名字，因为要写，一定落下的比写出来的多。《寻找江河》让我改了这句话：钱不能使鬼推磨，朋友们在一起能改变今天、改变现实。

　　此时能写的是，我还会和朋友们一起：寻找江河，寻找江河，寻找江河。